U0340985

观赏石

观赏石
鉴赏与收藏

文甡 著

印刷工业出版社

中国艺术品典藏大系

SERIES OF CHINESE ART COLLECTION

观赏石鉴赏与收藏

图书在版编目（CIP）数据

观赏石鉴赏与收藏 / 文牪著 . —北京：印刷工业出版社，2013.4

（中国艺术品典藏大系 . 第 1 辑）

ISBN 978-7-5142-0823-8

Ⅰ . ①观… Ⅱ . ①文… Ⅲ . ①石－鉴赏－中国②石－收藏－中国 Ⅳ . ① TS933 ② G894

中国版本图书馆 CIP 数据核字（2013）第 059986 号

著者：文牪（天津市观赏石协会会长、中国观赏石协会一级鉴评师、中国收藏家协会收藏鉴赏家）

出版策划：陈　彦	文图编辑：冯政江
责任编辑：蔡亚林	装帧设计：阮剑锋
责任印制：张利君	美术编辑：李树香
责任校对：岳智勇	

出版发行： 印刷工业出版社

（北京市翠微路2号 邮编：100036）

网　　址：www.keyin.cn　　www.pprint.cn

网　　店：pprint.taobao.com　　www.yinmart.cn

制　　作：日和图书（www.rzbook.com）

印　　刷：北京汇林印务有限公司

开　　本：889mm×1194mm　　1/16

印　　张：24

字　　数：350千字

印　　次：2013年4月第1版　　2013年4月第1次印刷

定　　价：258.00元

ISBN：978-7-5142-0823-8

前言

自古以来，文化艺术的形成与发展，都离不开当时特殊的政治环境，赏石文化也不例外。中国古典赏石文化脱胎于魏晋南北朝时期的山水文化，而山水文化又是中国独特审美思想的源流，同时又涉及当时玄学与佛学等文化领域，因此说，中国古代赏石就是一种中国特有的文化现象。

魏晋南北朝时期，陶渊明、谢灵运等人为中国古典赏石文化的发展奠定了基础。隋唐时期，众多文人墨客积极参与搜求、赏玩观赏石，以形体较大而奇特者用于造园，点缀之外，又将"小而奇巧者"作为案头清供，复以诗记之，以文颂之，赋予了观赏石浓厚的人文色彩。

宋代是中国古代赏石文化的鼎盛时代，宋徽宗赵佶举"花石纲"，成为全国最大的藏石家。由于皇帝的倡导，达官贵族、绅商士子争相效仿。于是朝野上下，搜求观赏石以供赏玩，一度成为宋代国人的时尚。元代，中国经济、文化的发展均处低潮，赏石雅事亦不例外。

明清两朝是中国古代赏石文化从恢复到大发展的全盛时期，赏石专著更是层出不穷。尤其是明万历年间林有麟的专著《素园石谱》，更是明代赏石理论与实践高度的全面概括，他不仅在《素园石谱》中绘图详细介绍了他"目所到即图之"、且"小巧足供娱玩"的观赏石112品；还进一步提出"石尤近于禅"、"莞尔不言，一洗人间肉飞丝雨境界"，从而把赏石意境从以自然景观缩影和直观形象美为主的高度，提升到了具有人生哲理、内涵更为丰富的哲学高度。

逢盛世而看收藏，当代赏石文化的发展已经走过30多个春秋。随着中国经济实力的极大提升，中央提出的"文化强国"理念深入人心，人们的文化需求日益增强，收藏文化的表现势头迅猛，艺术品市场已经进入亿元时代，观赏石的收藏与鉴赏，也在回归中得到极大的发展。

新时代的赏石文化，是大众的收藏鉴赏活动，其中几乎囊括了社会各个阶层的人士。根据中国观赏石协会的最新统计，全国与赏石相关的组织有600多个，从事赏石活动的人员达数百万，而且还在快速增长。

观赏石是最具沧桑的古物，是大自然的赐物，是祈福的祥物，是通灵的神物，是充满魅力的饰物，是文化的载物，也是收藏的宝物。它丰富的文化特质，日益受到收藏界的关注与青睐。

中国的赏石文化，有着极为深邃的文化传承。观赏石缺少了文化内涵，将失去收藏价值；赏石收藏的精致理念，也是收藏价值的保证。世间任何事物成功的秘诀，功夫皆在其外，赏石收藏也不例外。本书的笔者，将以收藏鉴赏家的丰富经验、文化学者的深厚素养，带你踏上访石的旅途，体验惊鸿的心悸，获取文化的滋养和享受收获的喜悦。

观·赏·石
鉴赏与收藏

目录 CONTENTS

醒酒石

峰峦

云台

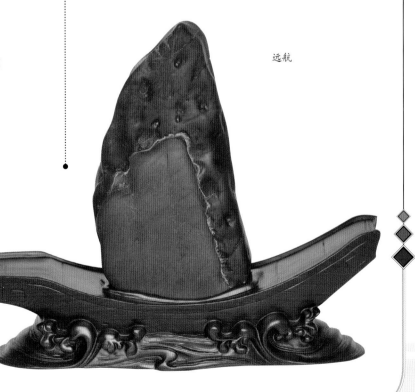

远航

中国特有美学思想体系中的赏石文化，滥觞于六朝，至唐宋而显盛，降明清铸辉煌。以崇尚自然、融入山水、寄托人格与道德为理念的古典赏石，体现出瘦、皱、漏、透、丑等赏石精神。魏晋南北朝时期，一些达官贵人的深宅大院和宫观寺院都很注意置石造景、寄情物外。

隋唐时期，众多文人墨客积极参与搜求、赏玩天然奇石，除以形体较大而奇特者用于造园、点缀之外，又将"小而奇巧者"作为案头清供，复以诗记之，以文颂之，从而使天然奇石的欣赏更具有浓厚的人文色彩。

北宋徽宗皇帝举"花石纲"，成为全国最大的藏石家。由于皇帝的倡导，达官贵族、绅商士子争相效尤。于是朝野上下，搜求奇石以供赏玩，一度成为宋代国人的时尚。宋代赏石文化的最大特点是出现了许多赏石专著，如杜绍的《云林石谱》、范成大的《太湖石志》等。其中仅《云林石谱》便记载石品有116种之多，并各具生产之地、采取之法，又详其形状、色泽而品评优劣，对后世影响最大。

明清时期，中国古典园林从实践到理论都已逐渐发展到成熟阶段。明代著名造园大师计成的开山专著《园冶》，明李渔的《闲情偶记》，明文震亨的《长物志》等相继问世。他们对园林堆山叠石的原则都有相当精辟的论述。尤其是万历年间林有麟图文并茂、长达四卷的专著《素园石谱》等，更是明代赏石理论与实践高度而全面的概括。

当代赏石文化的发展已经走过30多个春秋，随着中国经济实力的极大提升，人们的文化需求日益增强，收藏文化的表现势头迅猛，艺术品市场已经进入亿元时代，观赏石的收藏与鉴赏，也在回归中得到极大的发展。

观赏石与历代赏石文化

魏晋南北朝时期的赏石文化

历史上的"六朝",是指220年曹丕建魏、265年司马炎建西晋、317年司马睿建东晋、420年刘裕建宋,史称"刘宋",开启了"南朝"历史,历经宋、齐、梁、陈。魏时东吴在建业(今南京)建都,东晋、宋、齐、梁、陈都是在建康(今南京)建都,所以南京又称六朝古都。同时,北方尚有少数民族建立的"北朝"和"十六国",这一时期从220年始至589年止,先后360余年,史称"魏晋南北朝"。

水墨

石　种:天峨石

◆ 士子唯美思想的滥觞

已故美学大师宗白华在论及晋人之美时说:"汉末魏晋六朝是中国政治上最混乱、社会上最苦痛的时代,然而却是精神史上极自由、极解放,最富于智慧、最浓于热情的一个时代。因此也就是最富有艺术精神的一个时代。"这是一个中国历史上社会剧变的时代,西晋的"八王之变"导致东晋南迁,南北分裂,五胡十六国割据,战争不断以至朝代频繁变更,酿成社会秩序解体、传统礼教崩溃。与此同时,士人为逃避残酷的战争与政治,优游山水和体认生命成为潮流。思想和信仰的自由、艺术创造精神的勃发,激发了文化的空前繁荣。南迁的东晋士族,正是这种文化的代表,并创造了士人独特的美学思想体系。

晋人以虚灵的胸襟、玄学的意味体会自然,将自身融于山水之中。这一时期的文化代表有:王羲之父子飘逸神秀的书法、顾恺之和宗炳的山水画、谢灵运和鲍照的山水诗、陶渊明的田园诗、郦道元的《水经注》等,都与自然山水结下不解之缘。刘义庆的《世说新语》和刘勰的《文心雕龙》,将晋至南朝的美文奇事记录下来,并给予系统的梳理,两书代表了当时美学思想的最高水平,成为后人研究晋人独特美学思想的教科书。

元·赵孟頫·谢幼舆丘壑图

鉴赏要点:此图绘东晋谢鲲故事。鲲字幼舆,好老庄、善奏琴,寄迹山林。图绘茫茫山川,荫荫松林,幼舆独坐水畔丘壑,观水流潺潺,听松涛阵阵,意态悠闲,神性超脱。

◆ 山水审美与"风骨"

六朝是个唯美的时代，晋人在外发现了自然之美，在内发现了人格之美。南朝钟嵘《诗品》引文说："谢诗如芙蓉出水，颜如错采缕金。"谢灵运与颜延之山水诗的不同风格，后来被延伸为美学的两种特色。文学界认为，陶渊明的山水田园诗为天然之韵，被称为美学和人格的最高境界。人格与"风骨"相连，是晋人的创造。南朝宋皇族刘义庆《世说新语》说："羲之风骨清举。""风骨"这一概念原指由形体外貌所表现出来的风度和气质之美，后来演变为施于各种文化艺术的溢美之词，进入独特内涵的美学范畴。

唐人有诗："寒姿数片奇突兀，曾作秋江秋水骨。"将奇石与风骨联系起来。宋人首倡石瘦为美。美学家朱良志在《真水无香》中说："石是有风骨的。瘦石一峰突起孤迥特出，无所羁绊。一擎天柱插清虚，取其势也。如一清瘦的老者，拈须而立，超然物表，不落凡尘。"清郑板桥题诗："老骨苍寒起厚坤，巍然直拟泰山尊"、"气骨森严色古苍，俨如公辅立朝堂"，以石之气骨来比喻文人风骨卓然。

◆ 山水与园林赏石

六朝的山水文化，从自然山水已经向园林文化迈进。北魏（北朝）杨炫之《洛阳伽蓝记》，载当朝司农张伦在洛阳的"昭德里"："伦造景阳山，有若自然。其中重岩复岭，欹崿相属；深蹊洞壑，逦递连接。"张伦所造石山，已有相当水准。晋征虏将军石崇在《金谷诗序》中描绘自己的"金谷园"："有别庐在河南县界金谷涧中，或高或下，有清泉茂林，众果、竹、柏、药草之属，莫不毕备。又有水碓、鱼池、土窟，其为娱目欢心之物备矣。"清泉、碓石、林木、洞窟俱全，已是园林模样。《南齐书》记载南齐武帝长子文惠太子，在建康台城开拓私园"玄圃"。园内"起出土山池阁楼观塔宇，穷奇极丽，费以千万。多聚异石，妙极山水"。

东晋书圣王羲之《兰亭集序》记："此地有崇山峻岭，茂林修竹，又有清流激湍，映带左右。引以为流觞曲水，列坐其次。""兰亭"在古会稽（今绍兴兰渚），为公共园林，自有其特殊的历史价值。谢灵运在《山居赋》中讲述自己的"始宁（今上虞）别业"："九泉别涧，五谷异巘，群峰参差出其间，连岫复陆成其坂。……路北东西路，因山为鄣。正北狭处，践湖为池。南山相对，皆有崖岸，东北枕壑，下则清川如镜。"这里已是尽山水之美的晋宋风韵了。陶渊明在《归田园居》中说："方宅十余亩，草屋八九间。榆柳荫后檐，桃李落堂前。"五柳先生田园虽小，面前却是秀美的庐山山水，可以"采菊东篱下，悠然见南山"。

唐代诗人杜牧有诗句："南朝四百八十寺，多少楼台烟雨中。"据统计，南北朝盛时有寺院数千所，多有山石溪水可观者，对后世园林赏石影响不可小觑。纵观六朝山水园林文化延展，以山石造园在六朝时已初具规模，为唐代的园林赏石打下了坚实的基础，提供了美学思想及诸多文化素养。

紫云峰
石　　种：松花石
尺　　寸：长26厘米

瀑布

石　　种：戈壁石

尺　　寸：长7厘米

◆ 陶渊明与醉石

在中国第一大江长江以南，第一大湖鄱阳湖以西，拔地千仞，耸立起一座巍峨大山。其峰峦叠翠，襟江带湖，既为圣山福地，又是避暑胜地，这就是千古名山——庐山。

庐山的险峻峭拔、旖旎胜绝，吸引着古往今来多少名士顶礼膜拜。李白有《望庐山瀑布》："日照香炉生紫烟，遥看瀑布挂前川。飞流直下三千尺，疑是银河落九天。"被誉为神来之笔。苏轼的《题西林壁》："横看成岭侧成峰，远近高低各不同。不识庐山真面目，只缘身在此山中。"也是深谙其道。东晋以来，道教盛行，庐山有道观18处。庐山东林寺又是佛教净土宗的发祥地，鼎盛时庐山有佛寺380多处。从东晋到晚清，共有500多位著名文人学者，为庐山写下4000多首诗歌和不计其数的文章著作，摩崖石刻、文人遗迹随处可见，庐山人文景观甲天下。

在这绝胜匡庐的南坡下，隐逸着一位被历代文人景仰的田园诗人——陶渊明。陶渊明（365～427），东晋人士，字元亮，号五柳先生，谥号靖节先生，入刘宋后更名潜。曾祖陶侃，东晋开国元勋，官至大司马，封长沙郡公。祖父陶茂，武昌太守。父陶逸，安城太守。

陶渊明8岁丧父，家道衰微，与母妹三人苦度日月，常在外祖父孟嘉家里生活。外祖父家中藏书甚丰，为陶渊明饱读诗书打下基础。孟嘉为东晋名士，颇有魏晋风度。晋安帝隆安五年（401）冬，陶渊明母孟氏（孟嘉四女）卒。居忧在家的陶渊明为外祖父立传，名《晋故征西大将军长史孟府君传》，其中说孟嘉："行不苟合，言无夸矜，未尝有喜愠之容。好酣饮，逾多不乱，至于任怀得意，融然远寄，旁若无

庐山脚下就是陶渊明家乡

人。温尝问君：'酒有何好，而卿嗜之？'君笑而答曰：'明公但不得酒中趣尔。'又问听妓，丝不如竹，竹不如肉，答曰：'渐近自然。'"

这段传文示出孟嘉三个特点：一、从容镇定，喜怒不形于色；二、酒酣却清醒，自得而旁若无人；三、崇尚自然。陶渊明的处世修养，大有其外祖父孟嘉的遗风。

陶公醉石风姿，左下方为清风溪

《太平寰宇记》中说："柴桑山，近栗里原，陶潜此中人。"《大明一统志》记载："柴桑山在府城西南九十里。"据学者考证，陶渊明生长在柴桑山栗里。柴桑有城与山之分，栗里又名栗里原、栗里铺，距古浔阳城45千米。太元十八年（393），29岁的陶渊明初仕，《晋书·陶潜传》说："起为州祭酒，不堪吏职，少日自解归。"第一次出仕不久，回到老宅栗里。

义熙元年（405），41岁的陶渊明最后一次出仕，任彭泽令。81天后，因"岂能为五斗米折腰乡里小儿"而挂印去职，从此结束仕宦而归隐。这次归隐是在距栗里以北10千米的上京，但时常往来栗里与上京两宅之间。义熙四年（408），上京宅遇火，陶渊明有《戊申岁六月中遇火》诗："草庐寄穷巷，甘以辞华轩。正夏长风急，林室顿烧燔。一宅无遗宇，舫舟荫门前。"上京宅被烧得干干净净，一家暂居船上，又返回栗里老宅。

义熙七年（411），47岁的陶渊明举家北迁，至浔阳江以南，庐山以北，离栗里45千米的南里南村。此时陶渊明有《移居二首》："昔欲居南村，非为卜其宅。……奇文共欣赏，疑义相与析。"南村文化气息更多些，陶渊明终老于此。

距陶渊明老宅栗里不远处，在庐山五老峰南麓的虎爪崖下，有清风溪、濯缨谷，谷中有大石即"醉石"，高广均逾丈，其上平坦如床，可卧数人。南宋淳熙六年（1179），朱熹知南康（今星子县）军，曾往陶渊明醉眠处拜祭，有《跋颜真卿醉石诗》云："栗里在今南康军西北，山谷中有巨石，相传是陶公醉眠处，予尝往游而悲之，为作'归去来馆'于其侧。"

承露台
石　种：玛瑙石

陶渊明故居前柴桑桥遗址

"桃花源"石牌坊

笔者仰慕陶公已久，2010年岁末，终得踏上寻访陶渊明故里旅途。初冬朗日晨，自庐山顶下行，沿105国道约30千米至康王谷。下车仰视，道旁有巨大三门石牌坊，正门额书"桃花源"三个大字。史书载："秦始皇二十四年（前223），秦大将王翦伐楚，康王避难于庐山谷中。翦追之急，天忽大风雷雨，人马不能前。得脱，遂隐谷中不出，其谷曰康王谷。"义熙十四年（418），宋王刘裕杀晋元帝，越二年刘裕篡晋称宋。是年陶渊明作《桃花源记》：有"自云先世避秦时乱，率妻子邑人来此绝境，不复出焉，遂与外人间隔。问今是何世，乃不知有汉，无论魏晋。"《桃花源记》描述情景与史籍写康王谷事如出一辙，后人认为"康王谷"即为"桃花源"的原型。

自桃花源行数千米，至星子县温泉镇天沐温泉下车，访陶渊明故里和醉石，皆茫然不知。偶遇一老者，交谈中对陶公遗迹竟如数家珍。沿天沐温泉前大道行两个路口，数株高大老樟树呈现眼前，树旁有一块石碑，上刻"柴桑桥"三字，下面是星子县政府落款。陶渊明柴桑栗里老宅前有溪，溪上有桥曰"柴桑桥"，这和史书上记载相吻合。如今的陶公老宅，溪水早已改

道，古桥不见踪影，老宅也变成房地产的工地。元和十一年（816），白居易贬谪江州，翌年，曾访陶渊明老宅，有《访陶公旧宅》诗并序："余夙慕陶渊明为人，……今游庐山，经柴桑，过栗里，思其人，访其宅，不能默默，又题此诗云。"诗曰："我生君之后，相去五百年。每读五柳传，目想心拳拳。昔常咏遗风，著为十六篇。今来访故宅，森若君在前。不慕樽有酒，不慕琴无弦。慕君遗容利，老死此丘园。柴桑古村落，栗里旧山川。不见篱下菊，但余墟中烟。"古往今来多少文人名士，都曾前来造访陶公老宅，凭吊先公遗风。如今却是风物不在了。

从陶渊明老宅过大道，行约一里地有山，顺坡而上，见绿荫环抱中有亭，亭上匾额书"醉石亭"三字，亭是新建不久。转过一个山坳，一块大石突现眼前，正是天下第一石——陶渊明醉石。醉石上方山泉汩汩流淌形成小溪，这就是清风溪。溪水在大石旁汇成池塘，就是濯缨池。屈原《渔夫》说："沧浪之水清兮，可以濯吾缨。沧浪之水浊兮，可以濯吾足。"濯缨当出此处，有高洁之意。醉石长3米余，宽、高各2米。醉石壁上有北宋皇祐三年（1050），欧阳氏等三人联名题刻。绕到醉石后面，有碎石可助攀登。醉石平如台，遍布题刻诗文，醉石上面左下方有朱熹手书"归去来馆"四个大字。大字上方有小字，为嘉靖进士郭波澄《醉石》诗："渊明醉此石，石亦醉渊明。千载无人会，山高风月清。石上醉痕在，石下醒泉深。泉石晋时有，悠悠知我心。似醉元非醉，永怀宗国屯。明明石上痕，相视欲无言。沉醉非关酒，深情石亦领。睥

陶渊明柴桑栗里老宅

睨当时人，懵腾谁复醒。"《南史》记载陶渊明"醉辄卧石上，其石至今有耳迹及吐酒痕"。此说于醉石上倒是看不出来，而石面斑驳，岁月蚀痕遍布。醉石上面右侧尚有许多题刻，大都漫漶不清，笔者留照保存。

陶渊明像

醉石上面朱熹手书"归去来馆"

朱熹知南康军时，曾在醉石谷建有"五柳馆"和"归去来馆"，现在早已不存。宋武帝永初元年（420），刘裕正式称帝，南朝始。《五柳先生传》当做此时："先生不知何许人也，亦不详其姓字，宅边有五柳树，因以为号焉。闲静少言，不慕荣利。好读书，不求甚解，每有会意，便欣然忘食。性嗜酒，家贫不能常得。"《五柳先生传》写实而平淡，却评价颇高。后世王绩有《五斗先生传》、白居易有《醉吟先生传》、欧阳修有《六一居士传》，不一而足，可见陶渊明此作在文坛地位之崇高，影响之深远。

《归去来辞》是陶渊明的重要辞赋。东晋安帝义熙元年（405）终，陶渊明自解彭泽之职，欣然归隐。有《归去来辞》问世："归去来兮，田园将芜胡不归！既自以心为形役，奚惆怅而独悲。悟已往之不谏，知来者之可追。实迷途其未远，觉今是而昨非。舟遥遥以轻飏，风飘飘而吹衣。问征夫以前路，恨晨光之熹微。"归隐之心昭昭而切切！《归去来辞》是陶渊明的名作，在中国辞赋史上，可直追屈宋。宋代大文豪欧阳修赞道："晋无文章，惟陶渊明《归去来辞》一篇而已。"

翠山

石　　种：绿碧玉

尺　　寸：长10厘米

清风乱翻书
石　　种：戈壁石
尺　　寸：长15厘米

元兴二年（403）秋，陶渊明作《饮酒》诗二十首，其中第五首最为耳熟能详："结庐在人境，而无车马喧。问君何能尔？心远地自偏。采菊东篱下，悠然见南山。山气日夕佳，飞鸟相与还。此中有真意，欲辨已忘言。"义熙二年（402），陶渊明有《归园田居》诗五首，其中第一首说："少无适俗韵，性本爱丘山。误落尘网中，一去三十年。羁鸟恋旧林，池鱼思故渊。开荒南野际，守拙归园田……久在樊笼里，复得返自然。"观其诗，后人叹曰，此翁岂作诗，直写胸中天。

晚清王国维在《人间词话》中提倡境界说，认为陶渊明的诗臻于无我之境，为诗中极品。清人沈德潜在《说诗晬语》中评说："陶诗胸次浩然，其中有一段渊深朴茂不可到处。"北宋王安石说："陶渊明趋向不群，词彩精拔，晋宋之间，一人而已。"苏轼在《与苏辙书》中说："吾与诗人，无所甚好，独好陶渊明之诗。渊明作诗不多，然其诗质而实绮，癯而实腴，自曹、刘、鲍、谢、李、杜诸人，皆莫过也。"苏子又言："渊明诗初看似散缓，熟看有奇句。……大率才高意远，则所寓得其妙，造语精到之至，遂能如此。似大匠运斤，不见斧凿之痕。"陶渊明去世后，他的至交好友颜延之写下祭文《陶徵士诔》，为陶公谥号"靖节"，以示高风亮节。陶渊明的人格与素养，成为历代文人的楷模。陶渊明的风节、诗文、故园、醉石，与庐山鄱水同在！

元·陶渊明归去来兮图

◆ 谢灵运与山水文化

六朝时期，是中国特有的自然山水审美意识形成期，这种特殊的审美意识，成为中国特有美学思想的源流。同时，赏石文化也同样渊源于山水文化，而山水文化中山水诗歌的始祖，就是晋宋（南朝）时期的谢灵运。

谢灵运的祖父谢玄，是东晋孝武帝时名将，官拜建武将军，监江北诸军事。谢玄的叔父是当朝宰相谢安。谢安与谢玄，共同导演实施了历史上著名的"淝水之战"，创造了以8万晋军击败87万前秦大军的奇迹，并留下"投鞭断流"、"草木皆兵"、"风声鹤唳"等成语。

淝水之战两年后的晋太元十年，谢灵运（385～433）在会稽郡（今绍兴）始宁县（今上虞）的谢家别墅出生。不久，谢安、谢玄、谢瑍（灵运生父）先后去世。谢灵运由生母刘氏（大书法家王献之外甥女）抚养，7岁袭封康乐公（原谢玄爵位），食邑两千户。15岁入住京师建康（今南京）谢家官邸乌衣巷。

"乌衣巷"因吴时在朱雀门驻军，士兵黑衣为乌衣营。晋室东渡，豪门望族聚此为巷而得名。唐刘禹锡《乌衣巷》诗："朱雀桥边野草花，乌衣巷口夕阳斜。旧时王谢堂前燕，飞入寻常百姓家。""王谢"即为东晋时左右朝政的王、谢两大士族，王氏家族以王导、王羲之等人为代表；谢氏家族以谢安、谢灵运等人为代表。由以上可看出，谢灵运家族的辉煌与权势。

谢灵运被时人称为"文章之美，江左莫逮"。《南史·谢灵运传》中说："天下才共一石，曹子建独得八斗，我得一斗，自古及今共用一斗。"这就是成语"才高八斗"的出处，从中可见谢灵运自视之高。谢灵运少年早慧，博学多才，4岁入道家杜明师学馆学习，15岁于乌衣巷打下鲜明诗风的底蕴。谢灵运认为，儒家经典是用来济世的，佛家经典是用来提高修养的。谢灵运是懂古印度梵文和佉卢文的第一位诗人，他对佛家新兴顿悟说的阐释，其内涵已远于竺道生，在当时产生了巨大影响，而且流传后世，成为重要的哲学概念。

樊浩霖·谢灵运诗意图

以谢灵运显赫的身世、杰出的文才，理应成为朝廷重臣，然而实际上却并非如此，其中重要原因有两个方面：一、谢灵运生于晋宋（南朝）时期，士族势力开始削弱。谢灵运38岁时，刘裕灭晋立宋，在这大变革时，谢灵运在政治上又三次搭错车；二、谢灵运特立独行、恃才傲世的性格，使他无法施展抱负并最终导致祸端。

谢灵运入刘宋后历经武帝、少帝、文帝三朝，始终没有得到信任。失望之余，便以优游山水来排遣郁闷。其游历中的即景抒怀之作，便是自然审美的山水诗，谢灵运无意中成为自然山水诗的开山始祖。白居易在《读谢灵运诗》中说："谢公才廓落，与世不相遇。壮志郁不用，须有所泄处。泄为山水诗，逸韵谐奇趣。……因知康乐作，不独在章句。"

刘宋武帝永初三年（422）七月，谢灵运由太子左卫率外派永嘉（今温州）太守。离开京城时有《邻里相送至方山》诗："祗役出皇邑，相期憩瓯越。"以寄南行惜别之情。路过老家时有《过始宁墅》诗名句："白云抱幽石，绿筱媚清涟。"因而后人又称此诗为《白云曲》。八月，38岁的谢灵运来到成就他千载诗名的永嘉。谢灵运在永嘉不理政事，遍游郡内名山，写出许多优美的山水名篇。少帝景平元年（423）春，大病初愈的谢灵运作《登池上楼》诗，他对"池塘生春草，园柳变鸣禽"两句尤为得意，有如神助。这两句诗后来成为他诗歌成就的代表。唐代李白"梦得池塘生春草，使我长价登楼诗"，北宋吴可"春草池塘一句子，惊天动地至今传"等诗，都是对谢诗的褒扬之词。在谢灵运之前，王羲之也曾做过永嘉太守。后来永嘉华盖山下增添了"王谢祠"，用来纪念书法大家王羲之和山水诗鼻祖谢灵运。

谢灵运在永嘉任上只待了一年，便称疾归隐老家始宁。依山傍水的"始宁别业"，是在谢灵运祖父谢玄时建造起来的。据郦道元《水经注》记载："浦阳江自嶀山东北迳太康湖，车骑将军谢玄田居所在。……于江曲起楼，……楼两面临江，尽升眺之趣。"除江楼外，"别业"尚有多处住宅。《宋书·谢灵运传》："修营别业，傍山带江，尽幽居之美。……寻山陟岭，必造幽峻；岩嶂千重，莫不备尽。""别业"之阔远由此可知。谢灵运《山居赋》称："北山二园，南山三苑。"南北两山凭水路相通。北山又名院山，谢灵运归隐后在山顶建招提精舍，以便潜心修佛。《山居赋》中说："山中兮清寂，群纷兮自绝。周听兮匪多，得理兮俱悦。"在山水清寂之间，众人坐禅修佛，石壁精舍盛况空前。

谢灵运遍游老宅山水，写下诸多诗篇。他在《石壁精舍还湖中作》中描写傍晚夏景："出谷日尚早，入舟阳已微。林壑敛暝

深山人家

石　　种：戈壁石
尺　　寸：高12厘米

色，云霞收夕霏。"他穿着"谢公屐"翻山越岭，留下《从斤竹涧越岭溪行》诗："猿鸣诚知曙，谷幽光未显。岩下云方合，花上露犹泫。"谢灵运每有诗传到京城，都会刮起"康乐风"，人们争相传诵，一时"洛阳纸贵"。谢灵运在《山居赋》中说："选自然之神丽，尽高楼之意得。"在山水之中，达到神超理得的境界。

刘宋文帝元嘉三年（426），朝廷诏谢灵运为秘书监，征颜延之为中书侍郎。谢灵运、颜延之、鲍照三人为刘宋文坛的代表人物，诗坛亦有"鲍谢"之称。是年文帝召谢、颜饮酒赋诗。宴罢，颜延之询问鲍照自己的诗与谢诗相比如何，鲍照说："谢五言初发芙蓉，自然可爱；君诗若铺锦列绣，亦雕缋满眼。"后来学者将"初发芙蓉"和"雕缋满眼"比作中国美学思想的两种风格。

元嘉八年（431），朝廷任命谢灵运为临川（今江西抚州）内史。岁末，谢灵运满怀惆怅告别亲友、石头城、乌衣巷，踏上赴临川之路。舟行时，谢灵运有《初发石首城》诗："遥遥万里帆，茫茫欲何之？"前程一片迷惘。翌年夏，谢灵运抵达临川，唯在郡游放，不理政事。元嘉十年，被属官察举，皇弟司徒刘义康派人拘捕谢灵运。谢灵运冲冠一怒，兴兵拒捕，终兵败被擒。文帝诏降死一等，押送广州监管。途中，又有密谋劫刑车事案发，诏于广州弃市。刑前有《临终》诗："恨我君子志，不获岩上泯。"中国山水文学的开山始祖，客死他乡，骸骨回葬会稽。

以山水作为审美对象，是魏晋以来"文学自觉"（鲁迅语）的标志。梁代刘勰《文心雕龙》中说："宋初文咏，体有因革，庄老告退，而山水方滋；俪采百字之偶，争价一句之奇；情必极貌以写物，辞必穷力而追新。"这正是对谢灵运诗文的高度概括。谢灵运《山居赋》即云："研精静虑，贞观厥美。怀秋成章，含笑奏理。"审美感悟，在于自然山水之间。谢灵运乳名"客儿"，天地间匆匆一客，与他的山水诗同在，携青山绿水长存。

范曾·谢灵运造像

隋唐时期的赏石文化

景观

石　种：天峨石

隋文帝杨坚取北周而立隋，历三代37年而亡。这一时期的赏石文化，主要体现在皇家御苑之中。618年高祖李渊建唐至907年，开启了中国赏石文化的兴盛时代。

◆ "中隐"思想产生的历史背景

唐代的赏石文化资料甚丰，主要来源于中晚唐。唐代前期，由于太宗李世民、女皇武则天、玄宗李隆基等人的文韬武略，展现出一派大唐盛世的景象。"安史之乱"以后，藩镇割据、宦官专权，以至军阀刺杀宰相，宦官把持朝政。"甘露之变"，宦官处死朝官千余人，文宗也被幽禁而死。文人朝臣纷纷避祸，"隐"与"仕"成为纠葛的难题。由白居易首创的"中隐"思想，使两者兼具，逐渐为士人普遍推崇。

晋王康琚《反招隐诗》有句："小隐隐陵薮（山岭湖泽），大隐隐朝市。"古来本无"中隐"思想。白居易《中隐》诗："大隐住朝市，小隐入丘樊。丘樊太冷落，朝市太嚣喧。不如作中隐，隐在留司官。似出复似处，非忙亦非闲。不劳心与力，又免饥与寒。终岁无公事，随月有俸钱。……人生处一世，其道难两全。贱即苦冻馁，贵则多忧患。唯此中隐士，致身吉且安。穷通与丰约，正在四者间。""中隐"需要两个条件：一、要做既不问事又取俸禄的闲官。唐女皇武则天即位后迁都洛阳，中宗李显复辟迁回长安，至此两都制贯穿全唐。东都洛阳保留着朝廷全套官员，平时却不用分管事务，又可以规避祸端，而且俸禄照发。于是文人官员争往

唐·王维·辋川图（部分）

鉴赏要点：此图是王维晚年隐居辋川时所作。画面群山环抱，树林掩映，亭台楼榭，古朴端庄。别墅外，云水流肆，偶有舟楫过往，呈现出悠然超尘绝俗的意境，给人精神上的陶冶和身心上的审美愉悦，旷古驰誉。

东都任"留司官"。二、"中隐隐于园"。园林是在城市"中隐"的憩所，文人士大夫甚至亲自参与园林规划设计。在这种社会风尚影响下，士人私家园林兴盛起来。据史载："唐贞观、开元之间，公卿贵戚开馆列第东都者，号千有余所。"中晚唐东都造园更是难以数计。造园模拟山水，所需奇石甚巨，加以文人吟咏其间，赏石文化空前繁荣起来。

唐·李思训（传）·京畿瑞雪图

鉴赏要点：图绘雪景楼阁，山水重青绿敷色，画法古拙，明显带有所谓李思训父子"金碧山水"传派的特点，与北京故宫博物馆收藏的另外两件传为唐人的楼阁作品《宫苑图》卷、《九成避暑图》页画风相近，并都曾被题为李思训作。

◆ "山池院"与赏石文化

唐朝首都长安的街区称"坊"，东都洛阳的街区称"里"。唐朝太平公主园林"山池院"在长安兴道坊宅畔。诗人宋之问《太平公主山池赋》，对园中叠石为山的形态以及山水配景，都有细致描写："其为状也，攒怪石而欹嵚。其为异也，含清气而萧瑟。列海岸而争耸，分水亭而对出。其东则峰崖刻划，洞穴萦回。乍若风飘雨洒兮移郁岛，又似波浪息兮见蓬莱。图万重于积石，匿千岭于天台。"这是长安皇族园林的奢华，奇石叠山的规模如此宏大。

◆ 牛僧孺与赏石文化

牛僧孺（779~848），唐穆宗、文宗时宰相，曾封奇章郡公，以晚唐牛李朋党之争著名。党争历经六朝，先后凡40年，冠绝今古。

唐文宗大和六年（832），牛僧孺因故上表请罢相。同年外放淮南节度副使，知节度事。大和九年（835），"甘露之变"后，宦官专权，南衙与北司势同水火。牛僧孺屡次上表朝廷"嫌处重藩，求归散地"。开成二年（837），在淮南任职6年的牛僧孺判任东都留守，方遂积年之愿。

大唐东都即洛阳，白居易先于牛僧孺隐居至此。牛僧孺有诗道："唯羡东都白居士，年年香积问禅师。"牛僧孺东都就任后，于东城归仁里置筑宅第，将其在淮南任上搜求的嘉木美石，安放在阶庭。白居易《题牛相公归仁里宅新成小滩》诗："平生见流水，见此转留连；况此朱门内，君家新引泉。伊流决一带，洛石砌千拳；与君三伏月，满耳作潺湲。"白居易评说"归仁里"宅园："嘉木怪石，置之阶廷，馆宇清华，竹木幽邃。"又在城南修造别墅，广纳奇石。牛僧孺部属，多有镇守江南者，奇峰异石纷至沓来，一时蔚为大观。

牛僧孺经常与当时著名诗人白居易、刘禹锡往来唱和。恰逢部属李苏州送来太湖石，奇状绝伦。牛僧孺有诗赞曰："胚浑何时结，嵌空此日成。掀蹲龙虎斗，挟怪鬼神惊。带雨新水静，轻敲碎玉鸣。……池塘初展见，金玉自凡轻。侧眩魂犹悚，周观意渐平。似逢三益友，如对十年兄。"以石为友，拜石为兄，较米颠拜石，尚早两百余年。刘禹锡和诗："拂拭鱼鳞见，铿锵玉韵聆。烟波含宿润，苔藓助新青。……有获人争贺，欢谣众共听。一州惊阅宝，千里远扬舲。"奇石形态美、韵如玉，众人争睹，声名远播。白居易奉和："错落复崔嵬，苍然玉一堆。峰骈仙掌出，罅坼剑门开。峭顶高危矣，盘根下壮哉。……共嗟无此分，虚管太湖来。"白居易和刘禹锡都曾任苏州刺史，

明·周臣·香山九老图

鉴赏要点： 此图描绘了白居易晚年与胡景、吉皎、郑据、刘真、卢真、张浑、李元爽、僧如满等老人宴游的情景。图中高山雄浑，古松耸立，白云游动。老人或围坐、或交谈、或眺望，一派闲适幽雅的气氛。

辖区所产精美太湖石，却为牛僧孺所得，皆叹无此缘分。

牛僧孺博学多闻，曾撰写大量传奇之文，集名《玄怪录》。鲁迅先生在《中国小说史略》中对其评价颇高，可见牛僧孺在中国古代文学史上影响重大。牛僧孺在东都洛阳潜心诗文、专注奇石、好仙慕道，与时人敬称"白神仙"的香山居士白居易饮酒、赏石，"吟咏其间，无复进取之怀"。

武宗会昌三年（843），白居易作《太湖石记》，对牛僧孺在洛阳嗜石笃深挚情，做了精彩诠释："治家无珍产，奉身无长物，惟东城置一第，南郭营一墅，……游息之时，与石为伍。"满园的奇石，皆是牛僧孺的至爱。"富哉石乎，厥状非一：有盘拗秀出如灵丘仙云者，有端俨挺立如真官神人者，有缜润削成如珪瓒者，有廉棱锐刿如剑戟者……"牛僧孺所收藏的奇石，形态变幻不胜枚举。"公又待之如宾友，视之如贤哲，重之如宝玉，爱之如儿孙。不知精意有所召耶？将尤物有所归耶？"牛僧孺的精诚感动了顽石，顽石纷纷前来寻找归宿，这就是石缘吧。"石有大小，其数四等，以甲、乙、丙、丁品之。每品有上、中、下，各刻于石阴，曰'牛氏石甲间''丙之中''乙之下'。"牛僧孺所收藏的奇石，按大小分四等，按品相分三级，这与今日评石规则颇为相似。"噫！是石也，

千百载后，散在天壤之内，转徙隐见，谁复知之？"这些石头啊，后世不知流落何处，使人陡生无尽的感慨。

宣宗大中二年（848），牛僧孺于东都城南别墅溘然仙逝。时有托名牛僧孺著《周秦行记》书，记叙牛僧孺在洛阳鸣皋山，夜遇前朝诸美姬，被邀赋诗："尽道人间惆怅事，不知今夕是何年。"后世东坡亦有词："不知天上宫阙，今夕是何年？"牛僧孺在天宫依然惆怅，那些美妙的奇石精灵，不知魂归何处、相期几许。

宋·李公麟（传）会昌九老图

清·黄慎·裴度故实图

◆ "集贤里"与赏石文化

宰相裴度为中晚唐四朝重臣。唐宪宗元和十年（815），时任御史中丞的裴度，被节度使李师道派刺客刺成重伤，宰相武元衡被刺身亡。裴度带伤平藩，为稳定时局起到巨大作用。裴度晚年也为"东都留守"，于洛阳建"集贤里"宅园，《旧唐书·裴度传》记其事："东都立第于集贤里，筑山穿池，竹木丛萃，有风亭水榭，梯桥架阁，岛屿回环，极都城之胜概。"白居易曾和裴度集贤林亭诗："因下张沼沚，依高筑阶基。嵩峰见数片，伊水分一支。……幽泉镜泓澄，怪石山攲危。""集贤里"园林里的峰石与怪石，也是各具形态。《旧唐书·裴度传》又载："又于午桥创别墅，花木万株，中起凉台署馆，名曰绿野堂。"文中还记载裴度与白居易、刘禹锡等人，在"午桥别墅"饮酒赋诗，吟咏奇石自乐的场景。

◆ 白居易与赏石文化

中国赏石文化至晚唐资料渐丰，论者藏家辈出，白居易则为其中佼佼者。

白居易（772～846）以诗名盛。唐元和十一年（816），白居易贬江州（今九江），从翰林学士降至江州司马。愤而作《琵琶行》长诗，发出与琵琶女"同为天涯沦落人"的感慨，从此萌生归隐之心。元和十二年（817），白居易在庐山建成草堂，并在石上题诗："倦鸟得茂树，涸鱼返清源。舍此欲焉往，人间多险艰。"白居易以陶渊明"鸟倦飞而知还"和庄子"不如相忘于江湖"的典故，表达了皈依自然的情愫。

元和十五年（820），白居易在忠州（今重庆忠县）刺史任上，写有《东坡种花》诗："持钱买花树，城东坡上栽。"260年后，宋代大文豪苏轼贬黄州，在东门外开荒种田，因仰慕白居易"忠东坡"，将垦地取名"东坡"，自号"东坡居士"，并建草堂名"雪堂"。白香山贬江州和苏东坡贬黄州时都是45岁，且皆筑有草堂，而"黄东坡"源自"忠东坡"。唐长庆二年（822），白居易在杭州刺史任上留有"白公堤"。宋元祐四年（1089），苏轼在杭州知府任上留下"苏公堤"。唐、宋文坛两位巨擘成就一段文苑奇缘。

长庆四年（824），白居易从杭州迁至洛阳，有《洛下卜居》诗："三年典郡归，所得非金帛。天竺石两片，华亭鹤一只。……下担拂云根，开笼展霜翮。贞姿不可杂，高性宜其适。"白居易在杭州任刺史三年，两袖清风，只得石两片、鹤一只携归洛阳，实乃主人坚贞、高洁品德的象征。

宝历二年（826），白居易刺苏州得石两片，作《双石》诗曰："苍然两片石，厥状怪且丑。俗用无所堪，时人嫌不取……一支可吾琴，一可贮吾酒。峭绝高数尺，坳泓容一斗。五弦倚其左，一杯置其右。洼樽酌未空，玉山颓已久。……回头问双石，能伴老夫否。石虽不能言，许我为三友。"白居易认为，既"怪"又"丑"的两片奇石，虽不能实用，却是欣赏的佳品。一石高数尺，琴倚其上，一石有洼坑可容酒一斗。石洼中樽酒尚未饮尽，诗人却已醉倒。抚琴饮酒与石相伴，岂不快哉。白居易诗："回头问双石，……许我为三友。"白居易如此洒脱空灵，真性情中人也。

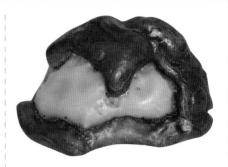

内秀

石　　种：戈壁石

白居易草堂（重建）

白居易雕像

大和元年（827），白居易居洛阳，有《太湖石》诗："烟翠三秋色，波涛万古痕。削成青玉片，截断碧云根。风气通岩穴，苔文护洞门。三峰具体小，应是华山孙。"笔下太湖石色如云雾缭绕的秋景，石肤因万古流水冲刷而圆润，形态挺拔峭峻，孔洞剔透，有如华山奇峰，咫尺千里之势。白居易另有《太湖石》咏："远望老嵯峨，近观怪欹崟。……形质冠今古，气色通晴阴。……岂伊造物者，独能知我心。"欣赏着气势高耸、形质冠古今的美石，感念上苍的造化与恩典。

白居易根据赏石心得，归纳出《爱石十德》："养情延爱颜，助眼除睡眠，澄心无秽恶，草木知春秋，不远有眺望，不行入岩窟，不寻见海浦，迎夏有纳凉，延年无朽损，弄之无恶业。"赏石进入崇高的道德境界，这是古今中国文人赏石的独特风范。

大和三年（829），58岁的白居易从此退隐大唐东都洛阳，直至仙逝。大和五年（831），白居易在洛阳香山重修香山寺，自号香山居士，俨然佛门老僧，时人敬称"白神仙"。大和九年（835），白居易著有《磬石铭并序》："客从山来，遗我磬石。圆平腻滑，广袤六尺。……置之竹下，风扫露滴。坐待禅僧，眠留醉客。清冷可爱，支体甚适。便是白家，夏天床席。"这醉眠之石与陶靖节醉卧之石如出一辙，真有仙风道骨之神韵。

会昌三年（841），白居易作《太湖石记》："古之达人，皆有所嗜，玄晏先生嗜书，嵇中散嗜琴，靖节先生嗜酒，今丞相奇章公嗜石。"赏石自是有道高士精神之寄托也。《太湖石记》又云："三山五岳，百洞千壑，觇缕蔟缩，尽在其中。百仞一拳，千里一瞬，坐而得之。"白居易此时已垂垂老矣，赏石已将老人融入自然之中。择清奇石为挚友，驾华亭鹤而西行，正是香山居士梦寐的归宿。

白居易草堂

石　种：松花石
尺　寸：33厘米×20厘米×20厘米

◆ 李德裕与赏石文化

李德裕（787~850），唐文宗、武宗时宰相。晚唐牛李党争的世族领袖，以器业自负。素有壮志，苦心力学，尤精《汉书》、《左传》。著述甚丰，诗文独具风采。

唐武宗会昌元年（841）始，李德裕为相六载。期间内治宦官，外定幽燕、击回纥、平泽潞、震南昭，功勋卓著，封卫国公，被李商隐誉为"万古之良相"。李德裕有《长安秋夜》诗："内宫传诏问戎机，载笔金銮夜始归。万户千门皆寂寂，月中清露点朝衣。"首辅在朝堂，集军机政务于一身，淡定从容，襟抱非凡。

李德裕于宰相任内，在洛阳南郊龙门山大兴土木，修建平泉山庄。他在《平泉山居诫子孙记》中说："又得名花珍木奇石，列于庭际。平生素怀，于此足矣。……鬻吾平泉者非吾子孙也，以平泉一树一石与人者非佳子弟也。" 李德裕真为爱石之人也。唐人康骈《剧谈录》记载"平泉山庄"："有平石，以手磨之，皆隐隐现云霞、龙凤、草树之形。"看来应是吉祥图画石。李德裕还在《平泉山居草木记》中记录了庄中部分石头的种类和名称："日观、震泽、巫岭、罗浮、桂水、严湍、庐阜、漏泽之石在焉……台岭、八公之怪石，巫峡之严湍，琅玡台之水石，布于清渠之侧；仙人迹、鹿迹之石，列于佛榻之前。"据说，李德裕"平泉山庄"藏石何止数千方，从以上所列品种和名称来看，已是琳琅满目、美不胜收了。

漩

石　种：大湾石

海南五公祠李德裕像

宋《渔阳公石谱》记载："广采天下珍木怪石为园池之玩。"李德裕将大批的泰山石、灵璧石、太湖石、巫山石、罗浮石等，配以珍木异卉、湖溪流水，精心构筑成名山大川。平泉山庄的造园技巧已有很高的水准。李德裕在《题罗浮石》诗中说："青景持芳菊，凉天倚茂松。名山何必去，此地有群峰。"可见其对平泉山庄幽深雄浑的景观颇为自信。园中的每方奇石都镌刻"有道"二字，以示"此中真意"。醒酒石是李德裕的至爱。明林有麟《素园石谱》记述：李德裕"醉即踞卧其上，一时清爽"。并在醒酒石上刻诗云："蕴玉抱清辉，闲庭日潇洒。块然天地间，自是孤生者。"李德裕曾遗言后人："凡将藏石与他人者，非吾子孙。"冀望爱石永伴平泉。

宣宗大中元年（847），李德裕罢相，出荆南（今湖北）节度使。不久改任东都留守。李德裕与家人在平泉山庄，度过了最后短暂而温馨的时光。旋即被贬为潮州（今广东）司马。李德裕

唐·周昉·调琴啜茗图（局部）

鉴赏要点：图中五人，中间三人为宫中贵妇，一人于石上调琴，另两位一边啜茗，一边侧耳静听琴声。两侧侍者，一人手端茶托，一人执茶杯。人物神态娴静端庄。人物组合有坐有立，疏密得体，富有变化。

有《离平原马上作》诗："十年紫殿掌洪钧，出入三朝一品身。……自是功高临尽处，祸来名灭不由人。"自知此去岭南，绝无生还之望，仍然气概不减当年。

大中二年（848），李德裕再贬崖州（海南琼山）司户，次年正月抵达。宋王谠《唐语林》说："李卫公在珠崖郡，北亭谓之望阙亭。公每登临，未尝不北睇悲哽。题诗云：'独上江亭望帝京，鸟飞犹是半年程。青山似欲留人住，百匝千遭绕郡城。'"《夏晚有怀平泉林居》感念："愀然何所念，念我龙门坞。……稚子候我归，衡门独延伫。"五尺男儿，此时也是英雄气短，儿女情长。《怀山居邀松阳子同作》诗："我有爱山心，如饥复如渴。出谷一年余，常疑十年别。……昼夜百刻中，愁肠几回绝。"《张公超谷中石》句："自予去幽谷，谁人袭芳杜。空留古苔石，对我岩中树。"《思山居十一首·寄龙门僧》："清景出东山，闲来玩松石，应怜林壑主，远作沧溟客。"平泉山庄的嘉木美石，时刻萦绕在李德裕脑际，而平泉山庄的主人，已远在阴阳界上。

大中四年（850），63岁的一代名相李德裕，带着他对为之操劳的大唐帝国的沉郁悲怆，带着他对亲手建筑的平泉山庄的魂牵梦萦，怆然逝去。而李德裕匡扶的残唐大厦，也于50余年后轰然坍塌。历史走进五代十国时期，平泉山庄也为丹阳王守节所得。整修园林时，竟掘出奇巧美石数千方，醒酒石也在其中。北宋哲宗时，醒酒石被征入宫中，安放在筑月台。徽宗置醒酒石于宣和殿。钦宗朝"靖康之难"后，醒酒石追随李德裕而去，不知所终。

醒酒石

石　　种：大湾石
尺　　寸：长12厘米

清·顾大昌·李德裕见客图

石闻追踪

文人园林与赏石

唐代山水文学发达，晚唐政治的动荡，促进了文人园林兴起，赏石文化也随之繁盛。中晚唐的白居易、柳宗元、裴度、李德裕、牛僧孺等人，都是一代士子的精英，又是文人官僚的代表。他们在政治斗争的旋涡中心力交瘁，却又在园林的泉壑美石中得到精神慰藉和寄托。这些文人将园中奇石视为珍宝，将赏石划出类别、分出等级、述其形态、探其意境，已是一批赏石鉴赏家。李德裕和牛僧孺家道败落后，园中奇石散出，凡刻有李、牛两家标记的石头，都是洛阳人的争抢之物。从中可见文人对赏石的深远影响。

◆柳宗元与赏石文化

柳宗元溪居示意图

柳宗元（773～819），字子厚，河东（今山西永济市）望族。唐永贞元年（805）正月，体弱多病的李诵即位，是为唐顺宗。朝廷形成以"二王、刘、柳"（王叔文、王伾、刘禹锡、柳宗元）为首的"永贞革新"集团，掌控大权。八月，唐宪宗李纯登基，由于"永贞革新"派曾排斥李纯，由此埋下祸根。宪宗登基第三天，就开始清理革新派人士，二王被贬杀而死，刘、柳等八人被贬为边远地区司马，这就是历史上著名的"二王、八司马事件"。《旧唐书·宪宗纪》载，宪宗登基大赦诏书云："……柳宗元、刘禹锡……八人，纵逢恩赦，不在量移之限。"与宪宗李纯系上死结，柳宗元等人的命运可想而知。

33岁的柳宗元被远贬为"永州（湖南）司马员外置正同员"，其实"俟罪非真吏"。"永贞革新"的失败，断送了柳宗元的政治前途，却成就了他在中国文学史乃至中国思想史上的崇高地位。

柳宗元与韩愈一起被誉为"古文运动"的领袖，并称"韩柳"，占有唐宋八大家唐朝仅有的两席。其代表作即为"永州八记"。柳宗元在《钴鉧潭西小丘记》中说："其石之突怒偃蹇，负土而出，争为奇状者，殆不可数。其欹然相累而下者，若牛马之饮于溪；其冲然角列而上者，若熊罴之登于山。"这是柳宗元最早描写象形奇石神态的文字。"丘之小不能一亩，可以笼而有之。问其主，曰：'唐氏之弃地，货而不售。'问其价，曰：'止四百。'余怜而售之。"柳宗元在感叹景胜但"货而不售"的同时，表达了自己怀才不得济世的悲愤。最终柳宗元以四百钱买下钴鉧潭和小丘，"即更取器用，铲刈秽草，伐去恶木，烈火而焚之。嘉木立，美竹露，奇石显。"经过一番修整，建成了一座美丽的园林。柳宗元在永州共建了六处园林景观，并将园林意境分为两大类："旷如也，奥如也，如斯而已。""旷"为旷境，指开阔旷远的景观意境，这里包含"借景"的理念。"奥"为奥境，指清幽深邃的景观意境。柳宗元总结出"逸其人，因其地，全其天"的"天人合一"的造园原理。造园要合理使用人力和物力，因地制宜，保持景观的天然真趣。柳宗元美妙的散文和"以文造园"的思想，以及对园林及赏石文化的发展，都是留给我们的宝贵财富。

元和十年（815），在宰相韦贯之和御史中丞裴度的斡旋下，朝廷召回柳宗元、刘禹锡等五司马。二月，被贬十年的柳宗元行至长安东郊，当年出京饯别的灞桥，无限感慨地写下《诏追赴都二月至灞亭上》诗："十一年前南渡客，四千里外北归人。诏书许逐阳和至，驿路开花处处新。"当时正值春日，柳宗元满怀希望，回京诸子相约同去玄都观赏花，刘禹锡即兴写下《元和十年自朗州召至京戏赠看花诸君子》诗："紫陌红尘拂面来，无人不道看花回。玄都观里桃千树，尽是刘郎去后栽。"这首诗被人抓住把柄，宪宗下诏贬柳宗元为柳州刺史，刘禹锡为播州刺史，后改为连州刺史，即刻出京，不得停留。

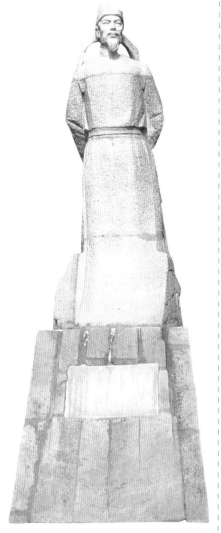

柳宗元像

柳门空石

柳宗元塑像

柳侯祠

三月，返京的诸子都被赶出京都。刘柳结伴同行，至湘江衡阳，到分手的时候了。柳宗元挥笔写下《衡阳与梦得分路赠别》诗："十年憔悴到秦京，谁料翻为岭外行……今朝不用临河别，垂泪千行便濯缨。"两位好友洒泪而别。

六月，经历三个多月的长途跋涉，柳宗元一行终于到达柳州。随即登城远眺，写下《登柳州城楼寄漳汀封连四州》（其他四刺史贬地）诗："城上高楼接大荒，海天愁思正茫茫。……共来百越文身地，犹自音书滞一乡。""万死投荒"的柳宗元知道归期无望。据《旧唐书·地理志四》记载：柳州"天宝领县五，户二千二百三十二，口一万一千五百五十"。此为唐玄宗天宝盛世户籍。元和十年距前已有70余年，中唐国势衰微，户籍滋耗，口已不及万，加之经济、文化非常落后，其荒凉程度可想而知。

柳宗元非常重视柳州的文化传播。八月着手修葺破败的孔庙，十月"完旧一新"，作《柳州文宣王新修庙碑》一文，并在柳州兴办学堂，亲自讲学。作为大文学家，柳宗元自身就是一种文化的象征。他将中原先进文化传播到柳州，为柳州的文明奠定了基础。明人归有光在《柳州计先生寿序》中说："柳

之山水不待子厚而显，而其人才之出，自子厚始也。"韩愈《柳子厚墓志铭》称："衡湘以南为进士者，皆以子厚为师，其经承子厚口讲指画为文词者，悉有法度可观。"韩愈与柳宗元，形成了大唐古文运动的南北中心，柳宗元贬柳州而使柳州成为学子向往的地方，柳州人有福了。

继"永州八记"之后，柳宗元又有"柳州四记"。其《柳州山水近治可游记》尤为可观："古之州治，在浔水（柳江）南山石间，……浔水因是北而东，尽大壁下。其壁曰龙壁。其下多秀石，可砚。"柳宗元在龙壁崖下取石制成琴荐和"柳砚"。柳宗元将琴荐送给淮南节度使卫次公，并有《与卫淮南石琴荐启》文："叠石琴荐一（元注：出当州龙壁滩下），右件琴荐，躬往采获，稍以珍奇，特表殊形，自然古色。"柳宗元将"柳砚"送给连州刺史刘禹锡，刘禹锡有《谢子厚寄叠石砚》诗："当年同砚席，寄此感离群。清越敲寒玉，参差叠翠云。"这也是柳宗元在柳州的赏石佳话。柳宗元在《柳州山水近治可游者记》一文中说："又西曰仙弈之山（马鞍山）。山之西可上。其上有穴，穴有屏，有室，有宇。其宇下有流石（钟乳石）成形，如肺肝，如茄房（莲蓬）。或积于下，如人，如禽，如器物，甚众。"写钟乳石形态各异，使人如临其境。

正式提出"唐宋八大家"概念的明代评论家茅坤，在评《游黄溪记》中说："非子厚之困且久，不能以搜岩穴之奇，非岩穴之怪且幽，亦无以发子厚之文。"柳宗元与柳州山水有缘矣。明张岱《琅嬛文集》中说："古人记山水手，太上郦道元，其次柳子厚，近时则袁中郎（明袁宏道）。"为中肯之说。

元和十四年（819）十一月，柳宗元病逝于柳州住所，终年尚不足47岁。次年归葬长安万年县栖凤祖莹。越年，柳州人建罗池庙纪念柳宗元。北宋崇宁三年（1104），徽宗追封柳宗元为文惠侯，罗池庙改称为柳侯祠。

大和八年（834）以后，柳宗元生前好友裴度、刘禹锡、牛僧孺、白居易等人，先后奏请为东都留守，在洛阳造园"中隐"。好友相聚，操琴饮酒，吟咏山水奇石，独不见子厚矣。

坛

石　种：大湾石

尺　寸：高6厘米

神峰

石　种：戈壁石

唐·孙位·高逸图

◆ 唐代赏石的状态

唐代赏石文化的资料分为两大类：一是形象资料，包括绘画和出土实物。二是文献资料，包括诗文、史书记载和札记等。上海博物馆藏有晚唐孙位的《高逸图》，据考证为《竹林七贤图》残卷，此画中作者勾勒出两方不同形态的奇石。右面一石呈斜向肌理，上小下大，皱褶、沟壑、孔洞遍布。左边奇石整体饱满、通体洞穴、宛转变化。两石皆配以植物，如高士般坐置地面，与席地而坐的竹林诸贤相映成趣。由于历史久远，唐代形象资料存世甚少，而文献资料却异常非富，这也是研究当代赏石文化的重要基础。

◘ 体型

唐代赏石以园林石为主，多为大中型，虽有小型石记载，但为数极少，也鲜有置石于室内的记载。如白居易《太湖石记》："高者仅数仞，重者殆千钧。"《太湖石》："才高八九尺，势若千万寻。"后人记李德裕礼星石："纵广一丈，厚尺余。"

◘ 品种

唐代赏石品种主要是太湖石。牛僧孺因藏石曾说："石有族聚，太湖为甲。"时人评说："唐牛奇章嗜石，石分四品，居甲乙者具太湖石也。"白居易《双石》："万古遗水滨，一朝入吾手。"吴融《太湖石歌》："洞庭山下湖波碧，波中万古生幽石。"刘禹锡《和牛相公》："垂钩入空隙，隔浪动晶荧。"姚合《买太湖石》："我尝游太湖，爱石青嵯峨。"这些诗句，充分说明唐代所赏的太湖石，大都是指洞庭山附近太湖中生成的水生石。此外，浮磬（灵璧）石、昆石、罗浮石、天竺石、泰山石、石笋石等观赏石种，常见有赏咏记载，却都不是唐代赏石的主要品种。

◘ 形态

唐代的赏石审美，尊崇石头表面自然的孔洞、褶皱、纹理等形态。白居易《太湖石奇》"风气通岩穴"，牛僧孺《李苏州遗太湖石》"透穴洞太湖"，李咸用《石板歌》"龙泉切璞青皮皱"，刘昭禹《石笋》"形瘦浪冲余"，白居易《双石》"苍然两片石，厥状怪且丑"。中国古典赏石审美中的"瘦"、"皱"、"透"、"怪"、"丑"等说法，在这里已经齐备。唐代赏石除山形外，动物、人物、规整、抽象等形态的奇石也经常出现，展现出唐代赏石文化的丰富多彩。

◆ 唐代赏石的文化内涵

白居易《太湖石记》说："百仞一拳，千里一瞬，坐而得之，此所以为公适意之用也。"园林奇石是微缩的山水，居园林而游赏山岳，是最"适意"的事。李德裕"平泉山庄"中的奇石就是名山大川的移植，群峰众山美不胜收。这也是六朝以来悠悠山水的文化传承。

"君子比德于玉"是中国人格取向的标榜。李德裕《题奇石》"蕴玉抱清辉，闲庭日潇洒"，白居易《太湖石》："轻敲碎玉鸣"，李勋《泗滨得石磬》"出水见真质，在悬含玉音"，都是以玉比石，喻君子品德。文人还经常以石直接比喻高尚的人格。李德裕《海上石笋》："忽逢海峤石，稍慰平生忆。何以慰我心，亭亭孤且直。"王贞白《太湖石》："一片至坚操，那忧岁月侵。"《题庭中太湖石》："岁寒终不变，堪比古人心。"诵读以石喻德诗文，从中能够感到凛然正气、君子高德、文人风骨，依然是六朝遗风的延续。

太湖石摆件

鉴赏要点：此物为太湖天然之品，石质细腻，予人浑穆古朴、凝重深沉之感。石体表面历尽沧桑，奇峰嶙峋，峰峦迭起，其形俊俏，可谓鬼斧神迹，天工造化。湖石表面突隆遍布，孔洞分布疏落有致，断痕截面呈犬牙交错之状，脊棱锋利流畅，纯然天成，不落丝毫雕琢修治痕迹。此太湖石摆件外貌俊秀沉浑，配以木座，更突现典雅娟秀之美，当为藏家珍视。

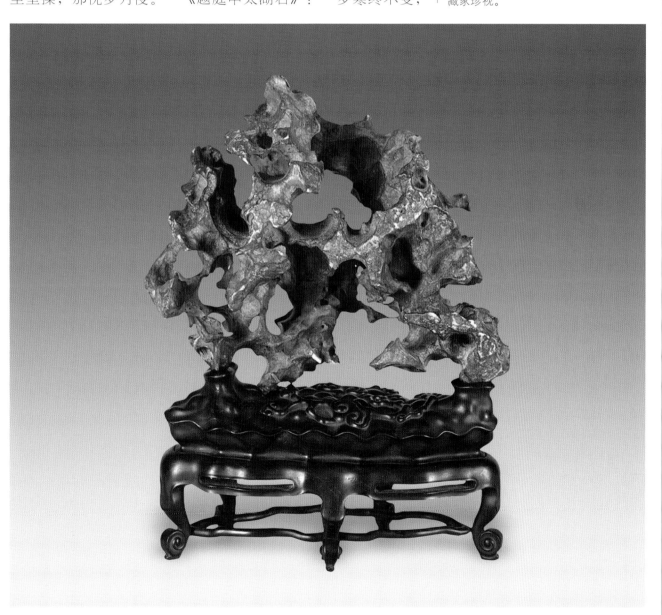

五代时期的赏石文化

天池

石　种：来宾梨皮石

尺　寸：宽30厘米

公元907年，朱温灭唐称帝建后梁，建都汴梁（今开封），历经梁、唐、晋、汉、周，史称五代。与此同时，尚有其他十个国家分布在大江南北，统称为"五代十国"。

◆ 山水绘画的兴盛

　　五代是中国历史上又一个大动荡时期，从整体上看，赏石文化资料并不丰富，但也有可观之处。中国山水文化中的山水绘画，始创于晋宋时期的代表人物宗炳。五代是中国山水绘画的成熟期，北方画派以荆浩、关仝为代表，南方画派以董源、巨然为代表。五代的山水绘画，对后世山水绘画以及山水文化的影响绵延不绝，园林艺术及景观赏石，也从中感悟到中国特有的审美取向。

五代·董源·平林霁色图卷

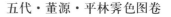

五代·董源·潇湘图卷（全卷）

◆李煜与文房石

南唐后主李煜（937～978），以词章冠绝古今。南唐（937～975）经李昪、李璟、李煜三帝，论治国平天下，一代不如一代，论文学才华，则一代更胜一代。《江南别录》称李煜"天资聪颖，美风仪，天骨秀颖，神气精粹，幼而好古，为文有汉魏风"。李煜青少年时就因看尽宫廷险恶而将功名视为畏途。他的《渔夫》词："浪花有意千重雪，桃李无言一队春。一壶酒，一竿纶，世上如侬有几人。""一棹春风一叶舟，一纶茧缕一轻钩。花满渚，酒盈瓯，万顷波中得自由。"表达了终身隐遁钟山的愿望。为此他自号钟隐，别号钟峰居士等，以明心志。

精擅翰墨的李煜，对文房四宝的笔、墨、纸、砚大为青睐。宋李之彦在其《砚谱》中说："李后主留意笔札，所用澄心堂纸、李延珪墨、龙尾石砚，三者为天下之冠。"龙尾石砚即为歙砚，因产在古歙州龙尾山（今江西婺源县）而得名。南唐建都金陵（今南京），所辖歙州等35州，龙尾石产地在辖区之内，李璟、李煜父子雅好文墨，对砚石的开采与制作自然不遗余力。李氏将歙砚列为众名砚之首，专设砚务官，为宫廷制砚。宋欧阳修《南唐砚》记："当南唐有国时，（于歙州造砚，务选工之善者）命以九品之服，月有俸廪之给，号砚务官，岁为官造研有数。"唐积《歙州砚谱》记："南唐元宗精意翰墨，歙守献研，并荐研工李少微，国主嘉之，擢为研官。"由此可知南唐砚务官只有李少微一人，先后事李璟、李煜二主。

李少微所制南唐御砚，流传甚少。欧阳修曾从王原叔家偶得一方。《南唐砚》记："有江南老者见之，凄然曰：'此故国之物也。'因具道其所以然，遂始宝惜之。"欧阳修于宋仁宗天圣九年（1031）得到此砚并一直带在身边。宋皇祐三年（1051），欧阳修作《南唐砚》文，并于砚背刻铭。乾隆五十七年（1792），乾隆进士、书法家铁保得此砚，在砚边作铭。翌年铁保请书法家翁方纲在砚盒盖上作铭。民国八年（1919），邹安编《广仓研录》记载，此砚已流落日本。

宋代·歙砚
尺　寸：高1.9厘米

古砚
石　种：来宾石
尺　寸：长16厘米

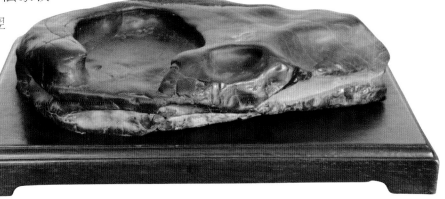

砚
石　　种：大湾石
尺　　寸：长8厘米

李煜曾收藏了两座史上罕见的宝石砚山，皆出自李少微之手。宋蔡京幼子蔡絛《铁围山丛谈》记："江南李氏后主宝一研山，径长尺踰咫，前耸三十六峰，皆大如手指，左右引两阜坡陀，而中凿为研。及江南国破，研山因流转数士人家，为米元章所得。"米元章后来又用此砚与苏仲恭学士之弟苏仲容交换甘露寺下的海岳庵。米元章即失砚山，曾赋诗叹曰："研山不复见，哦诗徒叹息。唯有玉蟾蜍，向余频泪滴。"这只砚山后来被宋徽宗索入宫内，藏在万岁洞砚阁内。元代，此砚山为台州戴氏所得，戴氏特请名士揭傒斯题诗："何年灵璧一拳石，五十五峰不盈尺。峰峰相向如削铁，祝融紫盖前后列。东南一泓尤可爱，白昼玄云生霹雳。"辗转相传入清以后，为学者朱彝尊所得，诗人王士禛题诗云："青峭数峰无恙在，不须泪滴玉蟾蜍"。这座砚山因米芾易海岳庵而得海岳庵研山之名。从揭傒斯题诗来看，砚山应是李少微用天然灵璧石雕凿而成。灵璧石产区离原属南唐辖区很近，至后周显德五年、南唐交泰元年（958），江北十四州才从李璟手中割让给后周以求和。由此可知，南唐取灵璧之石实为易事。

李煜还遗有一座青石砚山，后来也归米元章所得，取名宝晋斋研山。宋李之彦《砚谱》载："砚中有黄石如弹丸，水常满，终日用之不耗。"蔡絛《铁围山丛谈》记载，李煜特将研山中景观分别命名为华盖峰、月岩、翠峦、方坛、玉笋、上洞、下洞、龙池等多处胜境，以示珍爱。

北宋建隆二年（961），25岁的李煜在风雨飘摇中即位。这时，原后周大将赵匡胤已于960年陈桥兵变，黄袍加身成为大宋开国皇帝，史称宋太祖。宋开宝八年（975），赵匡胤灭南唐，李煜率王公后妃、百官僚属被押解去京

南唐后主李煜与赏石文化

五代十国时期的南唐后主李煜（937~978），以词章冠绝古今，对中国赏石文化也贡献卓著。"文房"即"书房"，这个概念始于李煜。从史料看出：一、李煜是"文房"的始倡者。二、李煜是歙砚石的强力推手。三、李煜的砚山具有重要功能，既是小型观赏石的代表，又是赏石承前启后，进入文房案头的开端，开启了北宋以后"文人石"赏玩的先河，其象征意义巨大而深远。

都汴梁。望着长江浩荡东去，李煜热泪夺眶，吟出《破阵子》词："四十年来家国、三千里地山河；……最是仓皇辞庙日，教坊犹奏离别歌。垂泪对宫娥！"开宝九年（976），赵匡胤突然身死，史有"烛影斧声"说。其弟赵光义即帝位，是为宋太宗。赵光义对李煜百般凌辱，甚至是对李煜的爱妻小周后，且时常召她入宫陪宴侍寝，一去便是多日。小周后每次入宫归来，都会倒在李煜怀中，向他哭诉赵光义的无耻行径，使李煜心灵遭受巨大的创伤。"此中日夕，只以眼泪洗面。"

北宋太平兴国三年（978）的七夕，恰逢李煜的42岁诞辰。当晚，李煜在寓居小楼院内与后妃同庆。无尽的惆怅从他的胸中喷薄而出，吟出那千古绝唱《虞美人》词："春花秋月何时了，往事知多少？小楼昨夜又东风，故国不堪回首月明中！雕栏玉砌应犹在，只是朱颜改。问君能有几多愁？恰似一江春水向东流。"写罢，李煜将词交给后妃演唱，自己则击节应和。此事传到赵光义耳中，赵光义立刻派人送去毒酒，谎称为"牵机妙药"。李煜服下后当即中毒，头足相就，状似牵机，翌日凌晨气绝。不久，小周后也饮恨而亡，与李煜同葬。谱写了一曲比唐玄宗与杨贵妃更为真挚凄婉的"长恨歌"。

两宋时期的赏石文化

卡通

石　　种：戈壁石

观赏石鉴赏与收藏

公元960年，宋太祖赵匡胤取后周而代之建立北宋，建都开封，改名东京。1127年，金军掳去徽、钦二帝，北宋灭亡。宋高宗赵构逃往江南，后定都杭州，改名临安，史称南宋。1279年，南宋亡于元。

◈ 两宋的国土与军事

北宋的国家版图，早已不能与盛唐同日而语。东北的契丹族建立辽国，取得北宋幽州城（今北京）后，改名南京，又称燕京。以幽、燕地区为基地，势力深入华北平原。辽末，东北女真族建立金国，灭北宋和辽国后，将南宋压至长江以南，南宋国土日益缩小。与此同时，西北党项族建西夏，尚有吐蕃、回鹘、黑汗、蒙古、大理等部各据一方。大宋王朝实际上只是偏安一隅。

北宋·郭熙·窠石平远图

鉴于晚唐军阀拥兵自重、尾大不掉的祸患，开国之初，宋太祖"杯酒释兵权"，开国元勋回乡养老。从中央到地方的高官都由文官担任。各军队的高级指挥机构，都派有文官"监军"。文官的地位和俸禄都高于武官，同级别武官路遇文官，要回避或拜见。朝廷重大事情都由皇帝与文官决策，文官执政是宋代政治的一大特色。

◈ 两宋的文化演变

近代史学大师陈寅恪先生说："华夏民族之文化历数千载之演进，造极于赵宋之世。"在中华民族数千年文化史中，两宋尤为突出，中唐至北宋，也是中国文化的重要转折点。

一、与汉唐两代的开疆拓土、雄浑大气相比，两宋偏安一隅的状态。这使士人眼中疆土世界变小，文化的眼界却有极大的转变，对儒、释、道及其他各种文化艺术的研究，更加精微细腻、纵深悠远。

二、宋太祖鉴于晚唐乱杀、杖笞朝官的教训，圣谕不得杀戮朝官，甚至不得加刑文官。北宋赵彦卫说："本朝待士大夫有礼，自开国以来，未尝妄辱一人。"宋代虽然朝政宽松，但是"党祸"却很残酷。贬官边远如服流刑，令士子生畏。于是白居易"中隐"思想受到推崇，私家园林愈加兴盛，只是更加精巧，选石也更加多变。

三、文官当政，是宋代始终积弱而无著名战将的重要原因，但也是文化大繁荣的重要因素。这种文化的极致到宋徽宗赵佶时达到顶峰，文风更加清新、精致、小巧、空灵、婉约，影响到诗歌、绘画、园林等各个方面，赏石文化自然也在其中。

◈ 赵佶的艮岳与奇石

宋徽宗赵佶（1086～1135）系神宗第十一子、哲宗弟。哲宗死而无后，赵佶嗣位。据说神宗在赵佶出生前曾到过秘书省，仔细观看南唐后主李煜画像。赵佶出生时，神宗梦见李煜前来谒见。后人相信，徽宗是后主转世。

宋徽宗赵佶与南唐后主李煜确实有着惊人的相似。在中国文学艺术史上，他们都具有极高的艺术天分，才华横溢、文采飞扬。只是在诗词曲赋上，赵佶略输文采；在书法绘画上，李煜则稍逊风骚。他们在治国方面同样弱智、昏庸，他们同样是亡国之君，归宿也同样凄惨。他们又同样都与石头结下了不解之缘。

赵佶是中国历史上最大的奇石玩家。他在位26年（1100～1125）中，从未间断收藏天下珍奇宝物。崇宁三年（1105），朝廷在苏州设立应奉局，专门在江南搜罗奇石异卉，用船运至东京汴梁（今河南开封）。运石船每十艘编为一纲，称为"花石纲"。"花石纲"前后持续动行20多年，几与赵佶在位相始终。运到京城的石头数以十万计，最大的太湖石高达数丈，需造巨船运送，运费高达30万贯，相当于万户百姓全年的收入。这方巨石被赵佶封为"盘固候"。

天台览胜
石　　种：南盘江石
尺　　寸：长58厘米

政和七年（1117），赵佶命户部侍郎孟揆，于上清宝箓宫之东筑山，号曰万岁山，因其在宫城东北，据"艮"位，即成更名为"艮岳"。宣和四年（1122）完工，因园门匾额题名"华阳"，故又名"华阳宫"。

宋张淏《艮岳记》载："舟以载石，舆以辇土，驱散军万人，筑岗阜，高十余仞。增以太湖灵璧之石，雄拔峭峙，巧夺天造。"北京故宫博物院藏有赵佶亲笔所绘《祥龙石图》，卷后赵佶《题祥龙石图》诗序云："祥龙石者，立于环碧池之南，芳州桥之西，相对则胜瀛也。其势腾涌，若虬龙出为瑞应之状，奇容巧态，莫能具绝妙而言之也。"赵佶亲自于奇石中选得六十五石，逐一封爵题名、铭刻于背，并依形绘成图鉴。因事值赵佶宣和年间，遂定名为"宣和六十五石"。元至元十七年（1280），常懋著《宣和石谱》，流传后世。

"艮岳"耗资数以亿计，动用劳役数十万人，历时6年才得以完成。"艮岳"最高峰150多米，山分东西两岭，引景龙江水注流山水其间，水声潺潺，如歌如诉。其中更有亭台楼阁、小桥曲径、奇石异木、珍禽瑞兽，集中国古典园林于天成。赵佶亲自撰写《艮岳记》，以颂盛景："万岁山以太湖石、灵璧石为主，

均按图样精选：'石皆激怒抵触，若蹲若啮，牙角口鼻，首尾爪距，千姿万状，殚奇尽怪。……雄拔峭峙，巧夺天工。'"御道"左右大石皆林立，仅百余株，以'神运'、'敷文'、'万寿'峰而名之。独'神运峰'广百围，高六仞，锡爵'盘固侯'，居道之中，束石为亭以庇之，高五十尺。……其余石，或若群臣入侍帷幄，正容凛若不可犯，或战栗若敬天威，或奋然而趋，又若伛偻趋进，其怪状余态，娱人者多矣。"祖秀《华阳宫记》记载赵佶赐名刻于石者百余方。综合各种史料，"艮岳"的叠山、置石、立峰实难数计，类别用途各有所司，而形态也是千奇百怪。《癸辛杂识》说："前世叠石为山，未见显著者。至宣和，艮岳始兴大役，连舻辇致，不遗余力。其大峰特秀者，不特封侯，或赐金带，且各图为谱。"赵佶对奇石造园如此重视，使"艮岳"

宋徽宗赵佶

赵佶是中国历代帝王中艺术素养最高的皇帝。他的"瘦金体"书法独步天下，无人能及。后世的"仿宋体"书法就是以此为原型。他的楷书书法被称为"神品"。赵佶的草书书法炉火纯青，人们认为可与盛唐草书书圣张旭和怀素的书法等量齐观。他的丹青造诣诣堪称登峰造极。现存故宫博物院的赵佶遗作，意境清高深远，为国之重宝。

宋·赵佶·祥龙石图

成为当时规模最大、水平最高的石园，对宋代以及后世的赏石和园林艺术的发展，都有很大的启发和影响。

河南开封艮岳遗石

同时，赵佶穷奢极欲之举也给大宋及其本人带来严重后果。

1125年10月，金兵大举南侵。1126年12月，金兵破汴京。翌年三月，金兵将徽宗、钦宗二帝及其子女（其中只有赵佶第九子赵构在外勤王得以幸免，后为南宋高宗），连同后妃、宗室、百官数千人，乐工、技工万余人，还有大宗金银珍宝一同押送北方，北宋灭亡。因事发于靖康年间，史称"靖康之难"。赵佶的后妃和公主全部被金人瓜分，本人也受尽凌辱，还被戏封为"昏德侯"。赵佶先被关押于韩州（今辽宁昌图），后迁到五国城（今黑龙江依兰），住在半地下的小屋中，肉体、精神备受煎熬。赵佶此时有诗道尽凄凉："彻夜西风撼破扉，萧条孤馆一灯微。家山回首三千里，目断天南无雁飞。" 他多么希望儿子赵构来救自己啊，可是一点消息也没有。

1135年，赵佶在哀怨中死于五国城，金熙宗将他葬于广宁（今河南洛阳）。1142年，赵佶棺木运回临安（今浙江杭州），由高宗葬于永祐陵。南宋灭亡后，赵佶墓被盗，发现棺材里只有一段朽木，并无尸骨或骨灰，成为千古疑案。

"艮岳"中的奇石，也难逃厄运。在抵御金兵的战争中，钦宗下令"毁艮岳为砲石"，百姓争持锤斧击之。大量的奇石被推入河中，以阻拦敌船，碎石搬上城头，用来砸击金兵，刚刚建成三年的"艮岳"毁于一旦。

金大定元年（1161），金世宗定都大都（今北京），开始修建大宁宫（今北海琼华岛），役使兵丁百姓拆汴梁"艮岳"奇石运往大都。至今，在北海琼华岛，还能凭吊当年"艮岳"遗石的沧桑。

光绪丙戌正月
之瀫任颐伯年

清·任颐·东坡玩研图

◆苏轼与赏石文化

苏轼（1036～1101）是北宋文坛的一代宗师，兼有唐人之豪放、宋人之睿智，展现出幽默诙谐的个性、洒脱飘逸的风节、笑对人世沧桑的旷达，是中国士人的极致。苏轼阅石无数、藏石甚丰，留下众多赏石抒怀的诗文，对宋代以及后世赏石文化的发展启示良多。

宋元丰二年（1079）三月，苏轼由知徐州改知湖州，赴任路经灵璧，作《灵璧张氏园亭记》称："其中因水之余浸，以为陂池，取山之怪石，以为岩阜。"苏轼喜爱这个山水相依的庭院，继而论道："古之君子，不必仕，不必不仕。必仕则忘其身，必不仕则忘其君。"最后又说："将买田于泗水之上而老焉。"表达了苏轼乐天知命，终老山林的境界。

苏轼声名远播，遭到朝中李定等人陷害，《灵璧张氏园亭记》也被诬告成"是教天下人，必无进取之心，以乱取士之法，无尊君之义，无大忠之节，显涉讥讽"。同年七月，神宗圣旨拘捕苏轼，十二月判决谪贬黄州（今湖北黄冈县）。元丰三年（1080）正月初一，苏轼在差役押解下启程，二月一日到达黄州。

苏轼为官20年，从来没想过积蓄钱财。如今薪俸全无，只有一份微薄的实物配给，一家数口不知靠什么生活。苏轼有诗："我生无田食破砚，尔来砚枯磨不出。"道出以文为生的苏轼此时的窘境。元丰四年（1081）春，经友人四处奔走，终于批给苏轼一块废弃的营地。于是他带领全家早出晚归开荒种田，吃饭总算有了着落。苏轼这块荒地在黄州东门之外，于是将其取名"东坡"，自号"东坡居士"。第二年正月，苏轼在东坡修筑了一座五间房的农舍，因正值春雪，遂名"雪堂"。

黄州城西北长江之畔，有座红褐色石崖，称为赤壁。赤壁之下多细巧卵石，有红、黄、白等各种颜色，湿润如玉，石上纹理如人指螺纹，精明可爱。苏轼《怪石供》中说："今齐安江（长江支流）上，往往得美石，与玉无辨，多红黄白色，其文如人指上螺，精明可爱。……齐安小儿浴于江，时有得之者。戏以饼饵易之，即久，得二百九十有八枚，大者兼寸，小者如枣、栗、菱、芡。其一如虎豹，首有口鼻眼处，以群石之长。又得古铜盆一枚，以盛石，挹水注之粲然。"正好庐山归宗寺佛印禅师派人来问候，苏轼就将这些怪石送给了佛印禅师。随后又搜集了250枚怪石。诗僧参廖是"雪堂"的常客。谈及怪石一事，苏轼笑道，你是不是也想得到我的怪石啊？于是苏轼将剩余的怪石分为两份，赠与参廖一份，也就有了《后怪石供》美文。不离不弃的好友，赤壁的绝古，还有那美丽的石头，都给予苦难中的苏轼莫大的慰藉。

元丰七年（1084），奉神宗诏，苏轼离黄州北上，元丰八年（1085）正月来到宿州灵璧。六年前，苏轼在这里写下《灵璧张氏园亭记》，故地重游不胜唏嘘。园中有一块奇美之石号小蓬莱，苏轼喜爱有加。他想起唐代李德裕平泉山庄里的醒酒石，于是题文："东坡居士醉中观此，洒然而醒。"这块风韵雅逸的奇石后来被皇家收藏。

元祐七年（1092），苏轼知扬州。得两美石，作《双石并序》："至扬州，获二石，其一绿色，冈峦迤逦，有穴达于背；其一正白可鉴。渍以盆水，置几案间。忽忆在颍州日，梦人请住一官府，榜曰'仇池'。觉而诵杜子美诗曰：'万古仇池穴，潜通小有天。'"仇池，山名，在甘肃成县西汉水北岸。一名瞿堆，山有平地百顷，又名百顷山。其上有池，故名仇池。山形如复壶，四面陡绝，山上可引泉灌田，煮土为盐。因为仇池地处偏远，历来典籍都将它描写成人间福地，据说那里有99道泉，万山环绕，可以避世隐居，如同陶渊明的桃花源。苏轼神游千里，眼前的绿石已化为"仇池"，"一点空明是何处，老人真欲住仇池"。"仇池石"寄托了苏轼对世外桃源的深切向往。

假山（太湖石）

历经坎坷的"醉道士"石

北宋年间，扬州太守杨康功出使高丽，回国途中从樵夫处得到一方奇石，因以载归，喜爱有加。适逢苏轼由江苏常州赴任登州太守，路过扬州拜会杨康功。杨太守素知苏轼爱石，即请苏轼观看此石。苏轼乘酒兴吟出《杨康功有石状如醉道士为赋此诗》："楚山故多猿，青者黠而寿。化为狂道士，山谷恣腾蹂。误入华阳洞，窃饮茅君酒。……"古诗共28句。"醉道士"石因而得名。该石传藏于益都法华寺，后来寺院败落，经"文革"之乱，"醉道士"石下落不明。

"文革"期间，贾祥云先生与夏明采先生在被焚烧书籍的残片中，发现了"醉道士"石的资料。此后10多年中，他们查阅大量资料，走访各方人士，终于在1986年，从一堆建筑垃圾中，寻找到"醉道士"石。经与1933年出版的《山东名胜古迹大观》中关于法华寺"醉道士"的记述与照片认真鉴别，确认为"醉道士"石，有着重要的历史价值。

"醉道士"石为北太湖石，高130厘米，底座高75厘米。该石石体厚实，中间剔透，并有褶皱、空洞。石体表面风化严重，原有刻字已漫漶不清。贾先生与夏先生研究决定，将"醉道士"石陈列于青州博物馆。

元祐八年（1093），苏轼知定州(今河北定县)得"雪浪石"，作《雪浪斋铭并引》："予于中山后圃得黑石，白脉，如蜀人孙位、孙知微所画石间奔流，尽水之变。又得白石曲阳，为大盆以盛之，激水其上，名其室曰雪浪斋云。"诗："尽水之变蜀两孙，与不传者归九原。异哉驳石雪浪翻，石中乃有此理存。"又有诗《次韵滕大夫三首·雪浪石》："画师争摹雪浪势，天工不见雷斧痕。离堆四面绕江水，坐无蜀士谁与论？老翁儿戏做飞雨，把酒坐看珠跳盆。此身自幻孰非梦，故园山水聊心存。"雪浪石使苏轼深感天工造化，也勾起诗人思乡情结，唤起诗人归隐故里、纵情山水的情愫。

绍圣元年（1094），苏轼贬惠州（今广东惠阳东）。元符元年（1098），苏轼再贬儋耳(今海南儋县)。此时苏轼已是62岁高龄，他知道自己"垂老投荒，无复生还之望"，却依然游历山水，赋诗不辍，念念不忘"仇池"仙境。元符三年（1100）五月大赦，苏轼于宋徽宗建中靖国元年（1101）中北归，旋即病卒常州。

苏轼于嘉祐元年（1056）与父、弟离川赴京师，45年宦海沉浮，几与祸患相始终，却始终展现出洒脱飘逸的风节，笑对人世沧桑的旷达。苏轼被世人誉为苏海，他一生留下7000多篇诗文。虽然不能掌控自己的命运，他却能徜徉书海，纵情山水，憧憬在自创的桃花源境界"仇池石"中。

醉道士

宋·苏轼·古木怪石图

◈ 米芾的书画与奇石

米芾，一个绝世的奇才，他的特立独行使其在中国文化史上留下"米颠"的盛名。米芾的好书画、好石、好研、好洁、好异服、好搞怪，都是他"颠"名的发端，以至900年来，被人们津津乐道，成为历久弥新的传世经典。

米芾（1051～1108），字元章，先祖世居太原，又迁襄阳，后居润州（今镇江）。其父米佐偃武修文。米芾《书史》中记载，米父在濮州为官时与李东之手谈，赢得王羲之的法帖，这与米芾笃好书画不无关系。米芾的母亲阎氏曾为神宗母宣仁高太后的乳娘，这也是米芾最早走上仕途的渠道。

米芾7岁习帖，"书壁以沈传师为主"。10岁写碑刻。17岁随母在汴京，饱览时贤书翰大作及唐代名篇巨制，并认真临习。20岁取字元章，在京与蔡京布衣相识。米芾《太师行寄王太史彦舟》说："我识元长（蔡京字）自布衣，论文写字不相非。"《宣和书谱》蔡京云："初师沈传师。"蔡京比米芾大4岁，均师法唐礼部尚书沈传师，两人书法风格多有相似之处，相同尚好成为好友，并贯穿终生。

宋神宗熙宁四年（1071），从小不喜科举的米芾，因为母亲的原因踏上仕途，开始了十年的华南游宦生涯。熙宁七年（1074），米芾任临桂（今桂林）县尉。同年五月，游桂林龙隐岩（伏波山）、阳朔山，画有《阳朔山图》并题字："官于桂，见阳朔山，始知有笔力不能到者，……"桂林清秀瑰奇的山水，给了好异尚奇的米芾不小的震撼，为他日后笃好奇石埋下种子。

元丰四年（1081），米芾离开长沙，结束了南官十年的生涯，此后主要活动在江淮、汴京等经济发达地区。米芾在《书海月赞跋》中记："元丰四年，余至惠州访天竺净慧师。见其堂张海月辩公象，坡公赞于其上，书法遒劲。"在中国书画史上，王羲之的《兰亭序》、颜真卿的《祭侄稿》、苏东坡的《寒食帖》，合称为天下三大行书，可见苏轼书法地位之高。苏轼的书法，给了米芾极大的震动，促使他拜访这位北宋文坛一代宗师。

元丰五年（1082），32岁的米芾赴黄州（今属湖北）雪堂拜谒苏轼，受到被贬黄州的苏轼热情款待。

米芾在《画史》中有记叙："苏轼子瞻作墨竹，从地一直起至顶。余问：'何不逐节分？'曰：'竹生时何尝逐节生。'……即起做两枝竹、一枯树、一怪石见与，后晋卿（王诜）借去不还。"苏轼赠与米芾的画，被驸马王诜借去不还，米芾一直耿耿于怀。苏轼画风运思清拔，唯求笔墨神韵、文人逸兴勃发，给了米芾重要启示，后来他与其子米友仁创造的"米氏云山"，与此不无关系。

宋·米芾·春山瑞松图

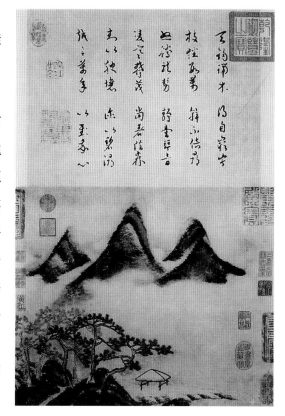

小景

石　种：碧玉

苏轼对小自己14岁的米芾的书法也是青睐有加，他在"雪堂书评"中说："风樯阵马，沉着痛快，当于钟（繇）王（羲之）并行，非但不愧而已。"宋人温革说："米元章元丰中谒东坡于黄冈，承其余论，始专学晋人，其书大进。"苏轼对米芾书艺师晋的指点，影响其终生。

元丰七年（1084），米芾从苏激处得晋人法帖，王献之的"十二月帖"。米芾激动异常，终日临习。他的一个临本，即被乾隆帝当做王献之真迹，宝藏为"三希"（王羲之《快雪时晴帖》、王献之《中秋帖》、王珣《伯远帖》）之一的《中秋帖》，可见米芾功力更加精进。

元祐二年（1087），米芾前往汴京寻求仕途发展。《何氏语林》记载："元祐间，米元章居京师，被服怪异，戴高檐帽，不欲置从者手，恐为所污。即坐轿，为顶盖所碍，遂撤去，露帽而坐。"蔡肇《米元章墓志铭》说："冠服用唐制，所至人聚观之，视眉宇轩然，进趋如谲，吐音鸿畅，虽不识者亦知为米元章也。"至此，

米芾"颠"名扬于京师。这时的苏轼重回京城权位，米芾在京最重要的活动就是参加了历史上赫赫有名的，以苏轼为首的16人在驸马都尉王诜私邸举行的"西园雅集"。这时的米芾已俨然为后晋名士了。

元祐四年（1089），39岁的米芾出任润州教授，也就在这时，米芾以所藏李后主研山，换取海岳庵宅基地，并定居下来。蔡絛《铁围山丛谈》记此事："江南李氏后主宝一研山，……为米元章所得。……而苏仲恭学士之弟者，才翁孙也，号称好事。有甘露寺下并江一古墓，多群木，盖晋、唐人所居。时米老欲得宅，而苏颖得研山。……苏米竟相易。米后号'海岳庵'者是也。"米芾好研闻名，在《山林集》中称研为"吾首"。《海岳志林》记载："僧周有端州石，屹起成山，其麓受水可磨。米后得之，抱之眠三日，嘱子瞻为之铭。"蔡肇《米元章墓志铭》说："过润州，

爱其江山，遂定居焉。"米友仁曾说其父居润州40年，说明米芾小时候就曾随父居于此地。米芾母亲阎氏也归葬于此。这些都是研山易宅基地的原因。

元祐七年（1092），苏轼知扬州，米芾从润州渡江而来为座上客，赵令畤《侯鲭录》记："东坡在维扬设，客十余人皆一时名士，米元章在焉。酒半，元章忽起立，云：'少事白吾大，世人皆以芾为颠，愿质之。'坡云：'吾从众。'坐客皆笑。"东坡的"吾从众"，欣赏也。米芾"颠"名大震矣。

绍圣四年（1097），米芾在涟水军任职，更加"颠"得可以。《宋稗类钞》记其事："米元章守涟水，地接灵璧，蓄石甚富，一一品目，加以美名，入书室则终日不出。时杨次公为察使，知米好石废事，因往廉焉。……"米芾于袖中连出三美石，杨察使取一石而去。杨杰与米芾是多年旧友，对此"颠"人，也无可奈何。米芾自称"不入党与"，与"旧党"如苏东坡、黄庭坚，"新党"如蔡京、赵挺之（李清照公公）等朝廷大员皆以书画交游，无论哪方在政治上落魄时，他绝不落井下石。所以，因"颠"出名的米芾，固然不至丢官，仕途却也难以发展。

徽宗建中靖国元年（1101），蔡京夺职居真州。据叶梦得《石林燕语》记载："米芾谒蔡京于舟中，见晋《谢安帖》，求易之。京意以为难，芾曰：'公若不见从，某不复生。'即投此江死矣！因大呼，据船舷欲坠，京遽以之。"米芾得此帖后，始名书房为"宝晋斋"。米芾《画史》说："余家晋唐古帖千轴，盖散一百轴矣。今惟精绝，只有十轴在。有奇书，亦续续去矣。晋画必可宝，盖缘数晋物命所居为'宝晋斋'，身到则挂之，当世不复有矣。"米芾不但是书画收藏大家，而且精鉴赏、善模仿、笔力遒劲。米芾以临本易真迹时有所闻，其摹本被当成原本流传也屡见不鲜。米芾对晋帖推崇敬奉，甚至外出舟行时，也于船上高挂"宝晋斋舫"匾额。米芾旧友黄庭坚，此时远在千里之外的贬所荆州，闻知如此风流雅事，神往不已，有诗赞曰："苍江静夜虹贯月，定是米家书画船。"

就在这一年，苏轼于被贬岭南经年后北归，《京口耆旧传》记载北归途中苏轼自述："儿子于何处得《宝月观赋》，琅然勇之。老夫卧听之未半，跃然而起。恨二十年相从，知元章不尽，若此赋，当过古人，不论今世也。"于是苏轼致信在真州的米芾，《东坡全集》记载此事："岭海八年，新友旷绝，亦未尝关念。但念吾元章迈往凌云之气，清雄绝俗之文，超妙入神之字，何时见之，以洗我积秽瘴毒耶！今真见之矣，余无足言者。"

宋·米芾（传）·中秋帖

六月一日，东坡过真州，访米芾于白沙东园，逗留十余日。惜别时，约定年终米芾至朝廷述职后，到常州拜谒苏轼。米芾记叙苏轼临别语："待不来，窃恐真州人道'放著天下第一等人米元章，不别而去也'。"北宋文坛宗师苏轼，心胸如此旷达，对"米颠"喜爱有加，褒奖不吝美文。谁料一个多月后的七月二十八日，苏轼即于常州溘然长逝。米芾闻噩耗已是中秋，悲中写挽诗五首并序文，其中有句："道如韩子频离世，文比欧公复并年。我不衔恩畏清议，束刍难至泪潸然。"

崇宁三年（1104），米芾知无为军。军，宋代行政区划名，与府、州、监同属路。北宋无为军属淮南路，领无为、巢、庐江三县，故治在今安徽省无为县。宋叶梦得《石林燕语》记载："知无为军，初入川廨，见立石颇奇，喜曰：'此足以当吾拜。'遂命左右取袍笏拜之，每呼曰'石丈'。言事者闻而论之，朝廷亦传以为笑。"宋费衮《梁溪漫志》载："米

元章守濡须（今安徽无为县北），闻有怪石在河壖，莫知其所自来，人以为异而不敢取。公命移至州治，为燕游之玩，石至而惊遽，命设席拜于庭下曰：'吾欲见石兄二十年矣。'"米芾还为拜石之事自画《拜石图》。元代倪瓒为此作《题米南宫拜石图》诗："元章爱砚复爱石，探瑰抉奇久为癖。石兄足拜自写图，乃知颠名传不虚。"

此时米芾旧交蔡京、赵挺之在朝廷先后为相。吴迥《五总志》记载："米元章尝谓蔡元长，后当为相，慎勿忘微时交。……蔡喜之，寻除书学博士，擢礼部员外郎。"崇宁五年（1106），56岁的米芾赴汴京任书画博士。为了感谢蔡京的提携，米芾有《除书学博士呈时宰》诗："浪说书名落人世，非公那解彻天关！"

宋何薳《春渚纪闻》记载："上（徽宗）与蔡京论书艮岳，复召芾至，令书一大屏。顾左右宣取笔砚，而上指御案间端砚，使就用之。芾书成，即捧砚跪请曰：'此砚经赐臣芾

明·郭诩·米芾拜石图

金山
石　种：戈壁石
尺　寸：长25厘米

濡染，不堪复以进御。取进止。'上大笑，因以赐之。芾蹈舞以谢，即抱负趋出，余墨沾渍袍袖而喜见颜色。上顾蔡京曰：'颠名不虚得也。'京奏曰：'芾人品诚高，所谓不可无一，不可有二者也。'"

《海岳名言》记载："海岳以书学博士召对。上问本朝以书名世者凡数人。海岳各以其人对曰：'蔡京不得笔，蔡卞得笔而乏逸韵，蔡襄勒字，沈辽排字，黄庭坚描字，苏轼画字。'上复问卿书如何，对曰：'臣书刷字。'"这种痛快简洁且深刻不凡的语言，正是"米颠"的本色。

大观元年（1107），蔡京提携米芾升任礼部员外郎，又称南宫舍人，元章"南宫"之号由此得之。礼部员外郎与书画博士闲职不同，该职是正式五品京官，也是他一生中唯一的中央官位，米芾很看重，御史却上书弹劾。吴曾《能改斋漫录》载："米元章为礼部员外郎，言章云：'倾邪险怪，诡诈不情。敢为奇言异行，以欺惑愚众。怪诞之事，天下传以为笑，人皆目之以颠。仪曹春官之属，士人观望则效之也。今芾出身冗浊，冒玷兹选，无以训示四方。'有旨罢，差知淮阳军。其曰出身冗浊者，以其亲故也。"这回蔡京也无能为力了，米芾去职外放，知淮阳军。

这一打击对晚年始为京官的米芾过于沉重，随即病倒。大观二年（1108）早春，米芾上书请辞，未获准。这时米芾头部毒疮日重，预感来日无多，他的仙逝也是惊世骇俗。米芾于去世前一个月，写信与亲友告别，焚烧书画奇物。同时造楠木棺，起居饮食、签署公文均在其中。去世前7天，不吃荤食，更衣沐浴，临终前作《临化偈》："众香国中来，众香国中去。人欲识去来，去来事如许。天下老和尚，错入轮回路。"最后合掌而逝。越年，归葬润州丹徒西南长山下，蔡肇为撰墓志铭。历经九百年岁月，米芾墓至今尚存，在茂林奇岩环绕中，供人凭吊。

◈ 黄庭坚与砚石

黄庭坚（1045～1105），字鲁直，号山谷，洪州分宁（今江西修水）人。在北宋诗坛上与苏轼并称"苏黄"，系苏门四学士（黄、秦、张、晁）之首、青年学子的导师、江西诗派的缔造者。其书法被誉为宋四家（苏、黄、米、蔡）之一。

山谷是饱读诗书的学者，对文房石尤为青睐。他曾在好友刘昱处得到一方洮河绿石砚，感慨之余即兴赋诗："久闻岷石鸭头绿，可磨桂溪龙文刀。莫嫌文吏不知武，要试饱霜秋兔毫。"好友王仲至曾送给山谷一方洮河黄石砚，山谷有诗谢答："洮砺发剑虹贯日，印章不琢色蒸栗。磨砻顿顿印此心，佳人持赠意坚密。"山谷将一方洮河石砚赠给同为苏门四学士之一的张耒。张耒有诗称颂："谁持此砚参几案，风澜近乎寒生秋。"

宋哲宗元祐元年（1086），山谷赠予苏轼一方洮砚，苏轼作《鲁直所惠洮河石砚铭》："洗之砺，发金铁。琢而泓，坚密泽。……归予者，黄鲁直。"晚清时期，该方名砚流落日本，先为前首相近卫氏所得。后来，日本汉学家小野钟山之父，用一幢花园洋房换得，此方宝砚一直为小野氏家族收藏。

元祐九年（1094），山谷赐知宣州（今安徽宣城）。正在老家分宁居母丧的山谷，赴任途中过婺源进龙尾山考察歙砚，留下著名诗篇《砚山行》。

山谷《砚山行》开头说："新安出城二百里，走峰奔岳如斗蚁。陆不通车水不舟，步步穿云到龙尾。龙尾群山耸半空，人居剑戟旌幡里。"穿云破雾，峰峦延绵，龙尾山之险令人仰止。"其间石有产罗纹，眉子金星相间起。"罗纹、眉子、金星都是龙尾石妙美的纹理，也是文人雅士的挚爱。"居民上下百余家，鲍戴与王相邻里。凿砺峣形为日生，刻骨镂金寻石髓。选堪去杂用精奇，往往百中三四耳。"砚山村一百多户人家，终日凿岩刻石，往往百石中选不出几件，得材不易，弥足珍贵。"不轻不燥禀天然，重实湿润如君子。日辉灿灿飞金星，碧云色夺端州紫。"从质地、色彩各方面评判，歙石都不亚于端石。

有宋一朝，文坛大家考察龙尾山，恐怕只有山谷一人。《砚山行》以白描手法，生动全面地将龙尾山砚石坑的地理环境、砚石品种、居民状况、砚石开采以及砚石品质等方面都做了详细论述，对歙砚的传播、研究与发展都是居功至伟。

山谷是东坡的挚友和门生，一生执弟子礼甚恭。徽宗崇宁元年（1102），山谷系舟湖口（今江西湖口县），诗人李正臣持东坡两

宋·流眉纹枣心歙砚

篇遗诗来见（此时东坡已于上年作古）。山谷不禁悲从中来，作
《追和东坡壶中九华并序》："湖口人李正臣蓄异石九峰，东坡
先生名曰壶中九华，并为作诗，后八年，自海外归，过湖口，石
已为好事者所取，及和前篇以为笑。……石即不可复见，东坡亦
下世矣。感叹不足，因次前韵。"诗曰："能回赵璧人安在，已
入南柯梦不通。"人、石皆去，阴阳两隔，奈何！

　　崇宁二年（1103），山谷被贬宜州（今广西宜州市），
逆境中仍不忘文化的传播。崇宁四年（1105），山谷卒于宜
州。至今宜州尚存山谷祠，内有门对，下联写道："作神此地
原非偶，恰似龙城柳子、潮阳韩子，能令边徼化诗书。"人们
将同样贬谪岭南的韩愈、柳宗元、黄庭坚奉为神明，永受香火
祭祀。

宋·椭圆形歙砚

云林石谱书影

◆杜绾的《云林石谱》

杜绾字季阳，号云林居士，北宋山阴（今浙江绍兴）人。杜绾出生于世家，祖父杜衍在北宋庆历年间为相，封祁国公，父亲也为朝中重臣，姑父是著名文学家苏舜钦。由于家学渊源，杜绾自幼博览群书，游历山川，对奇石瑰宝尤为喜爱。

北宋文人寻奇石、集名砚成风气，徽宗于江南设"应奉局"，专事搜集天下奇石异珍。在这种风气的影响下，杜绾也未尝置身其外。南宋绍兴三年（1133），孔传在《云林石谱·序》中说："云林居士杜季阳，盖尝采其瑰异，第其流品，载都邑之所出，而润燥者有别，秀质者有辨，书于编简，其谱宜可传也。"杜绾将收集的奇石，按品位、产地、润燥、质地等各项分类编辑，成为足以传世的《云林石谱》。

《云林石谱》分上、中、下三卷，《灵璧石》列于上卷首篇："宿州灵璧县，地名磬石山。石产土中，岁久。穴深数丈，其质为赤泥渍满。……扣之，铿然有声。"磬石山距灵璧县渔沟镇东两千米，海拔114米，目测绝对高度只有30多米。磬石山南侧尚存摩崖石刻，不同造型佛像100多座，雕刻在长16米，宽2米的巨石上，为北宋至和三年（1056）所作。磬石山北坡下，百米宽、千米长的平畴地带，即是灵璧磬石的产地。磬石始采于殷周，近年来出土的磬石编钟即为实证。北宋老坑也在这里。宋王明清《挥尘录》记载："政和年间建艮岳。奇花异石来自东南，不可名状。灵璧贡一巨石，高二十余尺。"宋《宣和别记》也载："大内有灵璧石一座，长二尺许，色清润，声亦冷然，背有黄金文，皆镌刻填金。字云：宣和元年三月朔日御制。"《西湖游览志余》又载："杭省广济库出售官物，有灵璧小峰，长仅六寸，玲珑秀润，卧沙、水道、裙折、胡桃文皆具。徽宗御题八小字于石背曰：山高月小，水落石出。"以上大、中、小三磬石，皆为宋徽宗"花石纲"贡石也。

《云林石谱·太湖石》："平江府太湖石产洞庭水中，石性坚而润，有嵌空穿眼宛转崄怪势。一种色白，一种色青而黑，一种微黑青。其质纹理纵横，笼络起隐，于石面遍多坳坎，盖因风浪冲激而成，谓之'弹子窝'。扣之微有声。"北宋政和三年（1113），升苏州为平江府，洞庭在其辖区内。太湖石在唐代就被大量应用于造园，白居易、牛僧孺、李德裕等人留有许多咏太湖石的诗歌。以后历代，都将太湖石视为造园、赏玩的珍品。

高人
石　种：戈壁石
尺　寸：高9厘米

南宋范成大《太湖石志》说："石出西洞庭，多因波涛激湍而为嵌空，浸濯而为光莹。"上等的太湖石，出于西洞庭。明文震亨《长物志》说："石在水中者为贵，岁久为波涛冲击，皆成空石，四面玲珑。在山上者名旱石，枯而不润。"太湖石有水、旱之分，正宗"水太湖"早已绝迹，只有在古代遗石中，才能一睹其真容。清张紫琳《红兰逸乘·琐载》说："太湖石玲珑可爱，凡造园林者所须，不惜重价也。"

《无为军石》："无为军石产土中，连络而生，择奇巧者，即斫取之。易于洗涤不著泥渍，石色稍黑而润，大者高数尺，亦有盈尺及五六寸者，多具群山势，扣之有声。……又米芾为太守，获异石，四面巉岩崄怪，具袍笏拜之。"由于米元章在无为和濡须的"拜石"，就有了"石丈"和"石兄"之别，演绎了一段千古佳话，也成就了"无为军石"的盛名。

《昆山石》："平江府昆山县石产土中。多为赤土积渍，即出土，倍费挑剔洗涤。其质磊魂，巉岩透空，无耸拔峰峦势，扣之无声。"元杨譓《昆山郡志》说："巧石出马鞍山后，石工探穴得巧者，斫取玲珑，植菖蒲芭蕉置水中。好事者甚贵之，它处名曰昆山石，亦争来售。"明文震亨《长物志》亦说："出昆山马鞍山下，生于山中，掘之乃得。以色白者为贵，有鸡骨片、胡桃块二种。"清戴延年《吴语》说："昆石佳者，一拳之多价累兼金，有葡萄纹、麻雀斑、鸡爪纹之别。"昆石产于江苏昆山市马鞍山，自古以来为四大名石之一，其为名贵，近年来越发稀少了。

网师园一隅（太湖石）

蜜蜡

钟乳石

《英石》："英州含光真阳县之间，石产溪水中。有数种：一微青色，间有白脉笼络；一微灰黑；一浅绿。各有峰峦，嵌空穿眼，宛转相通。其质稍润，扣之微有声。又一种色白，四面峰峦耸拔，多棱角，稍莹彻，四面有光，可鉴物，叩之有声。……顷年东坡获双石，一绿一白，目为仇池。"英德市现为广东省清远市所辖县级市，因英山产英石而得名。北宋元祐七年（1092），苏轼任扬州知府时，表弟程德儒送给他一绿一白两枚英石，遂题名曰"仇池石"。其石为英山脚下溪水中所产水英石。现在新采的英石都为旱石，与水英石有天壤之别。南宋陆游在《老学庵笔记》中写道："英州石山，自城中入钟山，涉锦溪，至灵泉，乃出石处，有数家专以取石为生。其佳者质温润苍翠，叩之声如金玉，然匠者颇秘之。常时官司所得，色枯槁，声如击朽木，皆下材也。"早在南宋时，英石就有水、旱之别，质地相去甚远矣。清蒋超伯《通斋诗话》说："英石之妙，在皱、瘦、透。此三字可借以论诗。起伏蜿蜒斯为皱，皱则不衍，昌黎有焉。削肤存液斯为瘦，瘦则不腻，山谷有焉。六通四辟斯为透，透则不木，东坡有焉。支离非皱，寒俭非瘦，卤莽灭裂非透。吁，难言矣。"蒋超伯将石形皱、瘦、透，以韩愈、黄庭坚、苏轼的诗格以论之，曼妙而贴切也。

《云林石谱》中涉及各种名石116种，石种范围广达当时的82个州、府、军、县和地区。其中有景观石、把玩石、砚石、印石、化石、宝玉石、雕刻石等众多门类。对各种石头的形、质、色、纹、音、硬度等方面，都有详细的表述。形：主要以古人瘦、漏、透、皱的赏石理念，对奇石评判。质：杜绾将石质分为粗糙、颇粗、微粗、稍粗、光润、清润、温润、坚润、稍润、细润等级别。色：有白、青、灰、黑、紫、褐、黄、绿、碧、红等单色。还列出了过渡色、深浅色和多色的石头。纹：列出核桃纹、刷丝纹、横纹、圈纹、山形纹、图案纹、松脉纹等奇石品种。音：杜绾常敲击石头，得到无声、有声、微有声、声清越、铿然有声等不同效果。硬度：杜绾对石头硬度的描述有甚软、稍软、不甚坚、稍坚、坚、颇坚、甚坚、不容斧凿等级别。

杜绾不但是奇石专家，还是矿物岩石学家。他的《云林石谱》是中国古代载石最完整、内容最丰富的石头专著。清代《四库全书》入选的论石著作，只有《云林石谱》。《四库提要》说：此书"即益于承前，更泽于启后"。《云林石谱》这部奇石学巨著，对后世影响巨大，绵延不绝。

红山

石　种：红碧玉

上海豫园的艮岳遗石"玉玲珑"

鉴赏要点："玉玲珑"高约3米，宽约1.5米，厚约80厘米，重3吨左右，具有太湖石的皱、漏、瘦、透之美。明代，"玉玲珑"到了上海浦东三林塘人储昱的私人花园中。万历年间，储的女儿嫁给尚书潘允端的弟弟潘允亮。后来潘家建造豫园时，便把"玉玲珑"移来。相传，船过黄浦江时，江面突然起风，舟石俱沉。潘家认为这不是个好兆头，一定要设法补救，重金请善水者打捞上岸，而且同时又捞起了另一块石头。说也奇怪，两块石头竟然珠联璧合，那块同时捞起的石头就是现在"玉玲珑"的底座。

独峰

石　种：灵璧石
尺　寸：长65厘米

◆ 宋代赏石文化的特点与贡献

两宋承袭了南唐文化，文房清玩成为文人珍藏必备之物，鉴赏之风臻于极盛，苏轼、米芾等文人均精于此道，发展成专门学问。与此同时，中国汉唐以来席地而坐的习俗，逐渐被垂足而坐所代替，两宋几、架、桌、案升高而制式成形。这些都为赏石登堂入室创造了条件。

◻ 小型赏石的兴盛

宋代赏石大、中、小型俱备。小型赏石不但脱离了山林，也脱离了园林，成为独立的欣赏对象。小型赏石已经有了底座，可以置于几架之上，欣赏情趣也有了很大变化。苏轼《文登蓬莱阁下》说："我持此石归，袖中有东海。"袖中藏石其小可知。宋孔传《云林石谱·序》中说："虽一拳之多，而能蕴千岩之秀。大可列于园馆，小或置于几案。"拳石亦为可观。南宋赵希鹄《洞天清录集》说："怪石小而起峰，多有岩岫耸秀嵚嵌峰岭之状，可登几案观玩，亦奇物也。"几案赏石要求更高。宋李弥逊《五石诗》序云："岁戊戌，舟行宿泗间，有持小石售于市，取而视之，其大可置掌握。"掌中小石的兴盛，促进了赏石市场的交易。

◻ 宋代赏玩石种

宋代赏石品种主要是太湖、灵璧和英石，其他石种不占重要地位。杜绾《云林石谱》说，太湖石"鲜有小巧可置几案者"。大型灵璧石比较常见，也有置于几案之上的小石。刘才邵《灵璧石》诗："问君付从得坚质，数尺嵚嵌心赏足。"英石一般体量不大，《云林石谱》说，英石"高尺余或大或小各有可观"。英石应该是文房中的主要石种。

石屏、研山、山子的应用

苏轼《欧阳少师令赋所蓄石屏》："何人遗公石屏风，上有水墨希微踪。"苏辙《欧阳公所蓄石屏》："石中枯木双扶疏，粲然脉理通肌肤。剖开左右两相属，细看不见毫发殊。"宋代的石屏也是赏石的一种，择其平面纹理有若自然山水画境，以木镶边制作而成，用材多为大理石。石屏小而置于几案之上、笔研之间称为研屏。南宋赵希鹄《洞天清录·研屏辨》说："古无研屏。或铭研，多镌于研之底与侧。自东坡、山谷始作研屏，即勒铭于研，又刻于屏，以表而出之。"研屏自苏轼、黄庭坚始。

研山自南唐李煜始。南唐遗物尽入宋，其中两方有名的"海岳庵"和"宝晋斋"为米芾所得，其辗转传承为古今奇闻。研山又称"笔格""笔架"，是架笔的文房用品，制作精巧的研山，也属文房清玩的范畴。另有一种欣赏把玩的"山子"，也开始出现。

瘦、皱、漏、透四字相石法

四字相石法为米芾结合画理而创，各种文献有不同表述。宋《渔阳公石谱》称：秀、瘦、皱、透；明代《海岳志林》为：瘦、秀、皱、透；清代郑板桥题画记说：瘦、皱、漏、透。其他说法很多，而板桥说流传最广。各种说法共同交汇处，是瘦、透、皱三字。瘦为风骨，透表通灵，皱显苍古，都是中华文化意境的精粹，也是天人合一的诠释，对赏石、鉴石影响至今不衰。

宋代赏石文化的传承

宋代传承了中唐的园林赏石而更精致，传承南唐的文房而形成文房清玩门类。佛教衍生出完全汉化的禅宗，它的"梵我合一"与老庄的"崇尚自然"，使士大夫心中的自然之境与禅境融为一体，更加重视形外之神、境外之意。宋郭熙《林泉高致》论远景、中景、近景之说，近景中的高远、深远、平远之分，更加丰富了景观石欣赏的内涵。五代、北宋的山水画在崇山峻岭、溪涧茂林中常有茅舍高隐其间，反映出士子的理想境界。南宋平远景致，简练的画面偏于一角，留出大片空白，使人在那水天辽阔的虚空中，发无限幽思。这里文化的交融与内敛，却使赏石文化的意境更加旷远，给后世赏石以更多滋养。

留园小景

元代的赏石文化

公元1271年，元世祖忽必烈（成吉思汗之孙）建都燕京（今北京），国号大元。次年首都改称大都。1279年，元灭南宋，统一全国。

蒙古族以武力入主中原，将族群划为蒙古人、色目人、汉人、南人（南宋汉人）四等。人群中文人地位最低。元朝统治者采取高压政策，汉族士子的地位跌至谷底，对汉文化的重视更无从谈起。南宋遗民采取不合作的态度，隐居在城市、乡村、山林之中，以研究传承文化为乐事，寄情于艺术为取向，促进了民间戏曲、小说以及意境高远的文人画的蓬勃发展。赏石文化，在故国山水的遥念中，在这种落寂的士子心境中，文人自发于民间，陈设于文房，形成更加精致小巧、疏简清远的风格。

素园石谱之"石支"

◆ 御苑赏石

金大定元年（1161），金世宗定都大都（今北京），开始修建大宁宫（今北海琼华岛），役使兵丁百姓拆汴梁"艮岳"奇石运往大都，安置于大宁宫。元定都大都后，在广寒殿后建万岁山。皇家《御制广寒殿记》载万岁山："皆奇石积叠以成，……此宋之艮岳也。宋之不振以是，金不戒而徙于兹，元又不戒而加侈焉。"从万岁山赏石可以看出，元代皇家园林是在金人取艮岳石的基础上有所增添而成。元代统治者并无赏石文化的概念，更谈不上传承与发展的问题。

◆ 赵孟頫与赏石文化

赵孟頫（1254～1322），字子昂，元代最杰出的书画家和文学家，为宋太祖赵匡胤之子秦王赵德芳第十二世孙。既是大宋皇家后裔，又为南宋遗臣，且为大家士子，本应隐遁世外，却被元世祖搜访遗逸，终拜翰林学士承旨。其心中矛盾之撞击，可想而知。赵孟頫专注诗赋文词，尤以书画盛名享誉，亦赏石寄情，影响颇为深远。

明林有麟《素园石谱》记载，赵孟頫藏有"太秀华"山形石。文曰："赵子昂有峰一株，顶足背面苍鳞隐隐，浑然天成，无微窦可隙。植立几案间，殆与颀颀君子相对，殊可玩也，因为之铭。"诗曰："片石何状，天然自若，鳞鳞苍窝，背潜蛟鳄，一气浑沦，略无岩壑，太湖凝精，示我以朴。我思古人，真风渺邈。"从以上记载可知，赵孟頫所藏为太湖景观峰石，置于几案之间，有君子风骨，让人生思古之幽情。

赵孟頫珍藏"苍剑石"笔格

《素园石谱》绘有"苍剑石"图谱，有"钻云螭虎，子昂珍藏"刻字。赵孟頫同时代道士张雨记载："子昂得灵璧石笔格，状如钻云螭虎。"螭虎是无脚之龙。赵孟頫灵璧石笔格，有穿云腾雾之状，气势非凡。

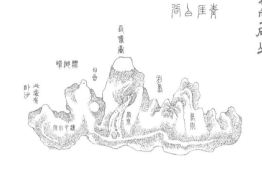

赵孟頫吟咏"小岱岳"研山

《素园石谱》又载，张秋泉真人所藏研山也。赵孟頫咏："泰山亦一拳石多，势雄齐鲁青巍峨。此日却是小岱岳，峰峦无数生陂陀。千岩万壑来几上，中有绝涧横天河。粤从混沌元气判，自然凝结非镌磨。人间奇物不易得，一见大呼争摩挲。……"张道士所藏"小岱岳"，小巧玲珑、气势雄伟、峰峦起伏、沟壑纵横、天然生成并无雕琢。赵孟頫一见惊呼奇物，爱不释手，可知石缘之情深。

素园石谱之苍雪堂研山

赵孟頫始治文人印

清代举子、青田印学家韩锡胙在《滑凝集》中记载："赵子昂始取吾乡灯光石作印，至明代而石印盛行。"中国古来治印，或以金属铸造，或以硬质材料琢磨。所谓文人治印，以软质美石为纸，以刀为笔，尽显文人笔意情趣。文人治印，初选青田灯光冻石，始于元代赵孟頫、王冕，至明代文彭而兴盛。文房印石兴起，赵孟頫功不可没。

元·赵孟頫·秀石疏林图卷
鉴赏要点： 赵孟頫绘竹石，强调"以书法入画"，此幅绘古木新篁生于平坡秀石之间，以飞白法画石，以篆书法绘树，纯用水墨表现，是其"书画同源"之理论在绘画实践中的具体体现，也是元代文人画最有代表性的作品之一。

倪瓒画像

◆ 倪瓒的书画与奇石

倪瓒（1301～1374），号云林子，出身江南大富之家。筑有"云林堂"、"清閟阁"，收藏图书文玩，并为吟诗作画之所。擅画山水、竹石、枯木等，画法疏简，格调幽淡，与黄公望、吴镇、王蒙合称"元四家"。

◎ 倪瓒居室置石

台北故宫博物院所藏元代《张雨题倪瓒画像》，画面右角方几所置的文房器物中，有横排小山一座，主峰有左右两小峰相配，峰前尚有小峰衬托出层次。云林坐于榻上，背后山水多石，张雨题："十日画水五日石"。云林绘画与居室，赏石是重要元素。

◎ 倪瓒与狮子林赏石

苏州名园狮子林，建于元至正二年（1342），寺僧惟则建菩提正宗寺，素有"假山王国"、"叠石之最"的美称。云林曾参与狮子林的规划，以其写意山水和园林经营的理念，将

狮子林中的太湖石假山

奇石叠山造景方法融于园林之中，世人多有仿效而蔚然成风。云林还为该名园作《狮子林图卷》。后人于狮子林题楹联："云林画本旧无双，吴会名园此第一。"

◎ 倪瓒画理与赏石法理

元人画理中，最具声名的为倪瓒《论画》："仆之所谓画者，不过逸笔草草，不求形似，聊似自娱耳。……聊以写胸中之逸气也。"云林绘画，不同于以形写神的"神"，而是不求形似的"逸"。古意、士风、逸气，是元人画理的发展，画石、赏石，亦同此理。晚明文震亨《长物志》在论及倪瓒时说："云林清秘，高梧古石中，仅一几一榻，令人想见其风致，真令神骨俱冷。"这是元代高士的生活写照，也是元代隐士的赏石法理。

元·倪瓒·水竹居图轴

鉴赏要点：此画是倪瓒为祝贺好友高进道迁居而作。全图设色绘江南初秋景物，远山起伏，林木丛生，近处溪边杂树五株，树后翠竹掩映茅屋两椽。此幅作于至正三年（1343），为倪瓒早年作品，不同于常见之作。如景物设色描写繁密，皴法中锋点染，与晚年截然不同。此图现藏于中国国家博物馆。

叠峰

尺　寸：高12厘米

◈ 元代赏石的特点

元代赏石的特点主要有以下三个方面。

◙ 小型石受推崇

元代赏石在民间发展，陈列于文房，具备峰峦沟壑的小型石最受欢迎。元代魏初《湖山石铭》序说："峰峦洞壑之秀，人知萃于千万仞之高，而不知拳石突兀，呈露天巧，亦自结混茫而轶埃氛者，君子不敢以大小论也。"诗铭："小山屹立，玄云之根。峰峦洞壑，无斧凿痕。君子懿之，置之几席。匪奇是夸，以友静德。"石有君子之德，何以大小论之？

◙ 文房研山兴盛

元代研山兴盛，最为文人赏石推崇。《素园石谱》记林有麟藏"玉恩堂研山"："余上祖直斋公宝爱一石，作八分书，镌之座底，题云：此石出自句曲外史（张雨）。高可径寸，广不盈握。以其峰峦起伏，岩壑晦明，窈窕窳隆，盘屈秀微，东山之麓，白云叆叇，浑沦无凿，凝结是天，有君子含德之容。当留几席谓之介友云。"林有麟题有诗句："奇云润壁，是石非石。蓄自我祖，宝滋世泽。"以上论及的林有麟先祖、张雨、赵孟頫、倪瓒都珍藏研山，元代文人置研山于文房也蔚为风气。

彩色山

石　种：玛瑙石

◙ 赏石底座普遍应用

根据学者丁文父在《中国古代赏石》中的考证，在形象资料中，如山西芮城县永乐宫三清殿，元代《白玉龟台九灵太真金母元君像》，元君手托平口沿方盘中，置小型峰石。在其他资料中，不仅有须弥座，还有圆盆、葵口束腰莲瓣盆底座，而且有上圆盆下方台式复合底座。宋代的赏石底座主要以盆式为主，一盆可以多用。元代赏石底座与石已有咬合，赏石专属底座产生于元代。

文房清玩

明代的赏石文化

明·湖石

公元1368年，朱元璋北伐军攻占大都（今北京），建都应天府（今南京）。1421年，朱棣迁都顺天府（今北京），南京为陪都，明朝共276年。

晚明的政治黑暗和文人士大夫思想的个性解放，与魏晋南北朝时期颇有契合之处。晚明正德、嘉靖、隆兴、万历、泰昌、天启等多位皇帝"罢朝"、消极怠工、荒淫无度，是中国历史上非常奇特的现象。

◈ 晚明的精致文化

朝廷的腐败和仕途的闭塞使士子不复他想，王阳明的心学和"知行合一"、"直指人心"，使士人更加关注生活的情趣和生命的体认。与此同时，江浙一带的城市商业经济空前发达，文化也极度成熟。社会的世俗化使文人与能工巧匠结合，共同创造了晚明的精致文化。

格心成物、推演至理，构成晚明最精彩的景象。晚明生活的日渐精致和器物的趋于小巧，使各项艺术空前繁荣，大师巨匠层出不穷。文彭的印石，开一代印论之先河；供春的紫砂壶，被誉为陶壶鼻祖，大彬壶也成为旷世奇珍；子冈玉技艺空前绝后；朱松邻三代人的竹雕镂刻精妙；黄成的漆雕功力超凡，并有《髹饰录》传世；景泰的珐琅彩冠绝古今；永乐、宣德的青花瓷，嘉靖、万历的五彩瓷，都达到炉火纯青的境界；明式家具几成中国家具艺术的代名词。

明张岱在《陶庵梦忆》中说："嘉兴之腊竹，苏州姜华雨之茶篆竹，嘉兴洪漆之漆，张铜之铜，徽州吴明官之窑，皆以竹与漆与铜与窑名家起家，而其人且与缙绅列坐抗礼焉。"晚明能工巧匠的地位，可以与豪门富绅平起平坐。明沈德符《万历野获编》说："玩好之物，以古为贵。惟本朝则不然，永乐之剔红，宣德之铜，成化之窑，其价遂与古敌。"明代精致小巧的器物，身价能够与前朝的古董相抗衡。

阿凡提
石　种：天峨石

◆ 明代精致的园林与赏石文化

　　明代精致小巧的理念，深刻地影响到造园选石与文房赏石，成为士人赏石的经典传承。

　　明代的江南园林，变得更加小巧而不失内涵的志趣和写意的境界，追求"壶中天地"、"芥子纳须弥"式的园林空间美。明末清初《闲情偶记》作者李渔的"芥子园"也取此意。晚明文震亨《长物志·水石》中"一峰则太华千寻，一勺则江湖万里"是以小见大的意境。晚明祁彪佳的"寓山园"中，有"袖海"、"瓶隐"两处景点，便有袖里乾坤、瓶中天地之意趣。计成《园冶·掇山》中说："多方胜景，咫尺山林，……深意画图，余情丘壑。"亦为如是。

▣ 小中见大的园林与赏石

　　晚明扬州有望族郑氏兄弟的四座园林，被誉为江南名园之四。其中诗画士大夫郑元勋的"影园"，就是以小见大的典范。郑元勋在《园冶》一书的题词中说，影园"仅广十笏，经无否（计成）略为区画，别具灵幽"。"影园"占地只有五亩左右，却极具野趣。郑氏在《影园自记》中说："媚幽阁三面临水，一面石壁，壁上植剔牙松。壁下为石涧，涧引池水入，畦畦有声。涧边皆大石，石隙俱五色梅，绕阁三面至水而止。一石孤立水中，梅亦就之。"赏石与幽雅小园谐就致趣，所谓"略成小筑，足征大观"是也。

明·英石

明·蓝瑛·米万钟藏石

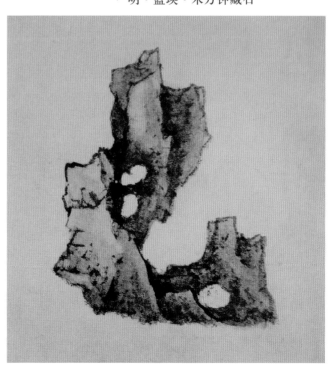

红衣主教

石　种：雨花石
尺　寸：高9厘米

"锁云"回归祖国

晚明书画家米万钟，字仲诏，号友石，北宋米芾后裔。明末闽人陈衍在《米氏奇石记》中记述："米氏万钟，心清欲澹，独嗜奇石成癖。宦游四方，袍袖所积，惟石而已。"米氏藏石多小品，身后大多流落不知去向。

20世纪60年代初，日本藏石家佐藤观石先生，在东京古董店偶得一石。此石微黑，略显暗红，状如环云披锁，又似飞猿奔跃。该石猿首后部有阴刻"锁云"两字，左下方阴刻"万历丁酉春三月藏石，米仲诏"字样，阳篆为"友石"两字。此石为老坑灵璧石，尺寸为20.5厘米×25厘米×7.5厘米，在日本展出数获金奖。

米万钟的大石头"青芝岫"和"青云片"，现藏北京御苑，小石头只有在画册中得见。"锁云"被认为是米万钟遗石之一。2002年8月2日，左藤观石先生将"锁云"赠送给好友，上海周易杉先生。周先生次日携"锁云"回国，流落海外的古石，终于回家了。

2003年4月，"锁云"亮相"首届上海多伦多国际藏石名家邀请展"，各家媒体纷纷报道，此后大家对"锁云"始终充满关注。"锁云"现藏于上海"锁云居雅石馆"。

◙ 米万钟的园林与赏石文化

米万钟（1570～1628），字友石，又字仲诏，自号石隐庵居士。米万钟为米芾后裔，一生好石，尤擅书画，晚明时与董其昌有"南董北米"之称。于敏中《钦定日下旧闻考》说："淀水滥觞一勺，明时米仲诏浚之，筑为勺园。"米万钟在北京清华园东侧建"勺园"，取"海淀一勺之意"自然以水取胜。明王思任《米仲诏勺园》诗："勺园一勺五湖波，湿尽山云滴露多。"米万钟曾绘《勺园修禊图》长卷，尽展园中美景。《钦定日下旧闻考》记："勺园径曰风烟里。入径乱石磊砢，高柳荫之。……下桥为屏墙，墙上石曰雀浜。……踰梁而北为勺海堂，吴文仲篆堂前怪石蹲焉。"园中赏石亦为奇景。《帝京景物略》称勺园中"乱石数垛"，现今颐和园中蕴涵"峰虚五老"之意的五方太湖石，就是勺园的遗石。米万钟建"勺园"应在万历晚年。米氏在京城尚有"湛园"、"漫园"两处园林，但都不及"勺园"名满京城，文人多聚于此赋诗撰文，一时皆有称颂。

　　米万钟于万历二十三年（1595）考中进士，次年任六合知县。米万钟对五彩缤纷的雨花石叹为奇观，于是悬高价索取精妙。当地百姓投其所好，争相献石，一时间多有奇石汇于米氏之手。米万钟收藏的雨花石贮满大小各种容器。常于"衙斋孤赏，自品题，终日不倦。"其中绝佳奇石有"庐山瀑布"、"藻荇纵横"、"万斛珠玑"、"三山半落青天外"、"门对寒流雪满山"等美名。并请吴文仲画《灵岩石图》，胥子勉写序成文《灵山石子图说》。米万钟对雨花石的鉴赏与宣传，贡献良多。

明·锁云（米万钟藏石）

　　米万钟官场数十年，看尽晚明政治黑暗，处世超脱，有"大隐隐于朝"的泰然。米万钟爱石，有"石痴"之称。他一生走过许多地方，向以收藏精致小巧奇石著称。现存北京故宫博物院的明代画家蓝瑛《拳石折技花卉》题："丁酉花朝画得米家藏石并写意折枝计二十页。"由此可知，这众多数寸小石，皆为米万钟珍藏。明代闽人陈衍《米氏奇石记》说："米氏万钟，心清欲澹，独嗜奇石成癖。宦游四方，袍袖所积，惟石而已。其最奇者有五，因条而记之。"陈氏文中所记五枚奇石："两枚高四寸许，壹枚高八寸许，两枚大如拳，皆精巧小石也。"

劲松

石　　种：雨花石

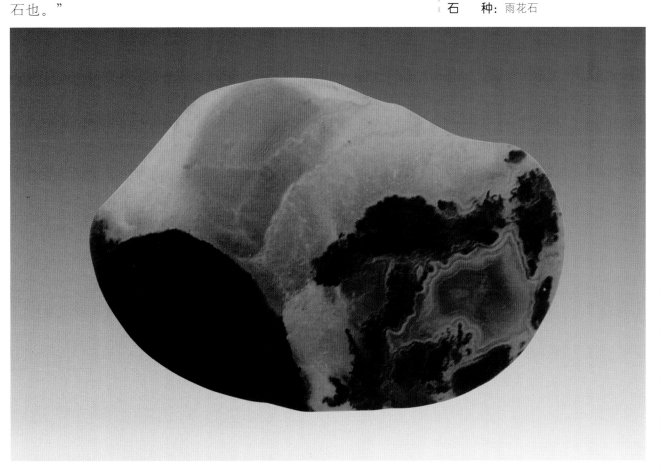

明·寿山石长方章

◨ 文彭与印石

文彭（1498～1573），字寿承，号三桥，人称文国博，明四家之一文徵明长子。幼承家学，诗、文、书、画均有建树，尤精篆刻，开一代印论之先河。

玺印向为执信之物。其艺术滥觞于先秦，兴盛于两汉，衰微于唐宋，而巅峰于明清。明吴名世《翰苑印林·序》说："石宜青田，质泽理疏，能以书法行乎其间，不受饰，不碍力，令人忘刀而见笔者，石之从志也，所以可贵也。故文寿承以书名家，创法用石，实为宗匠。"古来治印，多用金属、玉石等材料，硬度较高，或铸或琢，素以匠人操作，少有文人亲为。青田石摩氏硬度只有1.5，文彭以此为材，运用双勾刀法，奏刀有声，如笔意游走，实为开山宗师。当时与文彭并称"文何"的何震，发明冲刀法，单刀猛进，游刃有余，功莫大焉。文彭也是边款艺术的缔造者，除了印文，他在印章的其他五面，以他深厚的书法功底和文化素养，师法汉印，锐意进取，篆刻出诗词美文、警句短语、史事掌故等，使印章成为完美的艺术品。

现藏杭州西泠印社的"琴罢倚松玩鹤"印章，为文彭50岁时力作，四面、顶部皆有款识，共刻有70余字。松荫鹤舞，

青田"灯光冻"

明中叶的六朝古都南京，王气不再，经济文化却很繁荣。嘉靖三十六年（1557）的一天，一位读书人肩舆青童，逍遥过市，来到珠宝廊边的西虹桥时，听到阵阵争吵声，于是下轿观看。只见一位外地老汉，身负两筐石头，身边一只羸瘦的毛驴，也驮着两筐石头，正与一位本地人理论。见有读书人到来，老汉赶忙上前请求主持公道。原来那个本地人约定要买老汉的石头，这次老汉带来四筐石头，因路途遥远，很是辛苦，恳求买家加些路费，买家坚决不肯，于是两人争执不下。读书人仔细打量了一番说，两位不必争吵，我出两倍价钱外加运费，收下这四筐石头，于是这桩公案圆满了结。谁也没有料到，这四筐石头的出场，竟然石破天惊，引发了一场中国印学史上的重大革命。

买下四筐石头的读书人，就是南京国子监博士（学官）文彭，人称文国博。而那四筐石头即为著名的青田"灯光冻"。明屠隆《考盘余事》记述："青田石中有莹洁如玉，照之灿若灯辉，谓之灯光石，今顿踊贵，价重于玉，盖取其质雅易刻而笔意得尽也，今亦难得。""灯光冻"产于青田山口封门。青田、寿山、昌化、巴林为中国四大印石，而灯光、田黄、鸡血称"印石三宝"。

上。"因几案陈设需要精小平稳，明代底平横列的赏石和拳石更多的出现，体量越趋小巧。晚明张应文《清秘藏》记载，灵璧石"余向蓄一枚，大仅拳许，……乃米颠故物。复一枚长有三寸二分，高三寸六分，……为一好事客易去，令人念之耿耿"。晚明高濂《燕闲清赏笺》说："书室中香几，……用以阁蒲石或单玩美石，或置三二寸高，天生秀巧山石小盆，以供清玩，甚快心目。"晚明时候，精致赏石在文房中已占有重要地位。

鼓琴其间，啸傲风雅。印款笔势灵动，用刀苍拙，真是汉魏遗风。印文边缘多有残损，颇有金石古韵。印石彰显出文人宽怀从容、淡雅有格的自信神态。

为印石艺术传播推波助澜的，还有一位文彭的挚友，以诗文名世，官至兵部左侍郎的汪道昆。他在文彭家里看到四筐石头，随即出资买下一百方印石，请文彭、何震师徒镌刻。不久，汪道昆到北京特意拜访吏部尚书，尚书也渴望得到文彭的印章。于是文彭又被任命为北京国子监博士，这就是文彭两京国子监博士的由来，而印石艺术也迅速传向北方。

文彭的印章艺术，将书、画、印融为一体，成为不可分割的有机体，其功可鉴。明末清初著名文人周亮工《印人传》说："但论印一道，自国博开之，后人奉为金科玉律，云初遍天下，余亦知无容赞一词。"诚哉斯言。文彭是中国文人印艺术的开山宗师。

文房清玩与精致赏石

晚明文房清玩达到鼎盛，形制更加追求古朴典雅。晚明屠隆所著《考盘余事》记载有45种古人常用的文房用品。晚明文震亨在《长物志》中列出49项精致的文房用具。精巧的奇石自然是案头不可或缺的清玩。《长物志》中说："石小者可置几案间，色如漆、声如玉者最佳，横石以蜡地而峰峦峭拔者为

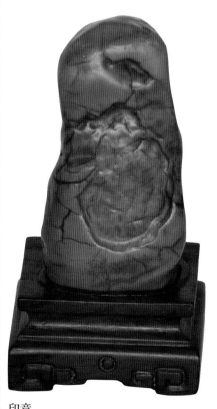

印章

石　　种：黄碧玉

◇ 明代赏石著作

明代精致文化的繁荣发展，促进了园林、文房、赏石精致理念的普遍认知。这种认知，又促使文人著书立说，创造了更加精深的典籍，成为精致文化的传承宝库。

▣ 计成的《园冶》与赏石文化

晚明计成（1582～1642），字无否，号否道人，苏州吴江同里人，所著《园冶》三卷，是世界上最早的造园专著。

计成在《园冶》自序中说："不佞少以绘名，性好搜奇，最喜关仝、荆浩笔意，每宗之。游燕及楚，中岁归吴，择居润州。"计成是绘画高手，最推崇五代山水画家关仝、荆浩笔下的意境。游历大江南北，搜寻奇山异景，为他造园立说打下坚实的基础。

南宋以后，中国的经济、文化中心南移，众多息政退思、独善其身的士大夫，择江浙广置田园，清赏自适。至明代此风尤盛，正如《园冶·江湖地》中所言："寻闲是福，知享即仙！"这是世人普遍心态。

鱼翔浅底

石　种：天峨石
尺　寸：19厘米×13厘米×13厘米

网师园一隅

鉴赏要点：网师园是苏州园林中极具艺术特色和文化价值的中型古典山水宅园代表作品。网师园始建于宋淳熙初年（1174），始称"渔隐"，几经沧桑变更，至清乾隆三十年（1765）前后，定名为"网师园"，并形成现状布局。几易其主，园主多为文人雅士，且各有诗文碑刻遗于园内，历经修葺整理，最终形成了这一古典园林中的精品杰作。

中年以后，计成定居在山环水抱的镇江，因造园技艺高超而闻名遐迩。当时他为布政使吴又予建造的吴园和为内阁中书汪士衡建造的汪园，驰名大江南北。吴园占地仅五亩，吴公曾喜言："从进而出，计步仅四百，自得江南之胜，惟吾独收矣。"可见计成造园技艺之精湛。

计成在《园冶·兴造论》中所说："园林巧于因界，精在体宜。"这是中国传统造园艺术的立本之论。计成释说："因者：随基势高下，体形之端正，碍木删桠，泉流石注，互相借资；……斯谓'精而合宜'者也。借者：园虽别内外，得景则无拘远近，晴峦耸秀，绀宇凌空；极目所至，俗则屏之，嘉则收之，……斯所谓'巧而得体'者也。"利用园基条件而巧施，随机因借，收得体合宜之效果。

《园冶·掇山》中说："岩、峦、洞、穴之莫穷，涧、壑、坡、矶之俨是。信足疑无别境，举头自有深情。蹊径盘且长，峰峦秀古，多方景胜，咫尺山林。"奇石在造园中是不可替代的景观，创造出以小见大的自然胜景。园林是大自然的浓缩，景观盘曲绵延，幽深莫测，大有"山重水复疑无路，柳暗花明又一村"的意境。

苏州狮子林中的太湖石，景观布局一如《园冶》所说

《园冶·掇山》计有园山、厅山、楼山、阁山、书房山、池山、内室山、峭壁山等类别，详尽而精辟。释"峰"："峰石一块者，相形何状，选合峰纹石，令匠凿笋为座，理宜上大下小，立之可观。" 释"峦"："峦，山头高峻也，不可齐，亦不可笔架式，或高或低，随至乱掇，不排比为妙。" 释"岩"："如理悬岩，起脚宜小，渐理渐大，及高，使其后坚能悬。"寥寥数语，即是鉴石之道，亦是经验之谈。

《园冶·选石》列出太湖石等十六种造园之材。《选石·花石纲》说："宋'花石纲'，河南所属，边近山东，随处便有，是运之所遗者。其石巧妙者多，缘陆路颇艰，有好事者，少取块石置园中，生色多矣。"自北宋"靖康之难"（1126）花石纲停运，至明崇祯七年（1634）计成撰成《园冶》，其间凡五百余年，江南至汴京沿途尚有许多遗石，可想见当年奇石大迁徙的盛况。

《园冶·园说》有识："山楼远，纵目皆然；竹坞寻幽，醉心既是。轩楹高爽，窗户虚邻；纳千顷汪洋，收四时之烂缦。梧阴匝地，槐荫当庭；插柳沿堤，栽梅绕屋；结茅竹里，浚一派之长源；障锦山屏，列千寻耸翠，虽由人作，宛自天开。""虽由人作，宛自天开"是造园艺术的精髓所在。计成以自然景观为蓝本，以诗词意境为依据，以山水画卷为借鉴，创造出虽假人工而不露斧凿痕迹的天然图画。

计成还是诗文高手，时人评论他的诗如"秋兰吐芳，意莹调逸。"《园冶》采用"骈四俪六"的骈体文。《园冶·园说》写景："移竹当窗，分梨为院；溶溶月色，瑟瑟风声；静扰一榻琴书，动涵半轮秋水。清气觉来几席，凡尘顿远襟怀。"良辰美景，辞藻精华，"起舞弄清影，何似在人间"。

万山红遍

石　　种：清江石
尺　　寸：高42厘米

计成在《园冶·自识》中说："崇祯甲戌岁，予年五十有三，历尽风尘，业游已倦，少有林下风趣，逃名丘壑中，久资林园，似与世故觉远，惟闻时事纷纷，隐心皆然，愧无买山力，甘为桃源溪口人也。自叹生人之时也，不遇时也。"甲戌岁即1634年，计成《园冶》是年成书后退隐田园，八年后终老山林。又二年明亡帝自尽，江南名士多遭清难，计成逃过大劫，也算幸事。

《园冶》至清乾隆时即有翻刻和抄本，传入日本后尤被重视，民国时各种刻本不胜枚举。《园冶》对中国以至世界造园艺术都产生了重大影响，至今仍被奉为造园经典教科书。同济大学建筑学院的《明成楼》即为纪念计成而命名。晚明进士郑元勋在《园冶·题词》中说："今日之国能，即他日之规矩，安知不与《考工记》并为脍炙乎？"《园冶》空灵超脱之化境，成就事外远致之神韵也。

明·太湖石立峰

寒宵大坐

石　种：天峨石
尺　寸：18厘米×12厘米×10厘米

文震亨的《长物志》与赏石文化

晚明文震亨（1585～1645），字启美，长洲（今苏州）人，崇祯时官武英殿中书舍人。启美曾祖文徵明、祖父文彭、父亲文元发皆以书画诗文著称于世。

启美家学渊源、素养深厚，著录甚丰，可考者即达十数种。其中《长物志》凡十二卷，以园林构建为依托，详尽陈设器物，宏大而全，简约而丰，堪称晚明士大夫生活的百科全书。

"长"音"丈"，"长物"，多余之物也。沈春泽《长物志·序》中说："于世为闲事，于身为长物，而品人者，于此观韵焉，才与情焉。"士子之人格乃是赖文化而生。在晚明那个政治黑暗而士人个性解放的时代，格心与成物构成晚明最精彩的景象。"长物"对启美而言，是其人格的寄托，是承受生命意义的载体，是一种绚烂之极而归于平淡的意境。

《长物志·水石》卷说："石令人古，水令人远，园林水石，最不可无。要须回环峭拔，安插得宜。一峰则太华千寻，一勺则江湖万里。"前句言石令人生返璞之思、水引人做清隐之想；后句示于细微处览山水大观，意境深洞成玩家圭臬。

《长物志·水石·品石》说："石以灵璧为上，英石次之。然二

种品甚贵，购之颇艰，大者尤不易得，高踰数尺者，便属奇品。小者可置几案间，色如漆、声如玉者最佳。横石以蜡地而峰峦峭拔者为上。"早在宋代，孔传在《云林石谱·序》中就曾说："虽一拳之多，而能蕴千岩之秀。大可列于园馆，小或置于几案。"明代赏石理念更臻完善。因几案陈设需要精小平稳、手感滑润的赏玩珍品，明代平底横列的赏石更多出现，体量越趋小巧，质地也愈求润泽。

《长物志·室庐·阶》中说："自三级以至十级，愈高愈古，须以文石剥成。以太湖石叠成者，曰'涩浪'，其制更奇，然不易就。复室须内高于外，取顽石具苔斑者嵌之，方有岩阿之致。"踏步台阶也要有文石（有纹理的石头）、太湖石（洞庭山水石）、顽石（古拙之石）等数种奇石搭配，营造返璞归真的意境。

花草树木更离不开石。《长物志·花卉》中说，梅"枝稍古者，移植石岩或庭际，最古"，松"斋中宜一株，下用文石为台，或太湖石为栏俱可"，竹"至如小竹丛生曰潇湘竹，宜于石岩小池之畔，留植数枝，亦有幽致"。

《长物志·器具》中讲："笔格虽为古制，然既用研山，如灵璧、英石，峰峦起伏，不露斧凿者为之。"奇石研山始于南唐后主李煜，至晚明已有六百余年，当承古制。"研以端溪为上，出广东肇庆府，有新旧坑，上下岩之辨，石色深紫，衬手而润，叩之清远，有重晕、青绿、小鸲鹆眼者为贵；又有天生石子，温润如玉，摩之无声，发墨而不坏笔，真稀世之珍。"天然端石产于肇庆黄冈羚羊峡端溪，明代尚能一睹其风采。如今端溪早已面目全非，更何况端石，知曾有此尤物，也已是幸事矣。

明·佛手形太湖石

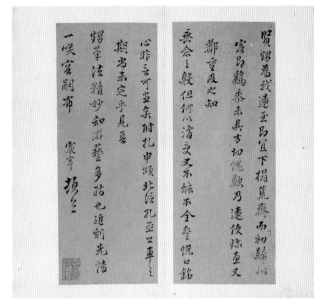

明·文震亨·书札三通

《长物志·位置·悬画》写道："画桌可置奇石，或时花盆景之属。"《位置·卧室》说："庭中亦不须多植花木，第取异种宜秘惜者，置一株于中，更以灵璧、英石伴之。"《位置·敞室》说："置建兰一二盆于几案之侧；奇峰古树，清泉白石，不妨多列。"

《长物志》所记园中无处不石，无石不景。"石令人古"、"精洁雅素"的理念，表达了启美返璞归真和删繁去奢的精神追求。正如书中所言："云林清秘，高梧古石中，仅一几一榻，令人想见其风致，真令神骨俱冷。"这是晚明将倾之时，欲报无门的幽人名士的审美观照与超越，也是士大夫人格的建树和精神的寄托。

明崇祯十七年（1644），清军克北京，帝自尽。翌年陷南京、占苏州，启美避于阳澄湖。闻剃发令下竟投河自尽，被家人救起复绝粒殉国。明顾苓所称"长身玉立，善自标置。交游赠处，倾动一时"的启美，生时辉煌，死得落寞。启美的《长物志》于晚明天启年间撰成后，凡十二卷每卷皆由当时名家校定，至今版本不下十余种。清乾隆帝追谥之"节愍"，并将《长物志》收入《四库全书》。清伍绍棠在《长物志·跋》中说："启美此书，亦庶几卓卓可传者。盖贵介风流，雅人深致，均于此见之。"三百余年以来，《长物志》先后被十余种丛书收录，广播于四海内外，不仅是士人精致生活的教科书，也是晚明士子的百科全书。

明·活眼巧雕龙虎门端

◎ 《徐霞客游记》与赏石文化

黄山徐霞客像

徐霞客（1587~1641），名弘祖，字振之，霞客是朋友陈眉公（继儒）为他取的号，明代南直隶江阴（今江苏江阴）人。

据（后汉书）记载，东汉时霞客远祖徐稚隐迹山林，耕读为业，却名倾朝野，被称为"南州高士"。霞客高祖徐经与唐寅交厚，于明弘治十二年（1499）同船赴京赶考。三场会试后，满城飞语徐经贿金得题。后虽查明为子虚乌有，两人仍被削除仕籍致终身不仕。霞客父徐有勉一介布衣，自负亢直。明董其昌称："盖公性喜萧散，而益厌冠盖征逐之交。"不为官，不与达官显贵交往，也不希望霞客追名逐禄。

明陈函辉《徐霞客墓志铭》中说，徐母以异梦而生霞客："生而修干瑞眉，双颅峰起，绿眼炯炯，十二时不瞑，见者已目为餐霞中人。"徐氏家有"万卷楼"，霞客遍读先世之书。其族兄徐仲昭曾说："霞客性酷好奇书，客中见未见书，即囊无遗钱，亦解衣市之，自负而归，今充栋盈箱，几比四库，半得之游地者。"霞客曾言："丈夫当朝碧霞而暮苍梧，乃以一隅自限耶？"陈继儒说："弘祖远游，非宦非贾，非投谒，而山水是癖，一奇也。"

徐霞客出游分为前后两期。万历三十五年至崇祯八年（1607~1635）为前期，主要慕游名山；崇祯九年至十三年（1636~1640）为后期，完成了西南"万里遐征"。

圆通

石　种：红碧玉

81

飞石

种：来宾石

尺　寸：宽28厘米

徐霞客故居徐母教子雕塑

霞客17岁时父亲去世。自20岁游太湖始，与母约定如期往返。天启三年（1625）徐母去世，霞客言："昔人以母在，此身未可许人也，今可许之山水乎！"于是放志远游，不计程年，旅泊岩栖之间。

霞客在旅途中，留意山峰怪石的形态。万历四十一年（1613）三月，霞客游天台山，初五记："明岩为寒山、拾得隐身地，两山回曲，《志》所谓八寸关也。……岩外一特石，高数丈，上岐立如两人，僧（指）为寒山、拾得云。"传说寒山、拾得是唐代贞观年间的两位高僧，后来一起隐居山林，后人尊为"和合二仙"，取和谐美满之意。

四月，霞客游雁荡山，十一日记："过章家楼，始见老僧（岩）真面目：裂衣秃顶，宛然兀立，高可百尺。侧又一小童伛偻于后，向为老僧所掩耳。……危峰乱叠，如削如攒，如骈笋，如挺芝，如笔之卓挺立，如幞头巾之敧倾斜。……双鸾、五老，按翼联肩。"霞客笔下奇峰异形如老僧、小童、竹笋、灵芝、毛笔、头巾、双鸟、五老等，尽数大自然的鬼斧神工，叹为观止。

霞客于崇祯元年（1628）二月游福建玉华洞，二十日记："石色或白或黄，石骨或悬或竖，惟'荔枝柱'、'风

福建玉华洞

泪烛'、'幔天帐'、'达摩渡江'、'仙人田'、'葡萄伞'、'仙钟'、'仙鼓'最肖。"洞中钟乳石形异纷呈，目不暇接。

玉华洞鸡冠石

霞客于崇祯三年（1630）八月，自福建华封绝顶而下，考察九龙江北溪，留有闽游日记（后）："余计不得前，乃即从涧水中，攀石践流，逐抵溪石上。其石大如百间房，侧立溪南，溪北复有崩崖壅水。水既南避巨石，北激崩块，冲捣莫容，跌隙而下，下即升降悬绝，倒涌逆卷，崖为之倾，舟安得通也？"现在的华安，取华封、安溪两字头为名。北溪落差极大，水流湍急，古来自华封绝顶至新圩古渡，舟楫不行，只能徒步攀缘。霞客当年考察的北溪这段奇险之地，现在已辟为九龙璧天然"玉雕走廊"观赏石公园。霞客两赴北溪考察，应当是九龙璧最早发现者。

崇祯九年（1636），年届五十的霞客感到自己老病将至，来日无多。于是毅然西行，开始他一生最后一次也是最壮烈的"万里遐征"。临行前他对家人说："譬如吾已死，幸无以家累相牵矣。"霞客绕路与好友陈继儒、陈函辉等人晤别，同行有高僧静闻和顾行、王二两位仆人。九月十九日出发，十月五日，仆人王二就不堪艰辛而逃走。

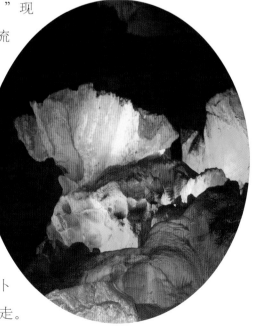

徐霞客遗迹

崇祯十年（1637）二月十一日，霞客一行由湘江舟行至衡南新塘，夜遭盗贼劫掠，静闻和顾行身负重伤，霞客赤身跳水逃过一劫，行囊被劫焚无遗。友人劝其返乡，霞客谓："吾荷一锸来，何处不可埋吾骨耶？"

湘江遇险严重损害了霞客的身体，至三月初八大病，十二日病情再次加重。十三日船过永州，想到此地是柳宗元遗迹所在，急忙抱病登岸寻访，终于考证了子厚文中所说的愚溪桥、钴鉧潭、小丘、小石潭、西山等景观，并拜谒了柳子祠。是年末，静闻病逝于南宁，遗言葬于云南鸡足山。霞客背负静闻禅师骨灰一路而行。崇祯十一年（1638）末，经过一年的长途跋涉，霞客一行到达鸡足山悉檀寺，将静闻的遗骸安葬并建塔墓上，演绎了一段千古佳话。有人于墓铭曰："藏之名山，传之其人。霞客静闻，山水永馨。"

霞客到达鸡足山后，一直住在悉檀寺。崇祯十一年（1638）十二月二十九日，霞客访兰陀寺未归，悉檀寺弘辨法师等僧人托顾行转告，第二天是除夕，希望霞客早点回来，不要让他们思念。这样的牵挂唤起乡土愁思，离家两年多的霞客写道："余闻之，为凄然者久之！"

霞客一路上搜集了各种光怪陆离的石头。崇祯十二年（1639）三月，霞客在云南大理城中考察："十四日观石于寺南石工家，何君与余各以百钱市一小方。何君所取者，有峰恋点缀之妙，余取其黑白明辨而已。"霞客以百钱购得大理石，又对城中大理石藏品的优美图案认真观察，并留有生动描绘。

五月，霞客在云南得翠生石，并制作器皿："二十六日，崔、顾同碾玉者来，以翠生石畀之。二印池、一杯子，碾价一两五钱。此石乃潘生所送者。……先一石白多而间有翠点，而翠色鲜艳，逾于常石。……余反喜其翠，以白质而显，故取之。潘谓此石无用又取一纯翠者送余，以为妙品，余反见其黯而无光也。令命工以白质者为二池，以纯翠者为杯子。"翠生石即翡翠硬玉，霞客所付加工费高于玉资，可见制作不易。

七月初六，霞客在云南考察玛瑙山："凿崖迸石，则玛瑙嵌其中焉。其色有白有红，皆不甚大，仅如拳，此其蔓也。随之深入，间得结瓜之处，大如升，圆如球，中悬为宕，而不粘于石。宕中有水养之，其精莹坚致，异于常蔓，此玛瑙之上品，不可猝遇；其常积而市于人者，皆凿蔓所得也。"霞客所言蔓者，矿之余脉。上品产于矿脉中心，不与围岩相连而养于水中玛瑙也。

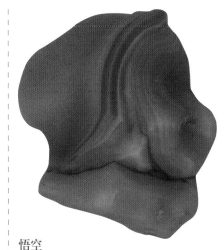

悟空

石　种：玛瑙

仙人洞

石　种：戈壁石

坐像
石　种：钟乳石

初九，霞客游水帘洞："崖间有悬干虬枝，为水淋滴者，其外皆结肤为石。盖石膏日久凝胎而成，……余于左腋洞外得一垂柯，其大拱把，其长丈余，其中树干已腐，而石肤之结于外者，厚可五分，中空如巨竹之筒而无节，击之声甚清越。余不能全曳，断其三尺，携之下……"此中空外奇，如凝雪裹冰之筒状钟乳石，谁人知晓而幸遇？

"水帘之西，又有一旱岩。其深亦止丈余，而穹覆危崖之下，结体垂象，纷若赘旒，细若刻丝，攒冰镂玉，千萼并头，万蕊簇颖，有大仅如掌，而笋乳纠缠，不下千百者，真刻楮雕棘之所不能及。余心异之，欲击取而无由，适马郎携斧至，借而击之，以衣下承，得数枝。取其不损者二枝，并石树之筒，托马郎携归玛瑙山，俟余还取之。"霞客在旱洞取走两枝完整的钟乳石，并将所得怪石都集中到玛瑙山，以便返乡时带回。

九月初十早上，与霞客患难与共、历尽艰险的仆人顾行，带走了所有的钱物逃走了，这对霞客打击甚大，他悲伤地说："离乡三载，一主一仆，形影相依，一旦弃余于万里之外，何其忍也！"离家时四人同行，现在孑然一身矣。

霞客久涉瘴疠之地，沐风栉雨，如今病入膏肓。顾行走后不久，就"两足俱废"不能行走，被迫终止了他视为生命的旅行事业。他的游记也定格在崇祯十二年（1639）九月十四日。这期间，应云南丽江木增太守之邀，霞客用三个月时间，修成《鸡足山志》。

崇祯十三年（1640）正月，云南丽江木增太守派出一队人马，抬着霞客，连同他的书籍、手稿、怪石、古木等物品，历时半年，万里迢迢送回故乡。据友人陈函辉《徐霞客墓志铭》记载，霞客回到家乡江阴后卧病在床，"不能肃客，惟置怪石于榻前，摩挲相对，不问家事"。但仍与友人谈论游历之事，每至深夜不倦。钱谦益《徐霞客传》记载，霞客曾语探望人曰："古来题名绝域者，汉张骞、唐玄奘、元耶律楚材三人而已，吾以老布衣，孤筇双履，得与三人为四，死不恨矣！"霞客料想自己将与张骞、玄奘等人共同留名青史。

崇祯十四年（1641）正月，霞客病逝，临终托付家塾季孟良整理游记，友人陈函辉作墓志。

霞客从20岁始出游，三十余年间足迹遍及明代两京十三布政司，遭遇艰险远超唐僧的九九八十一难。有学者统计，霞客共考察记录地貌类型61种，水体类型24种，动植物170多种，名山及有名山峰1259座，岩洞、溶洞540多个……共留下文字69万多言（遗失文字不计在内）。晚明学者钱谦益称游记："世间真文字、大文字、奇文字。"《徐霞客游记》在中国文学史上同样具有重要地位。清初学者奚又溥在《徐霞客游记·序》中说："其笔意似子厚（柳宗元），其叙事类龙门（司马迁）；……先生之游过于子长（司马迁），先生之才气直与子长埒，而即发之于记游，则其得山川风雨之力者，固应与子长之《史记》并垂不朽……"霞客有知，更复何想！

峰林

石　　种：钟乳石

《徐霞客游记》书影

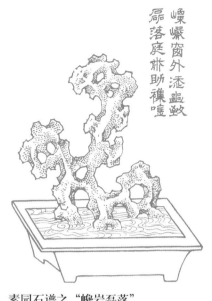

嵌峦窗外添岖嵚
屃落庭畔助谦嘘

素园石谱之"巉岩磊落"

林有麟的《素园石谱》

林有麟（1578~1647），字仁甫，号衷斋，松江府华亭人。林景旸子，以父荫入仕，累官至龙安知府。画工山水，爱好奇石。中年撰写《素园石谱》，以所居"素园"而得名。

林有麟是奇石收藏家，他在《素园石谱自序》中说："而家有先人'敝庐'、'玄池'石二拳，在逸堂左个。"林有麟祖上就喜爱奇石，除以上两石，尚有"玉恩堂研山"传至林有麟手中。林氏还藏有"青莲舫研山"其大小只有掌握，却沟壑峰峦孔洞俱全。林有麟在素园建有"玄池馆"专供藏石，将江南三吴各种地貌的奇石都搜集到，置于馆中，时常赏玩。朋友何士抑送给林有麟雨花石若干枚，林氏将其置于"青莲舫"中，反复品赏把玩，还逐一绘画图形、品铭题咏，附在《素园石谱》之末，以"青莲绮石"名之。

《素园石谱》全书分为四卷，共收录奇石102种类，249幅绘图。景观石为最大类别，其中又有山峦石、峰石、段台石、河塘石、遮雨石等形态。另外还有人物、动物、植物等各种形态的奇石。化石、文房石、以图见长的画面石等也收录在谱，可谓洋洋大观。

《素园石谱》收录六朝、唐、宋、元、明以来赏石资料和图谱，记载了赏石产地、采石、造型、题铭以及文人吟咏诗词、玩石心境等，充分反映了中国赏石文化的传承，是中国赏石史上的巨著。

雕

石　种：戈壁石

◆ 晚明赏石底座的精致与完美

明代是中国传统文化的鼎盛时期，各类艺术渐臻完美，明式家具几成中国经典家具艺术的代名词。赏石底座也随势而上，得到充分发展。明代赏石底座专属性已经成熟，底座有圆形、方形、矩形、梯形、随形、树桩形、须弥座等门类的诸多形状。圭脚主要有垛形和卷云形两种。明代大多短小形底座无纹饰，但有优美的曲线。随形并有唇口咬合的底座，成为明式赏石底座的主流。这些在明代林有麟《素园石谱》中所描绘的赏石图谱中，可以得到印证。明代制作家具和底座的高手，集中在经济发达的苏州、扬州、南通、松江一带，通称苏派。苏派用料讲究、做工精细，风格素洁文雅、圆润流畅，至今技艺传承不衰。

灵璧奇石大摆件

尺　　寸：长53厘米

鉴赏要点：灵璧石骨骼奇异，气势逼人，形如雄鹰振翅，亦如海水浪涛，洞穿嶙峋，姿态万千。

清代的赏石文化

公元1616年，女真人领袖努尔哈赤建后金。1636年皇太极改国号为清，改女真族为满族。1644年顺治入关，定都北京，逐渐统一全国。清代凡267年。

清代与元代，都是少数民族入主中原，比较而言，清代帝王更加重视文化，而且汉化程度相当之高。清代帝王个个勤政，与晚明帝王的怠工形成鲜明的对比。清代赏石从宫廷与民间两个方面共同发展，形成新的风格。

清乾隆·旭日东升松花江石砚

◇ 皇家赏石文化

满清入主中国，经过顺治及康熙朝的经营，政权基本稳定，经济开始繁荣，朝廷对汉民族的文化非常重视，对赏石艺术的欣赏与赏石的收藏，也迅速发展起来。

▣ 大清国宝松花砚石

中国文人砚始于唐武德（唐高祖年号）年间，经宋代文人的发扬光大，端、歙、洮、红丝四大名砚始定。这些名砚都具有软硬适中、滑不拒墨、涩不滞笔、温润细腻的特点。帝王推崇某一种特定砚石，在中国文化史上只有两例：一个是南唐后主李煜为歙砚所做的贡献；另一个就是大清康雍乾三代皇帝，将松花石拔擢为御用砚石，并使之成为中国文人名砚。

砚

石　种：戈壁石

尺　寸：长9厘米

东北长白山是清代帝王的龙兴之地，松花石原为驻军士兵的磨刀砺石。康熙三十年（1691），康熙帝玄烨命内务府造办处，在武英殿设松花石砚作，专司松

花石的开采、运输、设计、制砚。康熙四十二年（1704）起，为了便于督导，将松花石砚作由武英殿造办处改归养心殿造办处。雍正朝增召琢砚名匠入宫，将松花石砚作由一作变为二作，进一步增加了松花石的产量。乾隆三十五年（1774），乾隆帝弘历亲自主持，并命大学士于敏中编纂了《西清砚谱》，将6方康熙、雍正和自己御用松花石砚列为砚谱之首，并作序说："松花石出混同江边砥石山，绿色光润细腻，品埒端歙。"将松花石砚誉为大清国宝。

御制松花石砚除供皇帝、皇族使用外，主要是恩赐功臣，借以达笼络、统御之功。蒙赐松花石砚的大臣，皆"稽拜之下，感激殊恩，遂珍而藏之，以为子孙之宝"。大清御制松花石砚，现在主要收藏在北京故宫博物院、台北故宫博物院、日本博物馆。近年来，松花石砚不但焕发出勃勃生机，松花石也作为新的赏石品种出现。它那展现山川神秀的形态、丰富的色彩、温润细腻的质地，无不向人展示着无穷的魅力。

清代极盛时期的御苑赏石

乾隆皇帝作为盛世之君，有着很高的汉文化素养，尤好山水。他在《静宜园记》中说："山水之乐，不能忘于怀。"乾隆帝先后六次巡视江南，足迹遍及江南园林精华荟萃的各地，凡有喜爱的园林，均命随行画师摹绘粉本，携图以归，作为皇家园林建设的参考。一些重要的建园、扩园，乾隆帝都要参与规划，表现出行家的才华。乾隆主持修建的园林，包括大内御苑、行宫御苑、离宫御苑。根据乾隆前30年的统计，新建、扩建的皇家园林有十几处，面积达上千公顷之多，代表着中国古典园林发展史上的一个高峰。

青莲朵

观赏石鉴赏与收藏

91

皇家园林中，汇集了各地的优秀奇石。清代御苑除传承了明代遗石，又从全国各地搜集了很多名石。乾隆南巡也很留意奇石。根据《养吉斋丛录》记载，杭州南宋德寿宫遗址，有恭帝赵显咸淳年间遗留"芙蓉石"立峰一座，高丈许，具玲珑刻削之致。乾隆南巡，"尝拂试是石，大吏遂辇送京师"，置圆明园朗润斋，改名"青莲朵"。民国时移至中山公园。又据《履园丛话》记载："扬州九峰园奇石玲珑，其最高者有九，故以名园，相传皆海岳庵（米芾故居）旧物也。高宗（乾隆庙号）南巡见之，选二石入御苑。"以上二石，皆为两宋所遗太湖石。乾隆还在北京西山大量采集"北太湖石"。其中最著名的就是米万钟遗石"青芝岫"和"青云片"。此二石俱为产于北京房山的"北太湖石"。万历末年，米氏欲运往勺园，因官场变化，存于良乡。清代被乾隆发现，分别运往颐和园和圆明园。今"青芝岫"仍在颐和园乐寿堂前，"青云片"已于民国时与"青莲朵"一同安置在中山公园。

皇家园林置石，除太湖石外，尚有灵璧石、英石、昆石、钟乳石、珊瑚石、木化石、石笋石等品种。除造型石外，还有纹理石、画面石等类别。御苑赏石经过晚清、民国多次战乱毁坏、丢失，至今尚有百余尊幸存，供人凭吊与欣赏。

青芝岫

清代皇家的文房赏石

清代文房清玩的审美理念、制作技艺更臻完善。康、雍、乾三期帝王皆具学养、雅好艺术，使文房清玩成为造办处制作的最大宗物件。同时皇帝也视文房清玩为治世教化的工具，将清代文房的鉴赏与收藏推向顶峰。

乾隆四十三年（1778），高宗命大学士于敏中等人，精选内务府所藏诸砚，编为《西清砚谱》。砚谱所著录砚石，正谱为200方、附录为40方，总计共收录砚石240方，包括各种文人石砚。1997年，台北故宫博物院将本院珍藏，原《西清砚谱》中所列石砚中的95方悉数取出，举办了"西清砚谱古砚特展"，使众人一览古砚风采。

由于康乾盛世的推动，文人印石也呈现出繁荣与辉煌的景象。清代昌化鸡血石被皇家封为"印后"，名声大噪。现藏北京故宫博物院的"乾隆宸翰"皇印，通高15.2厘米，面阔8.5厘米见方，有红、黑、黄、白、青等多色，施以俏雕，精巧绝伦。清嘉庆帝"惟几惟康"宝玺，选用色为栗黄、温润亮丽、鸡血如丝如缕的方形昌化石，通高14厘米，面方7.1厘米。这两方皇印，曾于2004年回到昌化石产地浙江临安展出，一时昌化鸡血石家乡的人们争睹宝玺，盛况空前。

清代康乾盛世，福州寿山的田黄石被尊为"石帝"，用于帝王玺印，受到青睐，原因大致有三：一是有福（州）寿（山）田（黄）丰的吉祥寓意；二是纯正的黄色与皇权象征的明黄正色相合；三是温润佳质，无根而璞，稀有珍贵。晚清末代皇帝溥仪，曾献出的"田黄三链章"，也就是乾隆御宝，现存北京故宫博物院。

清代帝王收藏的文房石玩中，小型奇石、砚山、山子、砚屏、笔洗、墨床、镇纸等不计其数，对推动清代文房石的鉴赏与收藏，起到难以估量的作用，影响惠及后世。

清·乾隆御用砚石

清·乾隆御用印章石

清人画弘历秋景写字像（局部）

◆ 民间赏石文化

民间的赏石文化至清代呈现丰富多彩、繁荣昌盛的景象。文人赏石与皇家赏石交相辉映，形成古典赏石最后的高峰与风采，留下了标新立异的赏石形态。

▣ 园林赏石

清代的江南园林，以扬州、苏州最为繁盛。清代中期，苏州园林已成领先之势，其中"留园"的奇石，常为人们津津乐道。"留园"原为明代"东园"废址，乾隆五十九年（1794）归吴人刘恕，改名"寒碧庄"。刘恕中年退隐，唯好花石，收集太湖石十二峰置于园内。刘恕在《石林小院说》中写道："余于石深有取，……虽然石能侈我之观，亦能惕我之心。"将赏石审美与个人修养结合起来。同治十二年（1873），官僚盛康购得该园，更名"留园"。留园有着丰富的石景，其中冠云峰为苏州最大的特置峰石，峰高6.5米，确为群峰之冠。相传为北宋"花石纲"遗物，明代疏浚大运河时打捞出水的峰石。冠云峰两边又有瑞云、岫云两峰相配，形成江南园林中著名的奇峰经典。

皱云峰、玉玲珑、瑞云峰被誉为江南三大名石。

皱云峰

徐珂《清稗类钞》记载："康熙初，吴六奇将军赠查伊璜孝廉之皱云石，曾至海盐顾氏，后仍归海宁，为马容海光禄所得，马殁而石尚存。"该石后多经转手，移至石门福缘禅寺。嘉庆海宁马汶《皱云石记》云："英石峰一座，嵌空飞动，疑出鬼工。"

皱云峰为英石中罕见巨峰，高2.6米，狭腰处仅0.4米，形同云立，纹比波摇，为江南三大名石中"皱"、"瘦"的典范。该石右下方刻有篆书"皱云"两字，石背有"具云龙势，夺造化功，来自海外，永镇天中"题刻。"皱云峰"于20世纪60年代移至杭州花圃，1994年移至杭州江南石苑至今。

皱云峰

留园冠云峰

石　种：太湖石

鉴赏要点：冠云峰位于留园东部，林泉耆硕之馆以北，因其形又名观音峰，是苏州园林中著名的庭院置石之一，充分体现了太湖石"冠云峰瘦、漏、透、皱"的特点。

玉玲珑

玉玲珑为太湖石，高3米，孔窍密布，其数量之多、密度之大为同类峰石中罕见，是江南三大名石中"漏"的典型，据说在石下燃起一炷香，石上百孔生烟，蔚为奇观。

玉玲珑为宋代"花石纲"遗物。明代王世贞称道"秀润透漏，天巧宛然"，"压尽千峰耸碧空，佳石谁并玉玲珑"。明正德年间为太仆寺卿储显所得，后随其女儿陪嫁移至豫园，园主潘充端将石置于玉华堂，朝夕相对。如今人们仍能在上海豫园，一睹玉玲珑的风采。

瑞云峰

瑞云峰（前）

瑞云峰俗称小姑射，高5.12米，宋代朱缅采自太湖洞庭西山，正宗太湖水石，"花石纲"遗物。此石嵌空玲珑，涡洞相连，为江南三大名石中"透"的典型。

明代沈德符《万历野获编》记载："吴中有瑞云峰，宋朱勔所进艮岳物也。……吴兴董守伯买之，载归过太湖，船覆石沉，乃百计取出，则一石盘，非峰石也。又竭力再取，始得所沉石配之，（石盘）即此石之座也。"此石明初先为陈氏所得，运自太湖，座忽沉没，仅存其峰。此后董氏以石赠嫁徐氏，峰沉竟连座同起，也是瑞物奇事。徐泰时将瑞云峰置于东园（今留园）。乾隆四十四年（1779），移入苏州织造府西宫（今苏州第十中学）至今。

瑞云峰从留园移走，后来的主人又移来一石填充空缺，所以有了前、后瑞云峰之说。

瑞云峰为"透"之典型。现在留园的"瑞云峰"是留园主人盛康后补峰石。"玉玲珑"也是太湖石，高3米，为"漏"之典型。现存上海豫园。

北京是北方私家园林精华荟萃之地，至清中期尤盛，其中"半亩园"，就是园林置石的典范。"半亩园"始建于康熙年间，是清初兵部尚书贾汉复的宅园，为李渔所建，所叠石山为京城之冠。道光年间由官僚麟庆购得，又增奇石甚众。据麟庆撰写《鸿雪因缘图记》载："园中所存，尚康熙间物。余命崇实（麟庆长子）添觅佳石，购得一虎双笋，颇具形似，终鲜皱、瘦、透之品。乃集旧存灵璧、英德、太湖、锦州诸盆玩，并滇黔硃砂、水银、铜、铅各矿石，罗列一轩，而嵌窗几。"半亩园中不但有叠山、置石，还辟有奇石陈列轩。

文房赏石

清代文房赏石，仍沿袭明人精巧的风格，但因资源的枯竭，新石种时有补充，赏玩方法多样，传承石更加珍贵。清代徐珂《清稗类钞》记载："皖之灵璧山产石，色黑黝如墨，叩之，泠然有声，可作乐器，或雕琢双鱼状，悬以紫檀架，置案头，足与端砚、唐碑同供清玩。海内士夫家每搜藏之，然佳料不多观，大率不逾尺也。"灵璧石玩赏方法出新。《清稗类钞》记："颜介子所见之英德砚山，则上有白脉，作'高山月小'四字，炳然分明。其脉直透石背，尚依稀似字之反面，但模糊散漫，不具点画波磔耳。谛视之，非雕非嵌，亦非渍染，真天成也。"这是罕见的英德文字石。清吴绮说："英石出韶州府英德县，峰纹耸秀，叩之有金玉声为佳，而其要有三，曰皱漏瘦，皱谓纹理波折，漏谓洞壑玲珑，瘦谓峰峦秀峭，备此三者，方见砚山全德矣。"传统赏石影响犹存。

清代谢堃《金玉琐碎》说："在长沙刘子厚家有五座笔山，分五色，黄色者卡什楞也，青色者青精石也，黑色者黑晶也，红色者玛瑙也，白色者羊脂玉也。彩色斑斓，亦堪雅玩。"清代玩石的色彩丰富起来。

清代广东屈大均《广东新语》记："岭南产蜡石，从化、清远、永安、恩平诸溪间多有之。予尝溯增江而上，直至龙门，一路水清沙白，乍浅乍深。所生蜡石，大小方圆，裸砠多在水底，色大黄嫩者如琥珀。其玲珑穿穴者，小菖蒲喜结根其中。以其色黄属土，而肌体脂凝多生气，比英石瘦削嵯岩多杀气者有间也。予尝得大小数枚为几席之玩。"《金玉琐碎》中记载："余在广东见腊石，价与玉等及。"清代蜡石为新品种，赏玩和鉴评方法与现在相似，价值不菲。

清·鸡血石长方章（二方）

清·田黄石螭龙（龙生九子）

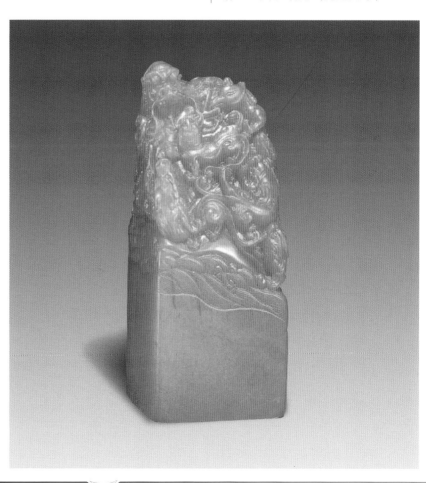

圆满

石　种：大湾石

尺　寸：小品

小山

石　种：大湾石

尺　寸：小品

◆ 清代赏石著作

清代虽然没有《云林石谱》、《素园石谱》那样的鸿篇巨作，却不乏新颖别致、真知灼见的赏石新篇，赏石理念更加丰富多彩。

■ 高兆的《观石录》和毛奇龄的《后观石录》

寿山石品种繁杂。最早提出寿山石分类法的人，是清代学者高兆和毛奇龄。

高兆，福建侯官县人。康熙六年（1667）高兆回乡，写出中国历史上第一部寿山石专著《观石录》。其中提出："石有水坑、山坑。水坑悬绠下凿，质润姿温；山坑发之山蹊，姿阘然，质微坚，往往有沙隐肤里，手摩挲则见。水坑上品，明泽如脂，衣缨拂之有痕。"这是最早的以坑分类。

毛奇龄，浙江萧山人。康熙二十六年（1687），他客居福州开元寺，写出继《观石录》之后的第二部寿山石专著《后观石录》。书中进一步提出"以田坑第一，水坑次之，山坑又次之"的观点。后人将这种分类方法称为"三坑分类法"，为海内外鉴赏收藏家普遍认同，成为寿山石划分标准，影响深远。

■ 李渔的《闲情偶寄》与赏石文化

李渔（1611～1680），号笠翁，祖籍兰溪（今江苏兰溪市），生于如皋（今江苏南通）。李渔自幼聪颖好学，7岁能

诗，被明清名士钱谦益评为"龆龀（换牙）时便惜分阴，宜其以文章名世也"。李渔33岁准备二度应乡试时，中途闻警折回，此后江山易主，李渔有故国情怀，不再以功名为念。

李渔为明清之际的奇才，一生创作甚丰，有诗文、史论、戏剧、小说、园林和美学理论等著录。李渔还是三百年来最成功的书商，他的《芥子园画谱》，滋养了无数绘画艺术人才。

李渔的《闲情偶寄》，成书于康熙十一年（1671），是一部生活美学和养生行乐的宝典。该书共分八部，下设子目，其中园石美学，亦大有可观之处。《居室部·山石第五》："幽斋磊石，原非得已。不能致身岩下，与木石居，故以一卷代山，一勺代水，所谓无聊之极思也。然能变城市为山林，招飞来峰使居平地，自是神仙妙术，假手于人以示奇者也，不得以小技目之。"极言园林山水的重要。

《山石第五·大山》："山之小者易工，大者难好。……犹文章一道，结构全体难，敷陈零段易。唐宋八大家之文，全以气魄胜人，不必句栉字篦，一望而知为名作。以其先有成局，而后修饰词华，故粗览细观同一致也。"李渔为文章里手，以行文始重结构，喻园林造山之重全局。《词曲部·结构第一》中说："至于结构二字，则在引商刻羽之先，拈韵抽毫之始。如造物之赋形，当其精血初凝，胞胎未就，先为制定全形，使点血而具五官百骸之势。倘先无成局，而由顶及踵，逐段滋生，则人之一身，当有无数断续之痕，而血气为之中阻矣。"造伟山与成雄文者，结构统领同理也。

《小山》中说："言山石之美者，俱在透、漏、瘦三字。此通于彼，彼通于此，若有道路可行，所谓透也；石上有眼，四面玲珑，所谓漏也；壁立当空，孤峙无倚，所谓瘦也。……

蘑菇云
石　　种：戈壁石
尺　　寸：长9厘米

瘦小之山，全要顶宽麓窄，根脚一大，虽有美状，不足观矣。"这里李渔的相石美学思想，与宋代一脉相承；小山之美，与稍早的计成《园冶·掇山》中所说"峰石一块者，……理宜上大下小，立之可观"虽有山、峰之别，亦有异曲同工之妙。

99

路路通

石　种：大湾石
尺　寸：高16厘米

《石壁》又说："假山之好，人有同心；独不知为峭壁，是可谓叶公好龙矣。山之为地，非宽不可；壁则挺然直上，有如劲竹孤桐。斋头但有隙地，皆可为之。且山形曲折，取势为难，手笔稍庸，便贻大方之诮。壁则无他奇巧，其势有若累墙，但稍稍迂回出入之，其体嶙峋，仰观如削，便与穷崖绝壑无异。且山之与壁，其势相因，又可并行而不悖者。"壁立千仞，向来是诗文吟咏的雄姿，也是掇山的点睛之笔。造园无此胜景，有叶公好龙之嫌。

《零星小石》将园石比作治病的良药："贫士之家，有好石之心而无其力者，不必定作假山。一卷特立，安置有情，时时坐卧其旁，即可慰泉石膏肓之癖。……王子猷劝人种竹，予复劝人立石，有此君不可无此丈。同一不急之务，而好为是谆谆者，以人之一生，他病可有，俗不可有。得此二物，便可当医，与施药饵济人，同一婆心之自发也。"李渔劝人赏石，如同治病救人，为免俗的良药。《晋书》记载，王子猷（王羲之之子王徽之，字子猷）曾寄居空宅，令种竹，言："何可一日无此君？"宋叶梦得《石林燕语》记载，米元章知无为军，见立石颇奇，拜之，每呼为"石丈"。笠翁发"有此君不可无此丈"之叹，并谓二物为可"治俗"之良济也。

笠翁有才气，也有骨气。在明清交替的混乱之际，一介没有功名的平民，其命运坎坷可想而知。"十日有三闻叹息，一生多半在车船。同人不恤饥驱苦，误作游仙乐事传。"诗中道出笠翁几多苦涩与无奈。但是，笠翁是个生活情趣非常浓郁、而又人格独立的士子，他造园、刻书、编剧、写曲、吟诗、撰文，营构生活中的女色、花草、饮食、服饰、器玩、起居，以情趣之心享受生活，"谋有道之生，即是人间大隐"。

笠翁推崇审美："若能实具一段闲情，一双慧眼，则过目之物，近是图画；入耳之声，无非诗料。"笠翁又追求简雅，他在书中说："天下万物，以少为贵。""宜简不宜繁，宜自然不宜雕斫。凡事物之理，简斯可继，繁则难久。"他倡导"文贵洁净"："凡作传奇，当于开笔之初，以至脱稿之后，隔日一删，逾月一改，始能淘沙得金，无瑕瑜互见之失矣。"

笠翁崇尚自然，享受生活，将一生"闲情"，"偶寄"于妙笔之下，竟成传世之作。笠翁友人余怀在书序中说："今李子《偶寄》之书，事在耳目之内，思出风云之表，前人所欲发而未竟发者，李子尽发之；今人所欲言而不能言者，李子尽言之。其言近，其旨远，……此非李子《偶寄》之书，而天下雅人韵士家传户诵之书也。吾知此书出，将不胫而走。"时人吴伟业称笠翁："前身自是玄真子，一笠沧浪自放歌。"

◎ 梁九图的《谈石》

梁九图为清早期文人，生于广东，钟情蜡石。他在《谈石》中说："凡藏石之家，多喜太湖石、英德石，余则最喜蜡石。蜡揖逊太湖、英德之巨，而盛以磁盘，位诸琴案，觉风亭水榭，为之改观。……蜡石最贵者色，色重纯黄，否则无当也。"梁九图收藏的12枚蜡石各具形态，峰峦、瀑布、峭壁、溪涧、悬岩、陂塘等山水景观俱全，欣赏时湖光山色尽在眼前，是人生最大乐趣，其他世俗之事不足道也。

屈大均在《广东新语》中讲：蜡石一要"色大黄嫩"。二要"玲珑穿穴"，三要"肌体脂腻"。又说："蜡石以黄润如玉而有岩穴峰峦者为贵。"与梁九图说法如出一辙。可见清代鉴石，因石而异，对黄蜡石的形、质、色要求很高。

梁九图在《谈石》中说："藏石先贵选石，其石无天然画意的不中选。"这就是我们现在鉴石中所说的意韵。梁九图对养石之水质非常重视。他在《谈石》中说："浇必用山涧极清之水，如汲井而近城市者，则渐起白斑，唯雨水亦差堪用。"这是养石研究的心得体会。梁九图在谈到赏石陈列时说："位置失法，无以美观。……檀跌所置于净几明窗，水盘所储贵傍以回栏曲槛。"台座石与水盘石要与环境搭配得当，才能尽展赏石之美。梁九图的赏石法，确有超越前人之处，自然也有启发后来者之功。

草花

石　　种：大湾石

郑板桥 (1693～1765) 治印，有"康熙秀才、雍正举人、乾隆进士"文。一生饱读诗书、遍访人文遗迹。乾隆十八年 (1753)，为政12年后，已届61岁的郑板桥因清刚耿介、孤傲不羁被诬陷辞官。离任之时作画并题诗："乌纱掷去不为官，囊橐萧萧两袖寒。写取一枝清瘦竹，秋风江上作渔竿。"表现出皈依自然的憧憬。

郑板桥重回扬州，从此绝仕途，以卖画为生。诗朋画友纷纷来会，同为扬州八怪的李鱓为迎接板桥赠联"三绝诗书画"，板桥脱口对"一官归去来"。天然绝对惟板桥可当之。

郑板桥题画诗："一竹一兰一石，有节有香有骨。满堂皆君子之风，万古对青苍之色。"郑板桥崇尚君子之气节与风骨，曾画一独立高耸之石，题诗曰："谁与荒斋伴寂寥，一枝柱石上云霄。挺然直是陶元亮，五斗何能折我腰。"陶渊明的精神如此嵯峨，崇敬之情溢于言表。

板桥画石而题文："米元章论石，曰瘦、曰绉、曰漏、曰透，可谓尽石之妙矣。东坡又曰：'石文而丑。'一

清·郑板桥·兰花图

'丑'字则石之千态万状，皆从此出。彼元章但知好之为好，而不知陋劣中有至好也，东坡胸次，其造化之炉治乎！燮画此石，丑石也。丑而雄，丑而秀。"米元章论石，不如说是以石法论文人特立独行之气节也。而东坡的"石文而丑"更胜元章一筹，其胸襟、人格都治为炉火纯青之高尚境界。郑板桥的"陋劣中有至好也"，"丑而雄，丑而秀"，正是庄子"德有所长而形有所忘"哲学思想的写照。奇特的形态中能感受到一种罕见的人格力量、气魄与风骨。板桥这段精彩的题画文，似乎在谈及画石法，又像是对前人鉴石法的总结，抑或是论及文人之特立独行的风骨。不断被后人引用、论及的这段文字，有着丰富的内容和无穷的魅力。

板桥题石诗："老骨苍寒起厚坤，巍然直拟泰山尊。""冲天塞地横中立，莽莽苍苍气深郁。""气骨森严色古苍，俨如公辅立朝堂。"老骨苍石，凛然之气直冲霄汉。板桥又题："窗外石头窗里石，两两相看如壁里。"窗外老骨柱天，窗内文人之风骨卓然也。

板桥自评语："掀天揭地之文，震电惊雷之字，呵神骂鬼之谈，无古无今之画。" 晚年有诗："七十老人画竹石，石更峻嶒竹更直。乃知此老笔非凡，挺挺千寻之壁立。"板桥是卓尔不群的才子，惊世骇俗的居士，他的苍石与风骨并存。

谷仓
石　种：<small>大湾石</small>

◆清代赏石的发展

清代艺术风尚奢华，追求繁复的装饰、亮丽的色彩。而清代赏石的形态，也深受影响，表现特征为：一是新石种不断发现并成为收藏新宠；二是石头的质地、色彩的要求越来越重要；三是文房传统石更加小巧，传承古石更加珍贵；四是赏石雕琢与修治普遍，文房的石质艺术品增多；五是赏石大多配有底座，结构变得复杂，雕饰愈加繁复。

观赏石与历代赏石文化

当代赏石文化

随着中国经济改革开放的深入发展，人们的文化需求日益增强，赏石收藏与鉴赏也逐渐回归，人数逐步增多，理念在传承的同时又不断创新，呈现出当代赏石文化的时代特色。

◆赏石文化组织的建立与发展

改革开放以来，中国风景园林协会、中国收藏家协会、中国宝玉石协会、中国文化信息协会等全国组织，先后设立观赏石分会或赏石专业委员会，积极举办各种赏石展览会、研讨会等活动。全国各省、市、地、县也都先后成立观赏石协会，对赏石文化的推动与推广，起到重要作用。

2005年，经业务主管部门国土资源部和审批部门民政部的批准，中国观赏石协会成立，这标志着中国赏石文化的组织日益健全，中国赏石文化进入新时期。中国观赏石协会成立后，制订了“十一五”发展规划。五年以来，与赏石收藏朋友们密切相关的时事，有以下几件：

巴西玛瑙俏色雕·螭龙

一、出版发行中国观赏石协会月刊《宝藏》杂志，全面反映中国的赏石文化状态。

二、制订《观赏石鉴评标准》，将观赏石分为造型石类、图纹石类、矿物石类、化石类、特种石类共五大类。列出观赏石形态、质地、色泽、纹理、意韵、命题、配座七大要素，并根据鉴评标准分出等级。

三、制订《观赏石鉴评师资格评审办法》，迄今为止，共举办观赏石鉴评师培训班12期，有近900名石友参加培训，产生一级、二级鉴评师200余人，组建起中国观赏石鉴评师队伍。

四、完成了《中国观赏石资源分布图》的编辑工作，全面反映了中国观赏石资源的分布及赋存状况。

根据中国观赏石协会“十二五”工作规划，今后五年内，将完成《当代中国观赏石石谱》、《观赏石价值评估体系》等重大课题，为当代赏石文化的发展做出贡献。

◆ 当代赏石文化的状态

赏石人群庞大。当代赏石是大众的收藏活动，包括的人群有石农、商贩、市民、官员、企业家、收藏家、文化人等各阶层人员。据统计，全国与赏石文化有关的组织600多个，从事赏石活动的人员达数百万人，而且还在快速增加。

各地赏石展和赏石文化节风起云涌。目前每年全国有规模的赏石展超过200多个。其中影响较大的石展有：柳州赏石文化节、宿州灵璧石文化节、中国赏石展、石家庄观赏石展、阿拉善观赏石展、天津宝成观赏石展、江源松花石文化节、深圳龙园观赏石文化节、新疆观赏石玉石展、山西太原黎氏阁赏石展、云南昆明珠宝玉石文化节等。展会一般有赏石展览、销售、研讨、鉴评、文化研讨、参观等活动，对赏石文化的发展起到重要作用。

笔者书房置石

食蚁兽

尺　寸：宽15厘米

企鹅

石　种：大湾石

全国各地赏石市场发展迅速。全国各地大都建有观赏石市场，一地多个赏石市场也不在少数，众多的赏石市场数以千计，有相当规模的市场不少于百个。其中产地市场有：柳州观赏石市场、渔沟灵璧石市场、阿拉善戈壁石市场、乌鲁木齐玉石交易中心、哈密戈壁石市场、吉林通化、江源松花石市场等。赏石收藏的综合市场一般在经济、文化发达的大城市，如北京观赏石交易市场、上海赏石市场、天津赏石市场、石家庄赏石市场、广东赏石市场、南宁赏石市场、山东临朐赏石市场等。这些遍布全国各地的市场，为赏石的流通与文化交流，提供了基础和便利。

精致赏石藏品的升值潜力巨大。观赏石产出于江湖、滩涂、戈壁、山涧等自然环境之中。20世纪80年代，中国的改革开放刚刚起步，经济尚欠发达，人们的收藏意识也才从禁锢中复苏，加之石源充沛，奇石取得成本很低，市场上奇石的价格很低。笔者曾于20世纪80年代末，在福建漳州早期石友家中，挑选了3件小巧精致的九龙璧奇石，只付了10元。十几年后，有人每件出价到万元。当时漳州没有大型石，最精美的标准石要价也不过几十元。

当代赏石20多年来的市场培养，精致赏石价格已有相当大的提升，但是还远没有到位，今后还会有更大的升值潜力，其中原因如下：

人们对文化的追求。赏石是中华诸多文化的载体，赏石活动本身就是一种文化现象。人们疏离文化已经太久，找到文化回归的载体是文化的具相，赏石文化就是一种最为亲近自然的选择。

存世量的稀缺。自然界的石头俯拾皆是，而能够登堂入室的精致赏石，却为数不多。这种需求与存量的矛盾，也正是赏石收藏的取向。

风险相对较小。随着古玩市场的繁荣，造假手段也日趋高明，辨别真伪的难度加大，上当者时有所闻，收藏者望而生畏。而赏石行业尚能甄别，保真可能较大。争得更多收藏需求，也是赏石升值的保证。

艺术品市场繁荣的带动。自2010年以来，中国艺术品市场已进入亿元时代，而观赏石价格还只在百万元水平。随着当代赏石文化的定位、价值评估体系的健全而融入艺术品大市场之中，赏石价值将会有更大的提升。

鸳鸯

尺　寸：长11厘米

◆ 当代赏石理念的创新

中国古典赏石的瘦、皱、漏、透、丑等相石观念，是赏石形态的表述，承载着古人精神和情感的依托，是中国文化的宝贵财富。新时期以来，红水河天峨石、大化石、彩陶石、来宾石出水；阿拉善沙漠漆、葡萄玛瑙、大滩玛瑙、碧玉、哈密泥石、蛋白石、天山玛瑙、戈壁石等奇石先后被发现，全国各地新石种层出不穷，其中有些石种甚至成为当代主打石种，加之当今人们收藏赏玩心态的更新，赏石理念发生重大变化。在广大石友共同努力下，2007年，中国国土资源部颁布了《观赏石鉴评标准》，人们开始熟悉赏石形、质、色、纹、韵的内涵，以及赏石的命题与配座。这里所探讨的观赏石，主要为造型石和纹理石，体量以适宜家庭收藏为准。

青翠峰

石　　种：九龙璧
尺　　寸：宽25厘米

赏石的形态

赏石的形态以造型石为主，纹理石也有形的要求。观赏石形态的整体要求，石形要饱满、整齐、端正、圆融。即使峰峦奇石，峰头与峰脊也不能扎手，也要求有岁月遗存的圆融，大形与局部都要兼顾。奇石亦要轴心中正、底盘稳重。赏石的形态，分为具象石、意象石和抽象石三大类。由于景观石类别的特殊性，这里单独列出论述。

景观石

古今造型石中，景观石是重要的大类。景观石为自然山水的浓缩，大致可以分为峰石、岭石、悬崖石（遮雨石）、段石（退台石）、瀑布石等类别。

景观石从观感上来看，又有近景与远景之分。近景包括峰石、独石，即使是连山形，也呈现岭高幅窄，视野有如近山而观的感觉。远景主要是岭石，大多呈现岭低面阔的状态。苏轼所说："横看成岭侧成峰，远近高低各

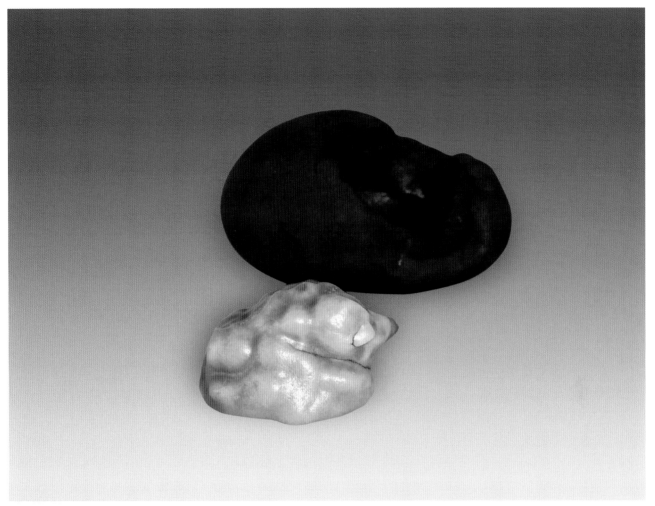

小鸡出壳

石　种：大湾石与戈壁石

不同"就是这种感觉。郭熙说："山有三远，自山下而仰山巅谓之高远，自山前而窥山后谓之深远，自近山而望远山谓之平远。"我们平常玩赏的远景，大都为远景，郭熙又说"无平远则近"，平远是远景重要的诠释。从以上论述可以看出，远景要高度小、宽度广和深度纵。要分出比例与层次，才能尽显意境。

　　景观石的峰石与悬崖石等，都要有奇特之态，但重心一定要稳。山石、岭石等要四面落地，边缘趋缓。瀑布石贵在瀑源隐蔽、瀑水直通到底，如有多条细流汇于一瀑，则更为完美。

具象石

　　具象石是人们喜闻乐见的类别，常见的有人物石、动物石、植物石、食物石、器物石、屋形石等。此类奇石仿真程度越高，价值也就越大。如果以赏石形态中的某些突出特点，反射出赏石的内在特质，传递出非同一般的精气神，我们称为传神。这种具象石，就有较高的收藏价值。例如人物石中的僧侣、仙道形象，静动之中，能显示出修持者清净持重、飘逸通灵、慈悲普济的神态，也就有了传神的感觉。传神为超然物外

的感悟。顾恺之说："凡画，人最难、次山水、次狗马。"人物石玩出神韵，水平自然提高，上海陈老二的组合石"纪晓岚"，就是抓住了影视中"纪大烟袋"歪头、跷腿的特点，以形传神，赢得好评。所以"形、神"兼备，才是玩石至理。

竹石图

石　种：兰州黄河石

试金石

意象石

意象是虚实相生、情景交融的高级艺术形态。这种形态就是揭示出赏石的内涵。苏轼评论王维诗："味摩诘之诗，诗中有画，观摩诘之画，画中有诗。"意象石就是展现出赏石中的诗情画意。

意象石在造型石与图文石中都有体现，如"风雨归舟"、"独钓寒江雪"、"飞流直下三千尺"等赏石内涵，都是"象"中取意的经典。

抽象石

抽象石常呈现几何图形，比如"禅石"就是圆润、饱满的形态，体味佛家"静虑"的本源。美石置之案头，闲暇时香茗清冽，以手轻抚，闭目养神，常能气舒神定，心无旁骛。抽象石也多以线条形成优美飘逸的曲线，形成观赏的对象。红水河产出的云波摩尔石，就是其中的代表。抽象石亦为心象石，是以心灵体验非写实形态赏石的内在美，这种感悟，需要更多的艺术修养。

仕女

石　种：天峨石

◎ 赏石的质地、色泽与纹理

赏石重在"赏"字，如何去欣赏这些天然造化的奇石，除了赏石的形状之外，赏石的质地、色泽、纹理这三方面也是很重要的。

古代赏石中的形、质、色、纹

古典赏石，由于赏石理念注重精神的寄托，所以重形态而忽略质、色。因为受玉文化的影响，唐代也偶见奇石质、色的描述。唐代牛僧孺、刘禹锡、白居易，曾为太湖石赋诗唱和。牛僧孺有诗句"轻敲碎玉鸣"，刘禹锡和诗"铿锵玉韵聆"，白居易奉和"苍然玉一堆"。以玉的温润，来展现太湖石的优良质地，一则当时上乘西洞庭山水太湖质地确实优秀，二则质地精良的奇石也让人喜爱。

宋代苏轼贬黄州作《怪石供》："今齐安江上，往往得美石，与玉无辨，多红黄白色，其文（纹）如人指上螺，精明可爱，虽巧者以意绘画有不能及。"古人遇到非传统的卵石，形、质、色、纹的描述具备。

民国张轮远在《灵岩石（雨花石）总论》中说："就灵岩石之为物论之，不外石之形、石之质、石之色、石之文（纹），四者而已。……然此四者，亦自有其先后，如质为本体，当属重要。"张轮远对新石种的研究，颠覆了古典赏石的理念，为当代赏石理念的形成，打下了全面的基础。

当代赏石的质地

当代的赏石的功能，比之古代已经发生了很大的变化，赏玩、收藏、投资已成为赏石的目的。利于把玩，便于陈列，观感良好的赏石成为首选，赏石质地变成最重要的元素。另外，随着戈壁石、水种石等石种的不断发现，并逐渐成为主要石种，传统的相石法已无法给予鉴评，新方法的运用，质的重要性则突显出来。

观赏石质地的反映，一般包括密度、硬度、光泽、质感等因素。密度与硬度都是当代赏石中与地质有关的因素。密度大，比重就大，硬度也高。硬度较低的赏石，石肌粗糙、光泽暗淡，手感、观感差。硬度过高的赏石，光泽过强而丧失柔和、幽玄的气质；也无法形成人为的包浆，而缺乏亲和力。观赏石摩氏硬度4～6较为适宜，可以遗存岁月的留痕和盘养的包浆。柔和、养目的光泽和细腻、温润的质感，由内而外的释发，观赏达到极致。戈壁石的硬度，大多超过摩氏7，经过风沙的历练和雪水的浸染，形成千奇百怪的造型和美妙的沙漠漆皮壳，这类奇石，质地与玉石相近，而形态变化又如此神奇，从赏石角度而观，似玉而胜于玉。

权

石　种：乌江石
尺　寸：高39厘米

当代赏石的色泽

中国古代的传统文化，讲究大朴苍古，中和而内敛。色泽以自然单纯，含蓄素雅为追求。如同水墨画长卷，贯通古今。虽有变化，也在"墨分五彩"之中。随着社会的发展，文化的交流，自清代、民国以来这种审美取向已有很大改变，赏石文化也不例外。

中国古代的色彩理念，至今仍在某些传统赏石中体现，散发着淡雅的魅力。而新的观念的融入，宝玉石色彩的类比，尤其是戈壁的沙漠漆，红水河的大化、彩陶，贵州的马场红等赏石强烈的色彩冲击，展现出五彩缤纷的世界，赏石色彩迎来多元化的时代。

赏石的色泽或如凝脂般朦胧，或似水墨般淡雅，或仿青铜般苍古，或像油彩般争奇斗艳，藏石者都能各取所爱。总体来讲，赏石色泽以纯净、明快、清澈、沉稳、协调为上，色泽要与赏石整体的审美一致，以期达到赏心悦目、提高收藏价值的目的。

赏石的纹理

赏石的纹理，是一个变幻莫测、色彩诡秘、形态丰富的世界。纹理分内在（平）纹和外在（凹凸）纹两大类。来宾纹石和白马纹石，是外在纹石的经典。外在纹在灵璧石等景观石中，如同绘画中的皴法，为景观石平添许多意韵。内在纹是赏石本体的花纹，常见于玛瑙与水石中。赏石的纹理以曼妙、优雅、流畅为最高等级。如山间溪水、指中韶乐般使人心荡。

图文石是纹理石的大类，形成的画面常能反映出某些特指的主题，展现出相关联的意境。纹理石中的文字石也非常珍贵，有的如中国书法，也有如整篇诗文，更有不可破解的天书，让人拍案称奇。

石闻追踪

天价奇石"小鸡出壳"与"岁月"的奇迹

内蒙古阿拉善出产的玛瑙石"小鸡出壳"，被地矿专家估价为人民币1.3亿元，成为轰动一时的天价奇石。而后又有阿拉善产戈壁石"岁月"，被地矿专家估价为人民币9600万元，又一枚天价奇石诞生。

2001年《北京日报》以"万件大漠奇石落户京城 北京接收张靖先生四十年收藏"为题，报道了北京朝阳区政府接收了张先生收藏的1066方精品石及531箱戈壁石。

《北京日报》报导说，1989年，张先生在所收集的玛瑙石中首次发现了"小鸡出壳"一石。1996年，张先生在北京举办了大漠奇石展，引起关注。张先生提出将收藏的大漠石交给国家，经北京市有关领导指示，由朝阳区人民政府接收。朝阳区批准拨款数百万元，作为对张先生债务的补偿和接收费。"小鸡出壳"一石重91.2克，长数厘米。

"岁月"一石由赵先生收藏，重1千克左右，长15厘米。2002年，被宝玉石专家估价为9600万元。2004年在北京展出引起更大的关注。

小鸡出壳

113

诵

石　种：大湾石

像

赏石的意韵

赏石形态、画面或组合所展示的文化内涵，就是意境，融入远致的神韵，合称为意韵。在中国古典美学思想中，意境、神韵有着重要地位。

"境"的大量使用并与"意"联系起来，是唐人的功劳。诗僧皎然《诗式》中有："取境之时，须至难至险，始见奇句。"可见"境"并不易得。王昌龄《诗格》中说："诗有三境，一曰物境……二曰情境……三曰意境。""境"有象、景的意思，在表达形象层面上已进入艺术之境，但还偏重客体方面。而"意"包括心、情的内涵，组成"意境"一词，超越物的现实而完全进入艺术境界。所以意境是虚实相生，情景交融的高级艺术形态。

神韵多指以形传神、飘逸灵动、韵味深远、天然化成的境界。况周颐《蕙风词话》中说："凝重里有神韵，去成就不远矣。所谓神韵，即事外远致也。"神韵与意境都重视超然物外的感悟，而神韵更偏重由形而生的风采与气度。东晋顾恺之绘画的"飘逸高古"，唐代吴道子绘画的"吴带当风"，敦煌莫高窟飞天壁画的"轻灵风动"等神采，都是神韵的体现，而赏石的意韵正是对赏石内涵超然物外的感悟。

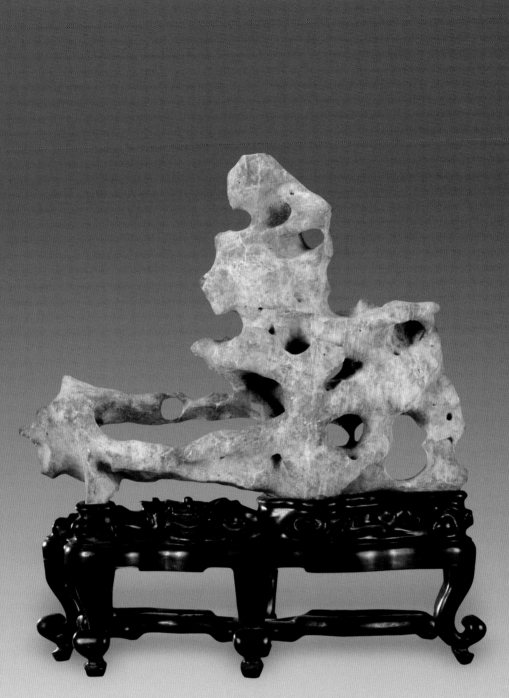

峰

石　种：太湖石

尺　寸：长53厘米

观赏石鉴评标准

范围

本标准规定了观赏石的分类、观赏石的鉴评要素、观赏石的鉴评标准、观赏石的等级分类及观赏石的鉴评原则等。

本标准适用于各级组织的观赏石鉴评活动。

术语的定义

下列术语和定义适用于标准。

观赏石：view stone

观赏石有广义、狭义之分。本标准指狭义的观赏石，即在自然界形成且可以采集的，具有观赏价值、收藏价值、科学价值和经济价值的石质艺术品。它蕴涵了自然奥秘和人文积淀，并以天然的美观性、奇特性和稀有性为其特点。

心灵之窗

石　种： 大湾石

观赏石鉴评原则

观赏石的鉴评工作必须坚持"公正、公平、公开"的基本原则，不得弄虚作假，鉴评专家必须严守职业道德，增强责任感，对鉴评工作负责。

观赏石分类

中国地域辽阔，地质条件复杂，地貌类型多样，观赏石资源十分丰富，种类繁多。根据观赏石产出的地质背景、形态特征，以及观赏者的人文意识和审美取向，将观赏石分为以下五种基本类型：

造型石类

造型石以各种奇特造型为主要特征，具有立体形态美，大多是在各种外力地质作用下形成的。由于产出地质背景的不同，造型石往往表现出鲜明的地域特色。

图纹石类

图纹石以具有清晰、美丽的各种纹理、层理、斑块等为其主要特征。常在石面上构成艺术图案。它的形成主要与岩石本身的特性有关。

矿物类

矿物是由地质作用所形成的天然单质或化合物，具有相对确定的化学组成和内部结构，是组成岩石的基本单元。矿物类观赏石主要为矿物晶体，也包括一些非晶质矿物。它以自发长成的几何多面体外形、丰富的色彩和各异的光泽为特征。

化石类

化石是指在地质历史时期形成并保存于地层中的生物遗体、遗迹、遗物等。按其保存类型有实体、模铸、印痕等化石。化石以其特有的珍稀性和观赏性为人们收藏和观赏。

特种石类

特种石类是指与人文或历史有关的石体，具有特殊纪念意义的石体，地质成因极为特殊的石体，以及前四类涵盖不了的其他具有收藏和观赏价值的石体。

观赏石鉴评要素

鉴评要素应以能体现观赏石的完整性、美观性、生动性、神韵性为总的原则，具体分为基本要素和辅助要素。

基本要素：形态、质地、色泽、纹理、意韵。

辅助要素：命题、配座。

观赏石鉴评标准

造型石

a)形态（50分）：造型奇特优美，婀娜多姿，观赏视角好，能以形传神；

b)意韵（10分）：文化内涵丰厚，意境深远，含蓄回味；

c)质地（10分）：韧性大，石肤好或差异性强；

d)色泽（10分）：总体柔顺协调，或构成不同部位的颜色对比度好；

e)纹理（10分）：自然流畅，曲折变化与整体造型相匹配；

f)命题（5分）：立意新颖，贴切生动，富有文化内涵，具有较强的科学性和文化内涵；

g)配座（5分）：材质优良，工艺精美，烘托主题，造型雅致。

图纹石

a)图像（40分）：图像清晰，画面完整，有整体感；

　　b)纹理（10分）：清晰自然，曲折有序，花纹别致；

　　c)意韵（20分）：文化内涵丰厚，意境深远，形神兼备，情景交融；

　　d)质地（10分）：韧性大，石肤好，光洁细润；

　　e)色泽（10分）：色泽艳美，协调性好；

　　f)命题（5分）：立意新颖，贴切生动，富有文化内涵；

　　g)配座（5分）：材质优良，工艺精美，烘托主题，雅致协调。

　　注：个别石种允许切割、打磨、抛光。

矿物晶体

　　a)形态（40分）：晶形发育完好，晶体完整，晶簇等集合体优美奇特；

　　b)色泽（20分）：色泽瑰丽，色调丰富，光泽感强；

　　c)质地（20分）：晶体纯净，透明度高，非晶质矿物致密温润；

　　d)稀缺（10分）：稀缺矿物分值高，包裹体、双晶及连生体仪态万千；

　　e)组合（10分）：共生物组合品种多，层次分明，色彩、造型、围岩相互衬托。

化石

　　a)形态（40分）：体态丰满，保存完整，主次兼顾，造型优美，动感性强；

　　b)意韵（20分）：生态背景和生存活动迹象鲜明，生物组合多样；

　　c)质地（20分）：石化实体致密坚硬，异化后的矿物质特殊，印痕等保留有原生物质者佳；

　　d)色泽（10分）：存有原生物体颜色，或

异化后石质颜色美，化石与围岩色彩反差强；

　　e)命题（10分）：立意新颖，贴切生动，具有较强科学性和艺术性。

特种石

　　特种石中同一种类数量较多时，亦可参照上述四类标准进行鉴评。

观赏石等级分类

观赏石的等级分为：

　　特级：总计评分91~100分。

　　一级：总计评分81~90分。

　　二级：总计评分71~80分。

　　三级：总计评分61~70分。

观赏石鉴评证书的规定

　　a)统一编号；

　　b)防伪标识；

　　c)观赏石协会、主办单位或组委会印章；

　　d)注明时间、名称、石种、产地、尺寸、鉴评等级。

幸运

石　　种：大湾石

中国古今石谱，收录数百种奇石。或名称重复、或不常见、或早已消失、或所指不清、或只在局地赏玩、或稍欠珍稀。在此，只将天然形成、当今市场常见、石界热门、收藏价值较高的全国性名石，择其重要录述，以期对石友更快进入收藏状态，有所启示。

在众多奇石之中，尤以灵璧石、太湖石、英石、昆石最为突出，形成中国古代四大名石，至今仍在传承与鉴赏。当今传承、拍卖的奇石，也以古典四大名石为主，对石友了解赏石文化的传承、丰富收藏，都弥足珍贵。

在中国，还有许多珍贵的观赏石品种。在中国大西南，有天峨石、大化石、摩尔石、彩陶石、来宾石、大湾石等珍贵石种；在中国北疆，广袤无垠的大漠戈壁滩上，散落、蕴藏着五颜六色的戈壁石，主要产地为大漠深处的内蒙古阿拉善左旗和新疆哈密市；在中国福建，有名石九龙壁产出，九龙壁因产于九龙江而得名，亦名华安玉；在中国贵州，孕育出乌江石、盘江石、贵州青、贵州红等石种；在中国还有蜡石产出，蜡石以质色如蜡而得名，其中又以广东潮州与广西八步的蜡石最负盛名。

四大古典名石品鉴

悟空
石　　种：灵璧白马纹石

中国特有美学思想体系中的赏石文化，滥觞于六朝，至唐宋而显盛，降明清铸辉煌。以崇尚自然、融入山水、寄托人格与道德为理念的古典赏石，体现出瘦、皱、漏、透、丑等赏石精神。在众多奇石之中，尤以灵璧石、太湖石、英石、昆石最为突出，形成中国古代四大名石，至今仍在传承与鉴赏。当今传承、拍卖的奇石，也以古典四大名石为主，对石友了解赏石文化的传承、丰富收藏，都弥足珍贵。

◈ 灵璧石

中国灵璧石，因产于安徽灵璧县而得名。上古时即用于礼乐之器，这是中国赏石门类中的特例。在中国古代四大名石中排列首位，目前市场占有份额也位列前茅。

■ 礼乐神器是石磬

灵璧石的利用，可以追溯至大禹时期，但不是赏其形，而是聆其音。听觉、视觉、味觉、嗅觉和触觉是人类的感官，当艺术最终脱离工艺而形成新的形态时，只有听觉和视觉发展为艺术，而音乐成为艺术的表现形式之一。

狐仙
石　　种：灵璧白马纹石
尺　　寸：长18厘米

《尚书·禹贡》中记载："海、岱及淮惟徐州。……厥贡惟土五色，……泗滨浮磬，……浮于淮、泗，达于河。"公元前22世纪，大禹将天下分为九州。《禹贡》是先秦最富于科学性的地理记载，公元前21世纪，当时的徐州与现在不是同样疆域，东起大海，北到泰山，南至淮河，都是徐州区域。泗水贯穿全境，进贡的制磬石料等物品，船载

沿泗水入黄河北去。当时的灵璧产区在徐州境内，泗水离磬石山也只有几十千米，从这里可以知道，磬石使用已有三四千年了。1950年，在河南安阳商王朝殷墟出土一片灵璧虎纹磬石，为商代皇家御用之物，是灵璧磬石最早作为皇家礼乐神器的佐证，实物至今也有三千多年的历史了。

明太祖朱元璋曾令役人取灵璧磬石制磬，赐予各府文庙，悬于殿堂。"立则磬折垂佩"，悬磬为人字形，磬折喻弓腰如磬，表示对圣人恭敬之意。《清稗类钞》记载："皖之灵璧山产石，色黑黝如墨，叩之，泠然有声，可作乐器，或雕琢双鱼状，悬以紫檀架，置案头，足与端砚、唐碑同供清玩。"悬磬至清代，已成士人案头雅器。

灵璧石的历史传承

灵璧石作为文房清供起于南唐。宋蔡京幼子蔡絛《铁围山丛谈》记载："江南李氏后主宝一研山，径长尺踰咫，前耸三十六峰，皆大如手指，左右引两阜坡陀，而中凿为研。及江南国破，研山因流转数士人家，为米元章所得。"元代名士揭傒斯亲见此研山，题诗曰："何年灵璧一拳石，五十五峰不盈

尺。"南唐后主李煜的灵璧石研山，出自研官李少微之手。李煜创建了中国"文房"，灵璧研山为文房清供，平添了许多翰墨芳馨，又流传了许多隽永趣闻。

鸿运
石　　种：红灵璧石
尺　　寸：长12厘米

灵璧石的观赏形成规模，始于北宋。杜绾《云林石谱》三卷，灵璧石列于上卷首篇："宿州灵璧石，地名磬山。石产土中，岁久。穴深数丈，其质为灰泥渍满。……叩之，铿然有声。"磬石山距宿州市灵璧县渔沟镇东南2000米，海拔114米，目测绝对高度只有30多米。磬石山南侧尚存摩崖石刻，有不同造型的佛像一百多座，雕刻在长16米、宽2米的巨石上，为北宋至和三年（1056）所作。磬石山北坡下，是百米、宽千米长的平畴地带，即为灵璧磬石的产地，北宋老坑也在这里。

宋代王明清《挥尘录》记载："政和年间建艮岳。奇花异石来自东南，不可名状。灵璧贡一巨石，高二十余尺。"宋代《宣和别记》也载："大内有灵璧石一座，长二尺许，色清润，声亦冷然，背有黄金文，皆镌刻填金。字云：宣和元年三月朔日御制。"《西湖游览志余》又载："杭省广济库，出售官物。有灵璧石小峰，长仅六寸，高半之，玲珑秀润，卧沙、水道、裙折、胡桃文皆具，于山峰之顶有白石笔山，圆莹如玉。徽宗御题八小字于石背曰：山高月小，水落石出。"以上大、中、小三磬石，皆宋徽宗"花石纲"贡石也。

远山如黛

石　　种：灵璧石
尺　　寸：长50厘米

猿

石　种：大纹灵璧石

尺　寸：高7厘米

猿（反面）

石　　种：大纹灵璧石
尺　　寸：高7厘米

灵璧石的类别及特征

灵璧石的品种很多，从大的方面上分为以下几类。

磬石类

磬石是灵璧石中最古老、质地最优秀的石种。磬石表皮纹理细密，质地润泽，声音清脆纯净，形态或玲珑、或大朴，确实是珍贵石品。颜色以黝黑、紫红为贵，以产于磬山一带的正宗磬石最为难得。

纹石类

纹石是灵璧石中珍贵的品种，石皮上有凹凸的圈纹、蝴蝶纹、回字纹、云纹、曲纹、流水纹、乱柴纹等纹理。纹石色黝黑，纹理深处呈灰白色，形成反差，极为美观。纹石以产于渔沟以西的白马山而闻名，所以也称为白马纹。

彩色灵璧石类

彩色灵璧石色彩缤纷，有红、黄、褐等色。纹理流畅，质地细腻，叩之有声者更佳。

皖螺石类

皖螺石主要有红皖螺、黄皖螺、青皖螺、灰皖螺等品种。该石种遍体呈凹凸形鳞状，形成条条龙身形，极有特色。

白灵璧类

白灵璧色白如玉、晶莹润泽，有如瑞雪、祥云。独立成形则冰清玉洁。与其他颜色搭配得当，则更出意境。

遗迹

石　　种：灵璧石
尺　　寸：高18厘米

石闻追踪

灵璧的虞姬墓与霸王别姬

公元前202年，西楚霸王项羽被刘邦兵围垓下，四面唱起楚歌，不禁慷慨悲歌："力拔山兮气盖世，时不利兮骓不逝。骓不逝兮可奈何，虞兮虞兮奈若何。"虞姬知道与丈夫诀别的时候到了，于是双手持剑，唱起哀怨凄婉的歌："汉兵已略地，四面楚歌声，大王意气尽，贱妾何聊生。"一曲歌罢，引颈自刎，满腔碧血，洒落君前。一幕霸王别姬的悲歌，荡气回肠，千古传唱。项羽突围至乌江渡（今安徽和县西北），仰天长啸，拔剑自刎，气贯长虹，结束了年仅32岁的生命。后世女词人李清照有诗赞道："生当为人杰，死亦为鬼雄。至今思项羽，不肯过江东。"亦为大手笔。

垓下古战场，位于灵璧县东南的沱河北岸，今天的城后村一带，曾有大量楚汉兵器等文物出土，现为省重点文物保护单位。

虞姬墓坐落在灵璧县城东7.5千米的宿泗公路南侧。原墓区东西约100米，南北宽仅20米。1982年将墓区扩大到3942平方米，墓园一侧建有陈列馆，四周筑起围墙，门楼眉额上方镌刻着方毅题写的"虞姬墓"三个大字。虞姬墓前有墓碑，碑额上横书"巾帼千秋"四个大字。墓碑镌刻"西楚霸王虞姬之墓"八个大字。两边有石刻楹联一副："虞兮奈何，自古红颜多薄命；姬耶安在，独留青冢向黄昏。"

辟邪兽

石　种：灵璧石

尺　寸：高19厘米

吕梁石类

　　吕梁石孔洞丰富，常呈石窟形状，造型极具特色。吕梁石常有青、黄两色搭配，协调而悦目。吕梁石产于江苏一带，现在安徽、江苏、山东交界处的类似石材，习惯上已纳入灵璧石门类中。

◘ 灵璧石的收藏与价值

　　灵璧石是一个古老而又长青的石种，受到古今赏石者的喜爱，有其历久弥新的魅力。收藏要注意以下几方面：

形态

　　灵璧石是典型的传统石种，收藏灵璧石要形态完整，检查是否有破损、修治的痕迹。景观石中，峰则孤峄傲立，摇曳多姿；岭则层峦叠嶂，主次协调，四脚落地。象形者出神，抽象石顽拙质朴。追求精致，才为收藏之道。

肌肤

　　灵璧石的肌肤优劣的标志有三部分：一是细致有序的纹理，与石色形成反差，更彰显纹理美妙；二是表面的包浆透出朦胧的幽光，古意盎然；三是肌肤细腻、质地温润、手感极好。这种灵璧石，为藏家首选。

锁石

石　种：吕梁石
尺　寸：长12厘米

石界媒体报导

灵璧石产于安徽省灵璧县，主要分布于该县9个乡镇的36个行政村。据业内人士估算，灵璧石的储量应该在2亿立方米左右，还有较大的潜力可供挖掘。

灵璧石是一个古老石种，经过历代采挖，至近代而沉寂。20世纪90年代初，赏石风兴起并越发强劲，灵璧石需求激增，引发当地农民的采石热潮，灵璧石的开采、配座、加工、销售和相关产业日益繁荣。

目前灵璧县已形成以县城和渔沟镇为中心的两大灵璧石市场，建有大型专业市场7个，园林展馆近百个，石头店铺2000余家，从业人员逾6万人，玩石人数超过20万。灵璧石年开采量约10万立方米，销售额近2亿元，加上赏石相关行业收入可达20亿元，已经逐步形成灵璧县的一大特色与优势产业。

灵璧石的价值，早已经超过它的本体，日益成为一种传播文化、艺术与友谊的载体，具有非常广阔的发展空间。

色泽

灵璧石的主色调是黑色。黝黑的灵璧石远观、细看，都如同中国水墨画般墨分五彩，淡雅、古厚、深沉，透出远古的气息。灵璧石除有水墨渲染，也有浓墨重彩。现在的灵璧石家族，有如流光溢彩的百花园，红、黄、白、褐各显其艳。彩色石一要色正，二要协调，如有俏色，常有出人意料的效果。

音韵

灵璧石的声音，不只是"叩之有声"，而是"锵然有声"和"泠然有声"。其声强劲而清纯，所以可制磬而为礼乐。上乘磬石，以指弹击声清脆响亮，声振而悠远，所谓"金声玉振"是也。有此音才有韵，其质必佳，其身价自高。

当今的灵璧石产地，上好的美石已极少出土，精巧的灵璧石也多被石友珍藏，因此价格较高，一般在人民币数万至百万不等，而且升值潜力很大。购买灵璧石要心态平和，市场之中仍然有宝可淘，不是精品不要动心。

卧鹿

石　　种：吕梁石
尺　　寸：长9厘米

崖

石　种：吕梁石

尺　寸：高8厘米

孔圣人
石　种：大纹灵璧石

凤
石　种：灵璧石
尺　寸：高35厘米

风骨

石　种：太湖石

◆太湖石

中国太湖石是中国用于造园、赏玩最早的石种之一，因产于太湖地区而得名。是古代瘦、皱、漏、透的典型石种。也是中国古代四大名石中，目前门类最为庞杂的石种。

◼太湖石的历史传承

太湖石较大规模的应用，是在中、晚唐时期，大批"中隐"士大夫，在东都洛阳营造园林，太湖石被大量使用。洛阳距离苏州要比首都长安近得多，而且水路畅通，为太湖石集聚洛阳创造了条件。北宋赵佶建艮岳，太湖石采集达到高潮。北宋都城汴梁（今开封），运送太湖石仍走水路。明、清时优质太湖石已经非常稀少珍贵，旱太湖的使用增多。

◼优质太湖石的产地

最优质的太湖石，产于太湖西洞庭山，唐代属苏州管辖，北宋政和三年（1113）升苏州为平江府。宋代杜绾《云林石谱》说："平江府太湖石产洞庭水中。"宋代范成大《太湖石志》说：太湖石"石出西洞庭"。中国古籍中记述大体一致。

◼太湖石的鉴赏特点

白居易在《太湖石记》中说："石有族，聚太湖为甲。"杜绾的《云林石谱》论说："平江府太湖石产洞庭水中，性坚而润，有嵌空穿眼宛转险怪势。一种色白，一种色青而黑，一种微黑青。其质纹理纵横，筋络起隐，于石面多坳坎，盖因风浪冲激而成，谓之'弹子窝'，叩之微有声。采人携锤鏊入深水中，颇艰辛。"范成大《太湖石志》中说：太湖石"石出西洞庭。多因波涛激啮而为嵌空，浸濯而为光莹。"

太湖石是生成于四五亿年前的石灰岩，经过亿万年的流水冲击与溶蚀，形成奇形怪状、千壑万洞的模样。根据唐、宋大家关于太湖石特征的描述，大致可以归纳出以下几点：

第一，太湖石产在西洞庭山深水之中，是水冲石。第二，唐宋时期赏石以水生太湖石为首位。第三，水生太湖石质坚而温润，有光泽。第四，水生太湖石有白、微青、青黑三种颜色。第五，水生太湖石形态万千、孔洞众多。第六，水生太湖石表面筋脉、纹理纵横。典型标志为坑痕遍布，称为"弹子窝"。

太湖石的品种

经过唐、宋时期大规模的开采，质地优良的水生太湖石已难觅踪迹。明代计成《园冶》中说：太湖石"自古至今，采之已久，今尚鲜矣"。明、清时期水生太湖石已很少见，存者多为两宋传承石。现在产于江浙一带的太湖石全都是旱太湖，其他各地也有各种太湖石先后出现，形成庞大的太湖石族群。太湖石按地域分为南太湖石、北太湖石和岭南太湖石。

南太湖石包括：江苏宜兴等沿太湖周边所产的旱太湖石；南京、镇江一带所产红、黄、灰色旱太湖石。

济公

石　种：太湖石

太湖假山

风凋平陵

石　　种：太湖石
尺　　寸：长60厘米

北太湖石包括：安徽巢湖类太湖石，北京房山太湖石，山东费县太湖石，山东临朐太湖石。

岭南太湖石包括：广西柳州类太湖石，广东英德旱太湖石。

◘ 太湖石的收藏与价值

太湖石有大小、古今、水旱、天然与修治之分，作用与价值也不相同。

太湖石以大型石居多，适合做园林石。偶有奇趣小石，可置案头清玩，自然珍贵。

太湖古石多有水石，大者如苏州园林中的太湖名石，已堪称国宝。小者于艺术品拍卖中偶有所见，极具收藏价值，这在拍卖图录中反映出来，每件人民币从几万、几十万，最高到二三百万不等。有心者常在民间寻访老太湖石，也时有所获。

当今的旱太湖石，形态、色泽、质地、纹理都不尽如人意。有些石商对旱石施以打孔、磨峰、造纹、雕刻、细研、喷沙、酸渍、染色、水浸、上油、打蜡等各种办法，做工还比较精细，可这类太湖石成品只能称为石质工艺品。市场上经常可以看到，千篇一律、云头雨脚的各色太湖石，价格从人民币几百元到几万元不等，石友们要仔细甄别。

◈ 英石

中国英石，因产在广东英山所在地英德县而得名，是用于园林、盆景、案头清供的理想赏石。也是中国四大名石中储量最大的石种。

◉ 英石的历史传承

英德市地处粤北，为广东清远市所辖县级市。五代南汉乾和五年（947）置英州，因英山而得名。南宋庆元二年（1195），因"承恩泽德"升为英德府。明洪武二年（1369）改英德县。1994年撤县建英德市，市政府驻英城镇。

英石的玩赏，宋代多有录述。北宋元祐七年（1092），苏轼任扬州知府，其表弟程德儒自岭南为官期满，到扬州看望苏轼，并赠送一绿一白两枚英石。虽不盈尺，却透漏峭峻，清远幽深，仿佛仙境。东坡有《双石诗并序》："至扬州，获二石，其一绿色，冈峦迤逦，有穴达于背。其一正白可鉴。渍以盆水，置几案间。忽忆在颍州日，梦人请住一官府，榜曰'仇池'，觉而诵杜子美诗曰：万古仇池穴，潜通小有天。""仇池石"是宋代文人赏玩英石的代表，因东坡而成千古名石。

风气通岩穴
石　种：英石
尺　寸：高16厘米

山光墨色
石　种：英石
尺　寸：长18厘米

● 英山与英石的现状

从英德市向北14千米至望埠镇，为英石的主产地。自望埠镇向东行6千米，一座大山横卧眼前，这就是英山。英山主峰海拔561米，山脉呈南北走向，其余脉向北至沙口镇的清溪，向南到连江口镇的浈阳峡，绵亘50千米，方圆140平方千米。顺山路蜿蜒盘旋到山顶，但见山峦雄奇峻峭，漫山全是嶙峋奇特的怪石，俯拾即是。据有关部门探测，英德计有优质英石山80万亩之广，储量在625亿吨以上，这在赏石诸多品种中，也是绝无仅有。

嵌空此日城

石　种：	英石
尺　寸：	宽15厘米

石农们将山体剥落的小块英石，拣拾到后堆收在山上，然后用箩筐挑回来。采集中型英石，用铁棍撬，用钢锯割，人拉肩扛搬到大路边。开凿大型英石，要动用电钻、风割机、滑轮、吊车、卡车等工具。在山上安营扎寨，逢山开路，遇壑架桥，有些规模化作战的样子。

● 英石的鉴赏特点

清代蒋超伯《通斋诗话》中说："英石之妙，在皱、瘦、透。此三字可借以论诗。起伏蜿蜒斯为皱，皱则不衍，昌黎有焉。削肤存液斯为瘦，瘦则不腻，山谷有焉。六通四辟斯为透，透则不木，东坡有焉。支离非皱，寒俭非瘦，卤莽灭裂非透。吁，难言矣。"蒋氏以韩愈、黄庭坚、苏轼的诗风，论及英石的皱、瘦、透，曼妙而贴切。

英石为两亿年前浅海生化沉积形成的石灰岩，摩氏硬度为4～6。经过长期物理运动作用和化学溶蚀反应，形成丘鲜壑明、锋棱突兀、玲珑剔透、精巧多姿的特点。英石遍身皱皱为突出，布满窝流孔痕，体现山川峭拔孤崎尤为可观，最宜景观观赏。小巧英石配以底座置之案头，为古今赏石者的至爱。

"问君何事眉头皱，独立不嫌形影瘦。非玉非金音韵清，不雕不刻胸怀透。甘心埋没苦修身，盛世搜罗谁肯漏。幸得砭砭磨不磷，于今颖脱出诸袖。"清人陈洪范的这首咏英石诗，将英石皱、瘦、声、透、漏的特点演绎得有声有色，确有其独到处。

英石的收藏与价值

宋代杜绾《云林石谱》记载："英州含光真阳县之间，石产水溪中。有数种：一微青色，有白通脉笼络；一微灰黑，一浅绿。各有峰峦，嵌空穿眼，宛转相通。其质稍润，叩之微有声。又一种色白，四面峰峦耸拔，多棱角，稍莹彻，面面有光，可鉴物，叩之无声。"古人论英石者众，与《云林石谱》所记大体相同。收藏英石应注意以下几个方面：

第一，英山裸露的英石称为阳石，现代开采的英石，大都扎手不宜盘玩。英石以手感滑腻、适宜盘玩为好。

第二，英石分园林、盆景、案头清赏三种，以最后一种与石友关系最为密切，收藏难度最大。

第三，近年来明、清遗存英石屡见拍卖，价格都还公道，藏石者要留心，升值潜力很大。民间也有小量遗存，淘宝也是一大乐趣。

第四，古代英石亦有水生，当代已少见，收藏以表皮润泽光亮为上。

第五，英石有青绿、灰白、粉红、墨黑等色，以色泽黝黑为上品。

第六，英石叩之声音清脆者珍贵。

第七，英石以景观胜，以孤峰傲峙或峰峦叠嶂的形态，最能体现英石特色。

第八，英石以天然形成、未经加工与酸渍者最具收藏价值。

峰峦

石　　种：英石
尺　　寸：长58厘米

◆ 昆石

中国的昆石，因产于江苏东南部的昆山而得名。是中国古代四大名石中最稀缺的品种。玩赏区域集中在江南一带。

◼ 昆石的历史与传承

昆山市为古城。南朝梁武帝大同二年（536）置昆山县，因县境东南有昆山而得名。唐天宝十年（751）县府迁马鞍山（今玉山镇）。2001年撤县建昆山市。

昆石产于今昆山市马鞍山（亦称玉峰山）中，主峰紫云岩海拔高80米，东西长600米，南北宽百余米。这秀美而狭小的区域，就是昆石的产地。

杜绾《云林石谱》记载："平江府昆山县石产土中。多为赤土积渍，既出土，倍费挑剔洗涤。其质磊块，巉岩透空，无耸拔峰峦势，叩之无声。士人唯爱其色之洁白，或栽植小木，或种溪荪于奇巧处，或置立器中，互相贵重以求售。"

《云林石谱》成书于南宋绍兴三年（1133），南宋都城临安（今杭州），离昆石产地较近，杜绾了解昆石更加容易。康熙时期《昆山县志》记载：昆山"山产奇石，玲珑秀巧，质如玉雪，置之几案间，好事者以为珍玩。……元以前石未之显也。明季开垦殆尽，邑中科第绝少。今三十年来，上台禁民采石，

人文复盛"。根据以上资料显示，昆石的赏玩，自南宋始，明代开垦量大，清代虽禁采，但赏玩昆石风气繁盛。

◼ 昆石的品种

明代文震亨《长物志》中说：昆石"出昆山马鞍山下，生于山中，掘之乃得。以色白者为贵，有鸡骨片、胡桃块二种"。据明、清著录，常见有鸡骨片、胡桃块两种昆石最有名气。根据当代昆石玩家统计，昆石共有十余个品种，如鸡骨峰、雪花峰、胡桃峰、杨梅峰、海蜇峰、鸟屎峰、石膏峰等。其中以鸡骨峰、雪花峰最为珍贵。

◼ 昆石的特殊性与鉴赏特色

中国四大名石中的昆石，有着与其他三大名石不同的特殊性。其一，昆石产地狭小，产量不大。其二，根据史料记载，宋、明、清、民国以及中华人民共和国成立后，先后都曾颁布禁采令。昆石得到保护，产出也更加稀少。其三，昆石大材绝少，主要用于案头清供。其四，昆石的赏玩区主要在产区附近，如苏州、杭州、上海一带，北方少见。其五，昆石质脆易碎，亦忌干寒，也是赏玩不广的原因。

昆石的鉴赏主要有以下几方面。其一，昆石又称玲珑石，外形精巧细致、晶莹剔透，富有玲珑风姿。其二，昆石晶莹洁白，质地缜密，细腻光润，有明快通透的特质。其三，昆石内在结构丰富，细致观察，可见峰峦沟壑、曲径幽深的内景，有内外皆可观的特色。

马鞍山全景

◎ 昆石的收藏与价值

由于昆石生成的特殊性，收藏中要注意以下几点：

第一，昆石性脆易折，产出时多有损伤，要注意昆石整体的造型与完整性，尤其要检察昆石内部是否打洞加工，天然未动手工为上。

第二，昆石大多体量较小，一般在20厘米左右。在相同的质量下，尺寸越大越珍贵。

第三，昆石的石色以白为基调，昆石自然要以晶莹洁白、温润光泽、有玉质感觉为好。

第四，昆石以立势独峰为主，以传统的瘦、皱、漏、透为标准，玲珑剔透最被追捧。

古往今来，昆石都是珍稀石种，自然价格不菲。杜绾《云林石谱》说：昆山石"互相贵重以求售"。南宋陆游《菖蒲》诗："雁山菖蒲昆山石，……一拳突兀千金值。"明代张应文在《清秘藏》中记载："昆石块愈大则世愈珍。……嘉靖间见一块，……云间一大姓出八十千（吊）置之，平生甲观也。"清代戴延年《吴语》中说："昆石佳者，一拳之多价累兼金。"从这些记载中可得知，由于稀少，昆石在古代价格很高。

现代昆石，更加稀有珍贵。据业内人士估计，在市面上能够见到的30厘米以上精致昆石，集中在上海、苏州、南京、昆山、日本等地，总共只有30多件。由此可见优质昆石的珍贵与稀少，同时也是昆石无法普及的原因，更是在中国四大名石中，石友们对昆石知之甚少的原因所在。

雪花峰

石　　种：昆石

红水河名石品鉴

中国大西南，有一条对中国当代赏石文化影响巨大的河流，它上承云贵高原的南、北盘江，下接广东西江、珠江。它从远古奔腾咆哮而来，水流湍急；它从高原跌下，落差竟达千米。亿万年来，它裹挟着各种石块，翻滚着、撞击着、冲激着、渲染着，造就了天峨石、大化石、摩尔石、彩陶石、来宾石、大湾石等珍贵石种。它就是横贯广西全境的红水河。本文按红水河流经地域的顺序，展现这些水中精灵的美妙，体会那视觉冲击的震撼。

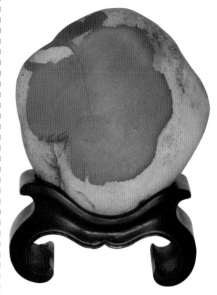

黄金叶

石　　种：天峨石

尺　　寸：高16厘米

◆ 天峨石

天峨石是红水河名石系列中最早被发现的品种，因产于广西河池地区天峨县红水河上游而得名。天峨石是红水河创造的第一个奇迹。

■ 天峨石的开发与现状

20世纪80年代初期，天峨石被偶然发现。南宁、柳州等地最早的采石人，先要乘车来到黔桂交界的下老乡，然后租船顺流而下，寻觅奇石。船上要备足饮食，每次都要个把星期，甚至更长时间才能归来。水急滩险，寻石之路充满艰辛，也有人因此葬身河底。

20世纪90年代初期，天峨人意识到石头是能换钱的宝，于是大规模的采捞展开了。由于天峨石资源有限，加上90年代中后期龙滩水电站蓄水发电，天峨县龙滩上游形成250千米的湖面，石头沉入了两百多米深的库底水中，天峨石已成为绝世的珍品。

■ 天峨石的鉴赏特征

天峨石大多为纹理石，有平纹石和凸纹石之分。平纹石纹理多为棕褐色，基石面常呈浅黄灰色。精彩的平纹石可以构成意境优美的画面。凸纹石的纹理颜色较深，色彩也更为丰富，常见的有深棕色、褐黑色、紫色、黑色。基石面多呈黄灰色、淡蓝灰

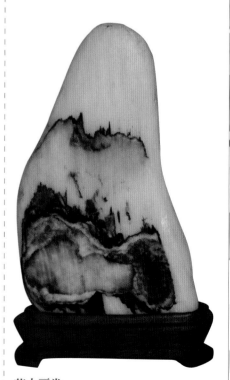

苍古画卷

石　　种：天峨石

色、灰白色。凸纹石的纹理筋脉突起，颜色深重，与基石面形成反差，浮雕感很强。优质的凸纹石形成精彩的图像，极富神采。天峨石还有正红、浅蓝、月白等色，更为赏心悦目。

◘ 天峨石的收藏与价值

收藏天峨石，首先要选形态端正、饱满和完整的。天峨石的最大特色就是筋脉突出、颜色丰富，其次选择天峨石以纹理凸起反差大、颜色协调为好。再有注意画面清晰、意境悠远、赏心悦目的天峨石。这类优秀的天峨石，市面上已经绝迹，石友要在产地或藏家处寻访，才会有所收获。

随着天峨石资源的枯竭，从20世纪末，产地开始将炸开、剖下的大块天峨原石，经过设计、勾画、打磨、喷砂等多道工序，制作出各种造型、画面的成石，较多见的为坛坛罐罐，有的工艺十分精到。石友们购买时一定要仔细辨认，这类工艺石，随意玩赏一下也未必不可，收藏却不入流。

天峨石发现较早，20世纪末已绝迹，新石友大多对天峨石知之甚少，所以并没被炒得虚高，收藏尚有余地。天峨石是红水河中少见的彩色纹理石，随着赏石进入更高艺术领域的时代到来，绝美、绝世、绝唱的天峨石，将被人们记起，成为珍藏的首选。

脸谱
石　种：天峨石

醉石
石　种：天峨石
尺　寸：长23厘米

丹青

石　种：天峨石

波纹
石　种：天峨石

被勾走了魂的人

2001年，在广东打工的大化岩滩农民黄某，听说在家乡打捞石头的人都发了财，也跑回家乡岩滩。黄某回来后对别人说，从广东回岩滩，一路上换乘了五趟车，没有一位司乘人员让他买票，也不问他是否有票。

回到家里第三天，黄某就急着下水捞石头，下去不到20分钟，船上的人把他扯上来，人已经死了。没能捞到石头发财，却丢掉了性命，村里有人迷信，说他从广东回来时，魂已经被勾走了。

据悉，那10年间，因不顾政府三令五申，违反操作规程潜水打捞大化石，死亡者达到数十人。

年年有余

石　　种：大化石
尺　　寸：长66厘米

◆大化石

大化石是红水名石系列中发现较晚的石种，因产于广西河池地区大化瑶族自治县而得名。由于本文以红水河流经区域先后排序，所以排在第二个出场。

大化石的开发与现状

红水河从天峨县流经东兰至大化县岩滩镇，在水电站下游数千米地段，展现出大化石的精彩与辉煌。大化石的打捞始于1996年，岩滩人从1997年开始大规模开采。大化石产于红水河岩滩段河底，水深数十米，需要准备打捞船、缆索、钢钎、铁铲、潜水服等设备，当然更需要潜水员。大化石采捞高峰期，河里有十几条船同时作业，不少寻石人在岸边等待石头出水那一刻，抢夺先机。在大河深处作业，由于压力增大的原因需要缓慢上升减压，出水过快会得潜水病，有些水手因此而丧命。

21世纪初，大化石一路走高，2003年大化石"烛龙"以228万元成交，创造了大化石单品纪录。大化石的开采更加疯狂，产量也越来越少，目前资源已经枯竭。红水河名石的开采大幕正在徐徐落下。

胸怀

石　　种：大化石

尺　　寸：高20厘米

峰
石　种：大化石
尺　寸：长25厘米

■ 大化石的鉴赏特征

大化石又称大化彩玉石，质地如玉似瓷，色彩丰富艳丽，纹理注重草花，形态变化不大。它的上述特征，对我们当代的赏石理念有很多启发。

质地

大化石为海相沉积硅质岩，生于2.6亿年前，质地致密坚韧，摩氏硬度约5～7。由于亿万年的河水冲刷，大化石磨圆度好，质地紧密坚韧，玉质感极强，颜色多变，所以被称为大化彩玉石。

色彩

大化石的色彩非常丰富，多为一石多色，变化万千。主要颜色有金黄、褐黄、橘黄、棕红、橘红、枣红、翠绿、灰绿、黄绿、陶白、古铜等。大化石以明快亮丽的金黄、橘色为主色调，呈现富贵大气的特色，而且光泽鲜亮诱人。大化石常有黑色的草花纹，纹理多变。黄底黑花的色配，被称为虎皮草花，尤为悦目而受喜爱。

■ 大化石的收藏与价值

大化无形是比较而言，选形要大气、饱满、圆润、端正、有层次为好，造型奇特而有意境的大化石更为难得。大化石以质、色取胜。大化石经过长时间水冲沙淘，形成厚亮的釉面，有玉质光泽。大化石颜色有单色和复合色的分别：单色无杂质，明快洁净，使人心沉气定；复合色热烈艳美，绚丽多彩。无论何种颜色的大化石，都要皮壳老到、手感细腻为好。选择大化石，形、质、色都要兼顾，赏石、藏石，精致最重要。

21世纪以来，大化石的资源日渐枯竭，市场需求却与日俱增，价格也越来越高，大化修治石更多地出现在市场上。在沙石中挖出的大化石，水冲度差，无光泽，有些石形极差或破损的石头也无价值。有些石农对石体粗加工卖出，石商再经过造型、精磨、抛光、喷砂、涂油等工序，使废品大化石变得有形有色。大化石修治后线条生硬无细节变化、颜色变化缺乏渐进过渡、失油后变得暗淡无光泽。最重要的辨认点是皮壳无气孔、小突起凹坑起伏，手感平整无肤，索然无味。

大化石是当今赏石理念的代表石种，是红水河名石中最后的辉煌。进入本世纪以来，单石几万、几十万、上百万的大化石屡见不鲜。随着产地资源的枯竭，市场需求的扩大，增值前景看好。目前市场上大中型精彩大化石已很少见，偶然一遇也是天价。小型大化石精品也时有可得，石友可以多方寻找，包括藏家手中的存货也可细看慢商讨，关键是要有平常心。

金山
石　　种：大化石
尺　　寸：长18厘米

残壁
石　　种：大化石
尺　　寸：长52厘米

禅石
石　种：大化石

圆润

石　种：大化石

◈ 摩尔石

在红水河诸多的名石中，有一种另类的石种。说它另类，一是它的出现初期并不被注意，甚至无人问津；二是它的名称并不沿用地域命名的习惯，甚至最初没有正名。

◻ 摩尔石的另类名称

在大化县岩滩镇下游7000米的吉发村红水河段，有一种青灰色的石种，因为可以磨刀，村民称为"磨刀石"。大化石大规模打捞的同时，这种石头也随之出水。正当合山彩陶石、大化彩玉石风靡赏石市场的时候，这种质地较软、颜色单一又无石皮的新品种，像丑小鸭一样被冷落，也就无人为它正名。

2000年末至2001年初，英国现代雕塑大师亨利·摩尔（1898～1986）的雕塑艺术大展，先后在北京、上海、广州等城市展出，那种极富想象力的抽象意味与柔美的线条，给美术界留下深刻的印象。2001年至2002年，被称为水冲石的磨刀石，多次在全国石展上获得金奖，引起了石界广泛的关注。人们注意到，磨刀石与摩尔的雕塑，在形态变化、线条流畅等表

慈航

石　　种：摩尔石

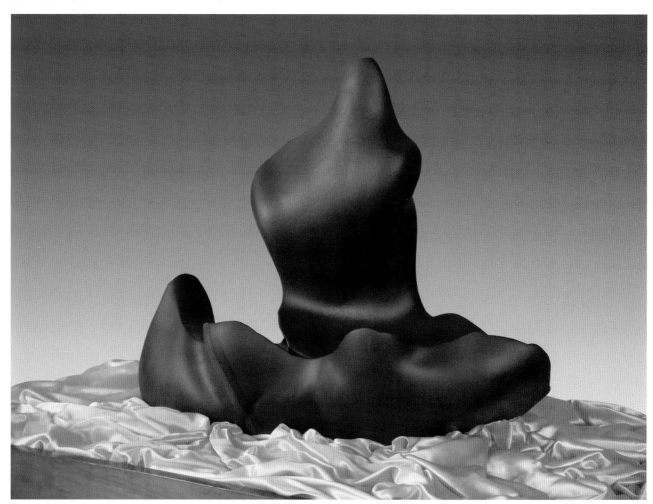

现形式上，竟有惊人的相像。于是，"摩尔石"的正名出现了，并逐渐扩散最终被认可。但是，另类石的名称问题并没有就此结束。

2000年，云波先生海外归来，敏锐地嗅到这种另类石的味道。于是他大量收藏这种石头，并很快成为摩尔石的最大藏家。由于亨利·摩尔艺术的感召，云波先生倾心于摩尔石的收藏、研究与艺术探索，将中国哲学思想与西方审美理念加以整合与梳理，融汇于摩尔石中，取得令人瞩目的成就。这些年来，云波先生先后创立"云波摩尔石艺术"理念，建立了"云波摩尔石展馆"，在全国各地举办摩尔石大展，获得普遍的好评。

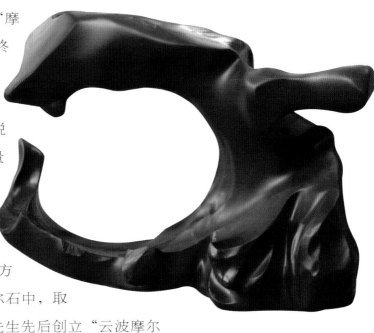

中国龙

随着云波摩尔石艺术影响的扩大，不断有学者专家对"摩尔石"的名称产生质疑。认为"摩尔石"这个以西方人命名的名称无法表达中国赏石文化的理念。"石为云根，波造石形"、"形同云立，纹比波摇"，中国传统文化中，始终将奇石喻为云根，波涛是造就奇石的神手。古语"云谲波诡"用来形容云动波摇的摩尔石，确实很贴切。于是"云波石"的名字呼之欲出。

摩尔石的开发与现状

21世纪初，在大化县岩滩附近，伴随着大化石的打捞，摩尔石时有出水。当时石友对这种质地较软，颜色单一而不亮丽，石皮既不明显，包浆也不老到的青灰色石头，没有太大兴趣。

几年以后，摩尔石的另类审美特征逐渐被重视，身价陡然走高，但精品早已进入藏家手中，市场难觅踪影。近年来，有石界人士甚至提出，摩尔石是红水河第四代贵族石种，摩尔石的新时代已经到来。

摩尔石的鉴赏特征

摩尔石的质地、色泽、包浆等鉴评的诸因素都表现平平，水冲变化与其他石种相差无几。摩尔石最突出的特点，就是它线条柔美、曲线飘逸、单纯简约、韵律动感，配以轻柔的灯光、舒缓的音乐，将人们审美的感官与细胞全部调动起来。自然与时空融会而贯通。

摩尔石的收藏与价值

摩尔石以抽象概念见长，收藏中主要选择形体圆润、变化神奇、线条飘逸的摩尔石。景观形态的摩尔石，也是石友的最爱。大型的摩尔石较多见，中小型摩尔石比较适合家庭收藏。

摩尔石的价格原本很低，从每件人民币几十元、几百元起，现在精致的摩尔石价格已达数十万元，名石已超百万。由于目前人们对摩尔石的认知尚有缺失，在市场上寻找到合适价位的摩尔石还有机会。摩尔石的升值潜力看好。

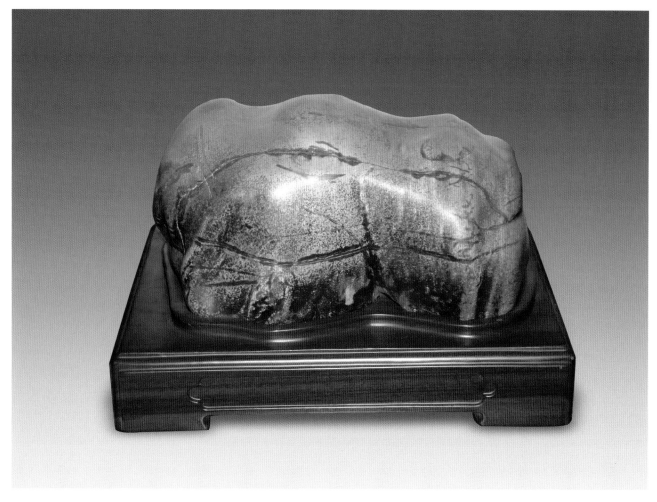

崮

石　种：彩陶石

尺　寸：长22厘米

层峦

石　种：彩陶石

尺　寸：长25厘米

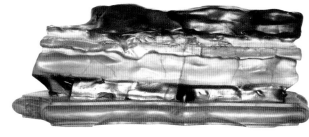

◆ 彩陶石

红水河从大化向东流向合山市马安村，这里的红水河十五滩，产出一种颜色亮丽如唐三彩一般的石头，"彩陶石"的名字因此诞生。由于地域的关系，也被称为"合山彩陶"和"马安石"。

■ 彩陶石的开发与现状

彩陶石作为观赏石被发现，始于1991年。转年，各路石友纷纷进驻马安村收购彩陶石。这样的举动启发了村民采石的热情，1993年，马安村民全体上阵，一场"歼灭"彩陶石的人民战争展开了。马安的十五滩分布在短短几千米的河段，水流湍急、滩滩艰险，河床陡峭、高深。村民们将彩陶石艰难地运回家中，摆满屋内、院里。每件彩陶石只卖一两元钱。由于不断有人抢购，不久，优质的石头已经卖到数万。

彩陶石经历了多年的开采，至20世纪90年代中期达到高潮，90年代末期资源就已耗尽，昔日产地的风光不再，但彩陶石石种，却已在中国当代名石中，占有了重要地位。在奇石展馆中、藏家陈列中、高端市场中，仍能见到它那亮丽的身形，让人流连忘返、不忍离去。

◉ 彩陶石的种类与鉴赏特征

马安彩陶石属沉积岩，摩氏硬度为5～6。彩陶石深卧河底，经过亿万年的滚动冲刷，表面光滑细腻，有陶釉光泽，发现伊始，甚至有人怀疑是人工烧造而成。彩陶石的形状变化不大，以方圆角多边体居多，厚重朴实。色彩是彩陶石的最大特色，尤以翠绿色为标志，迷倒多少英豪。

彩陶石经历了近十年的辉煌，发现了许多品种，其中最为典型的有两种：一是彩陶石，二为葫芦石。

彩陶石

彩陶石主要有绿色系和黄色系两大类。绿色系又分青绿、淡绿、翠绿等多种，尤以翠绿最为珍贵。黄色系有金黄、红铜等色，古朴典雅。彩陶石肌肤明显，石色如瓷似釉，光鲜明快，手感润泽细腻。

葫芦石

葫芦石因有一道或多道形似勒痕的凹入而得名。葫芦石多呈柔和圆角近于方形，有单色和双色之别。单色葫芦石多为黄色，时有绿色，多为两层，中间有一道凹槽，是葫芦

云台

石　种：葫芦石
尺　寸：长12厘米

船舱

石　种：葫芦石
尺　寸：长18厘米

石经典造型。双色葫芦石多为黑色与绿色或与黄色相伴，颜色层次分明，有多道凹痕相生，形、色十分醒目。葫芦石具备彩陶石皮壳、色彩的大多特色。

彩陶石的收藏与价值

彩陶石的形态变化不大，收藏以形态饱满、完整，边角圆润、线条流畅为好。葫芦石的束腰或勒痕越深，形成难度越大。彩陶石的颜色绚烂多彩、美不胜收，以颜色纯净、柔和，变化渐进为上。翠绿是彩陶石的招牌色，最为难得，古铜色古朴典雅也别具风韵，双色葫芦石色差分明也赏心悦目。彩陶石诸色皆佳，鲜艳亮丽，为色彩石中的极致。彩陶石大多都有明显的石皮，布满细小的毛孔，娇嫩中又有苍老，手感极好。

深水河底的彩陶石早已绝迹，市场上的彩陶石多有修治的成品。石商将原石切割、打磨成粗坯，再经过细研、抛光、酸洗、喷砂、打蜡等手段处理，漂亮的绿彩陶就上市了。这样的彩陶石外形饱满敦实，缺乏细微变化。颜色失去自然深浅过渡与复杂的细小变化。最重要的问题是剥掉皮壳失去釉面，光鲜亮丽的色泽也不复存在了。

彩陶石打捞出水的盛况，也逐渐远去，优质的彩陶石，大多已沉淀在藏家手中，价格也在人民币数万、数十万的位置上，并且还在上升。石友们手中的彩陶石，肯定早已升值。有心淘宝的石友，要有耐心，藏家、商家、市场都是石友淘宝的场所。收藏就是享受过程，也是乐趣所在。

春风又绿江南岸
石　　种：彩陶石
尺　　寸：长15厘米

水砚

石　　种：彩陶石

尺　　寸：长11厘米

◆ 来宾石

来宾石原指来宾县红水河从迁江镇至大湾镇，总共60余千米的河段所产的奇石。现在建立了来宾地级市，将来宾县和柳州地区以及合山市都归入其中，红水河流经来宾河段，增加到360千米。原来宾县所辖区域，现在称为来宾市兴宾区。由于习惯与清晰的关系，本书仍从旧说。

◘ 来宾石的开发与现状

来宾石中的黑珍珠等品种，自1992年就在市场出现。来宾石水下成规模开采，始于1995年。1996年至1997年，采捞水石到达高潮。由于水深暗流、设备简陋，每年都有多人葬身水底，所以水下采捞石头的农民，也被称为"水鬼"。

短短的几年中，来宾的村民富了，柳州等地的市场更加热闹了，台湾的石商也赶来淘金，红水河名气高涨，而来宾河段的美石却渐渐地消失了。目前市场上，来宾石仍然占据着重要地位，但品相好的来宾石越来越少见，第三级市场已经启动。

◘ 来宾石的种类与鉴赏特征

来宾石中的名品主要有来宾水冲石、来宾石胆石、来宾卷纹石、来宾黑珍珠等类。另外，来宾大湾石，将在下节文字中单独介绍。

来宾水冲石

来宾水冲石最大的特点是造型极富变化，有景观、象形、

崀山
石　　种：来宾石
尺　　寸：长18厘米

奇巧、抽象等各种形态，并且石体起伏、凹凸、沟痕、纹理也都千变万化。这在水石中，是非常典型的实例。来宾水冲石质地细腻，石肤光泽，颜色以黑色、灰黑色、黄褐色为主，凝重而大方。

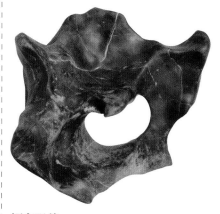

福在眼前
石　　种：来宾石
尺　　寸：宽25厘米

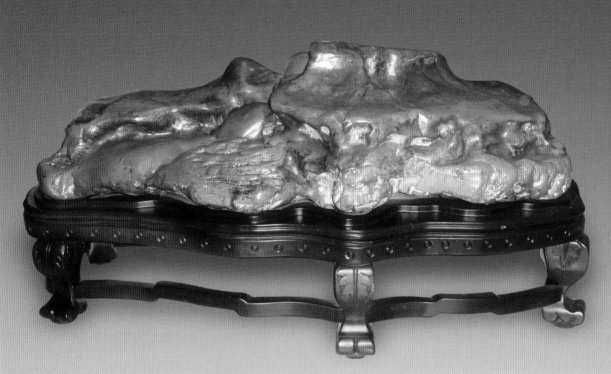

卧佛山

石　　种：来宾石

尺　　寸：长110厘米

祥云
石　　种：来宾黑珍珠
尺　　寸：宽18厘米

来宾石胆石

来宾石胆石的原岩为硅质结核，致密坚硬，多为黑色、黄褐色、黑灰色。经过亿万年流水激荡，形成细腻的皮壳和敦实的造型。来宾石胆石也称深水石胆，长期的河水滋养造就了它的润泽。来宾石胆石多含铁，比重大而压手，是十分珍稀的宝物。

来宾卷纹石

来宾卷纹石为多层硅质岩，由原岩体破碎脱落大河中，经过长期冲刷，形成各种立体纹理。由于岩体切面不同，纹理表现各异，常见纹理如风吹水波，泛起层层涟漪，线条流畅柔美。卷纹石质地坚硬，皮壳润泽，颜色多为灰色和黑灰色，非常珍贵。

来宾黑珍珠

来宾黑珍珠岩性为黑色硅质岩，致密坚硬。颜色黝黑发亮，皮壳润泽细腻。来宾黑珍珠石体形态多样，表面有点状、波浪状、浮雕状的突起变化，黑珍珠名不虚传。

来宾石的收藏与价值

来宾石的突出特点，不是亮丽的外貌，而是古朴的风格，灰黑的色泽，透出典雅持稳的气息。

来宾石另外的突出特色，是多变的形态，象形中的人物、动物、植物、器物应有尽有。景观石各具形态，抽象石也是内涵丰富。

还有来宾卷纹石飘逸流畅的线条，来宾石胆石的饱满厚重，来宾黑珍珠的黝亮细腻，都是来宾石大家族的骄傲，是不可多得的精彩藏品。

来宾石以其丰富的品种、殷实的储量、优越的位置、精彩的品位，极大地推动了奇石市场的繁荣。盛名之下，需求膨胀，资源也已枯竭。精致奇石的价格，已在数万乃至百万位置上，而且尚有广阔的升值空间。目前市场上，来宾石仍然有迹可寻，石商、石友手中尚有一定存量，藏石者要抓住这最后的好机会，为自己的赏石收藏奠定基础。

金山

石　　种：来宾石
尺　　寸：长28厘米

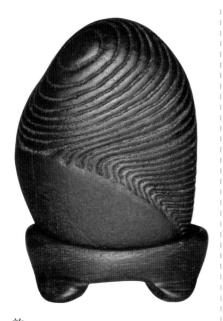

韵
石　种：大湾石

◈ 大湾石

　　大湾乡是来宾市辖区内的一个偏僻小乡村。红水河流经这里，转了一个对头弯，留下满河滩的各类小型奇石，称为大湾石。在大湾乡红水河上游的桥巩乡、陈乡境内也有类似小石头，后来这些石头统称大湾石。

◧ 大湾石的开发与现状

　　大湾是红水河各种名石的最后收容站。上游天峨石、大化石、摩尔石、彩陶石、来宾石等各类石种中较小的奇石，被河水裹挟、搬运到大湾河段，造就了大湾石的宝库。

　　大湾石的开采始于1992年，开始几年并不被重视，售价也就是每枚几角钱。随着人们对大湾石的了解，身价越来越高。尤其是近年来小石头迅速蹿红，小品石"南有大湾，北有戈壁"的格局形成，精致大湾石非常抢手，每枚价高至万元。大湾石个小量大，市场上仍然有现量，村民家中也还能淘到宝贝，不过机会已经不多。

◧ 大湾石的鉴赏特征

　　大湾石体形小，种类却繁多，它几乎囊括红水河各段水域所产的奇石，真是各具形态、琳琅满目、眼花缭乱、美不胜收。

舟
石　种：大湾石
尺　寸：长9厘米

形态

大湾石属于当下热门的小品石，一般在3～5厘米之间，十多厘米就属中型石，20厘米已是大湾石中的大型石。

大湾石是由红水河上游长距离跋涉而来，外观少有棱角，大多圆滑敦厚，形态却变化多端。有人物、动物、景观、器物等造型石。最常见的是一些像坛坛罐罐的小石头，组合起来趣味盎然。

质地

大湾石质地的最大特色是坚韧，石商提起一袋子大湾石，哗啦啦向地下一倒，鲜有破碎的个体，韧性十足。大湾石的质地分为两类：一类是硅质岩，质地细腻，手感润泽，有玉质感；另一类是沙砾岩，质地稍软，表皮较粗，有古朴沧桑的味道。

色泽

大湾石的色系非常丰富，主要黄色系、绿色系和黑色系几种。最常见的为深浅不同的黄色大湾石，浅黄色明快鲜亮，深黄色老成古朴。纯净透亮的黑色大湾石，也有其神秘的味道。绿色而清亮的大湾石，有春风拂面的情趣。还有多色大湾石常有出其不意的效果。

纹理

大湾石的纹理有立体与平面之分。立体纹理有凹凸感如浮雕，这一类多为来宾纹石的迷你版，主要展现纹理的曲线变化。也有的大湾石形与纹理共同构成某个主题，则更为难得。平面纹理与其他画面石大同小异，草花风景比较多见，体现主题意境的大湾石，价值更会不同。

大湾石的丰富多彩，为当代赏石文化的理念提供了更多的实践支撑。

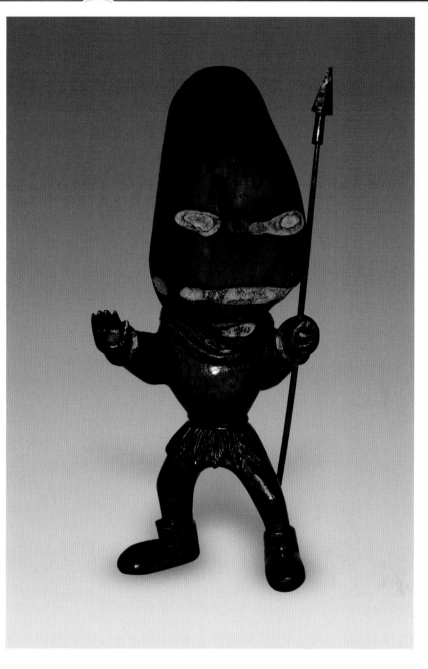

卫士
石　种：大湾石
尺　寸：高7厘米

石闻追踪

大湾纹石"生灵"走青岛

1996年，一位大湾石农，将一枚20厘米长的来宾纹石，摆在柳州马鞍山公园的地摊上。柳州李先生看到后心中一动，但因要价高，没能下购石的决心。犹豫之时，石农已经收摊回家。

第二天，心里长草的李先生，早早约了司机师傅，驱车直奔大湾乡石农家。经过协商，最终以2000元买下包括这件纹石在内的三件大湾石。

2005年，青岛奇石藏家李先生慕名找到李先生。看到实物后，毫不犹豫地以人民币9万元购得，带回青岛家庭石馆珍藏。

这件大湾纹石颜色黄澄澄，如即将蜕去皮壳的虫蛹，头部顶着两只突起的圆眼，正努力地向外爬出，姿态生动传神，被题名为"生灵"。

足下

石　　种：大湾石

大湾石的收藏与价值

中国文房清玩讲究把玩，既可亲近心爱之物，又可玩出包浆，颇有成就感。这就需要两个条件：一是物件要小，可置掌中；二是物件要有皮壳。大湾石的特点正好符合要求。

收藏大湾石，要去淘换手感润泽、色彩纯净、光感柔和的个体，有形态、有图案、有巧色、有景观、有主题的大湾石，更是淘宝的首选。

大湾石面世已近20年，由当初的几角钱一枚，到现在万元一枚，也不知跨越了多少阶梯。尤其是小品石风靡大江南北的当下，"南有大湾，北有戈壁"已经成为石界的共识。媒体消息说，有爱石人投资亿元收购大湾石，拟建大湾石展览馆。大湾石升值潜力巨大。由于大湾石产量较大，石农、石商、藏家手中尚有存量，石友们万万不可错过这最后的好机会。

红水河从远古流淌而来，将孕育了亿万年的大河精灵，奉献给了爱石的人们，这是大自然的绝唱，也是地球的瑰宝。大湾石是红水河名石的最后收官，它见证了红水河美石的辉煌，也为我们贡献出最后的珍藏。红水河以它博大的胸怀，铸成当今赏石文化的里程碑。

台
石　种: 大湾石

大漠戈壁名石品鉴

在 中国北疆，广袤无垠的大漠戈壁滩上散落、蕴藏着五颜六色的漂亮石头。千百年来，没有人注意到它的存在，也没有人知道它的价值，更不曾想到，它在中国当代赏石文化史上，会留下浓墨重彩的一笔。这些大漠戈壁精灵的主要产地，就是大漠深处的内蒙古阿拉善左旗和新疆哈密市。

孕育

石　种：戈壁石

◇ 阿拉善戈壁石

从宁夏银川市驱车穿越贺兰山三关口，经戈壁公路行100多千米，就可以到达阿拉善左旗。自阿拉善左旗驱车北行300多千米，临近中蒙边界的苏红图，就是举世闻名的左旗戈壁石的老家。

◉ 阿拉善戈壁石的开发与现状

阿拉善戈壁石，集中产于苏红图东西走向在200千米长的火山带上，大约形成于一亿多年前，此后火山仍有喷发。最早发现这种彩色石头的人，是地质工作者。20世纪90年代初期，银川石友开始跟随地质工作者进入戈壁，当时放眼望去，满滩的石头不知从何处挑起。1995年起，看到戈壁石价值的当地牧民，在他们熟悉的戈壁滩上拣起了石头。因为不断有人来买石头，当地的牧民迅速加入捡石头大军，不少人从捡石头到收石头，再开石头商店，很快富裕起来了。

金钱山

石　种：戈壁石

玉山
石　　种：戈壁石

观
赏
石
鉴
赏
与
收
藏

蚕

石　　种: 戈壁石

尺　　寸: 长12厘米

有眼光的阿拉善石友，带着左旗的石头南下上海、两广等地，继而几乎跑遍全国，阿拉善精美的奇石，被全国石友熟悉并喜爱，一个新的赏石名牌打响了。20世纪末，戈壁滩的石头越来越少，人们开始囤积石头，经营已从粗放向精细转变。新世纪以来，在戈壁滩上找石头已经不是件容易事，很多人开始向下挖石头，资源日益枯竭，阿拉善戈壁石已成珍稀藏品。

阿拉善戈壁石的品种与鉴赏

阿拉善戈壁石资源丰富、品种众多。在苏红图一带的戈壁滩上，已发现十几种可供观赏的戈壁石，其中最著名的有沙漠漆、大滩玛瑙、碧玉和葡萄玛瑙等品种。

沙漠漆

严格说来，沙漠漆并不是一个石种，凡是符合它生成条件的石头，如玛瑙石、碧玉、木化石、各种风砺石等，都可以镀上一层沙漠漆。因为沙漠漆名声太大，已经约定俗成，本文单列石种给以推介。

沙漠漆主要产于苏红图以西的恩格尔乌苏。生成沙漠漆的戈壁滩，都是历史上地表或地下水丰富的地区。由于地表水的浸润，或者因为毛细作用导致地下水上升，经过水中金属矿物质的长期浸染，在石体表面形成一层氧化膜，这就是常说的沙漠漆。沙漠漆需经水长期浸染，一般要有数百年岁月，时间越长漆膜越厚。

沙漠漆一般以中、小型为主，小型的石头更为普遍。由于水中多含有铜、铁、锰等金属元素，沙漠漆形成的颜色丰富，

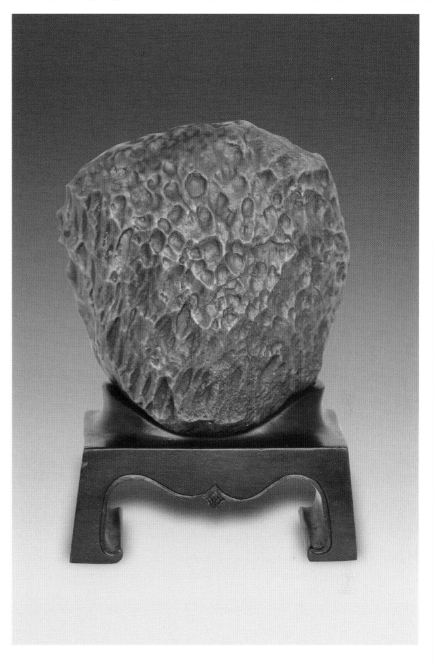

陨石坑

石　　种：沙漠漆
尺　　寸：高15厘米

主要有黄、红、褐、黑等，又常有复合色、渐变色，色彩多变亮丽。由于戈壁风沙长期抽打，沙漠漆表皮润滑光亮，手感如玉。

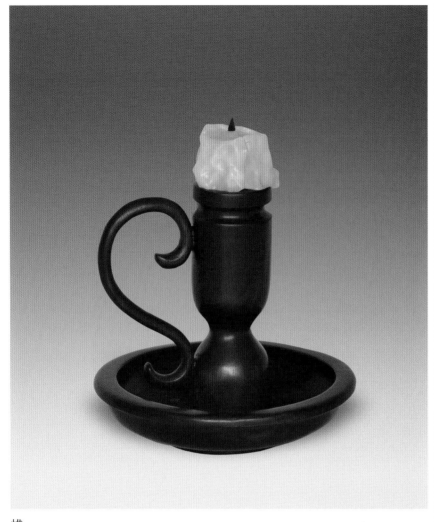

蜡

石 种: 玛瑙石

大滩玛瑙

在苏红图西北方向,有一片面积约300平方千米的戈壁滩,称为大滩。20世纪90年代以前,滩上布满了璀璨夺目的玛瑙石、碧玉等各种风砺石,由于产量大、质量高,大滩玛瑙也成为阿拉善的品牌名石。

因为不同火山口的差别,大滩各段所产玛瑙有差异,以中段所产的量大质好。大滩玛瑙有黄、红、白、紫、粉、褐、蓝等颜色,十分丰富。时有两色、多色、俏色玛瑙,则更为抢眼。大滩玛瑙多呈微透明状,质地纯净,表面光洁,石皮老到,表面少有沙漠漆,手感如玉。

碧玉

碧玉在戈壁滩上都有分布。由于含金属元素化合价的差异,碧玉色彩绚烂纷呈,主要有绿、红、紫、黄、橙、褐、黑等色系。更有双色和多色碧玉,流光溢彩,柔和亮丽。碧玉也多有沙漠漆镀膜。红、黄色碧玉基体,纹理中黝黑的漆膜,真是色彩的绝配。

碧玉以中小型为主,质地细腻、肌肤光泽。偶见造型石,非常难得。碧玉多不透明,硬度较大、致密性脆,要注意不能摔碰,以免破碎。

鸿运

石 种: 红碧玉
尺 寸: 高15厘米

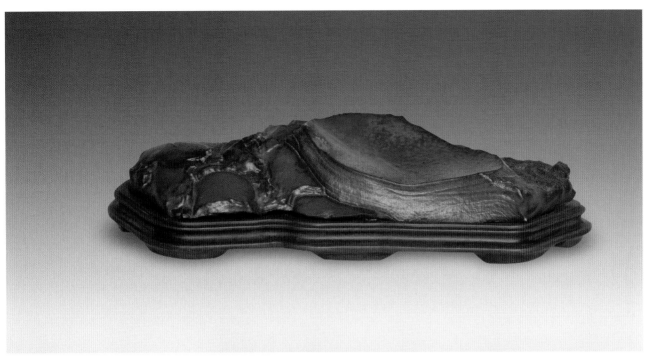

砚

石　　种：绿碧玉
尺　　寸：高17厘米

葡萄玛瑙

　　葡萄玛瑙产于苏红图的
额尔登温都尔——被称为"神
山"的地方。它埋藏在玄武岩
的缝隙中，开采如采煤一样，
打井挖洞非常艰难。目前有十
几支队伍在"神山"作业，采
区巷道纵横百米以上。垂直深
度60米以内，浅层葡萄玛瑙矿
的开采已近尾声，深层的前景
难以预料。葡萄玛瑙包裹有白
色高岭土，须用钢针、水冲一
点点清理，很费工夫。

　　葡萄玛瑙以珠大粒圆、质
地透润、色彩艳丽、形态多变
为石界推崇，成为阿拉善戈壁
石中的骄子。

望

石　　种：葡萄玛瑙石
尺　　寸：长26厘米

葡萄玛瑙的特征	
形态	葡萄玛瑙在形态上可分为葡萄型、猫眼型、珍珠型、肌肉型等。以珠大粒圆、颗粒饱满最为珍贵。
质地	葡萄玛瑙质地坚硬，有半透明、微透明、不透明几个类别，质地纯净，透光度高，晶莹剔透者档次最高。
色泽	葡萄玛瑙珠颜色很丰富，通常有红、蓝、紫、褐、灰、白、黑等色，有玻璃光泽。大多为两三种颜色的复合色，也有单色存在。葡萄玛瑙尤以雪青、紫红最被青睐。

小品戈壁的价值

2005年初，台湾青年艺术家周伟权先生，从多年收藏的小戈壁石中，精选出100件（套），编辑出版了最早的戈壁石组合集《纵怀》，受到两岸石友的关注。同年，台湾中年赏石收藏家陈荣昌先生，以人民币300万元，换得《纵怀》雅集中的全部赏石作品。此事加深了石友对戈壁石的认知，戈壁石小品组合成为热议的话题。

周伟权先生在回答石界媒体提问时说："那些具有浓郁艺术气质的雅石作品，更容易被人们接受和喜爱，其市场表现较原石也就具有了更大的吸引力。即使出于功利的原因，市场也会朝着艺术性的方向走去。随着雅石艺术创作探索的进一步深入，被创作者赋予了情感和创作激情的雅石作品，还会得到更高的价值认定。"

陈荣昌先生说："300万元确实也是一个不小的数目，但每一张钞票长得都差不多，而100件石头长得却千差万别，各有趣味。300万元收藏了一个青年雅石艺术家的阶段性创作成果，这个钱，我觉得花得很值。"

◙ 阿拉善戈壁石的收藏与价值

阿拉善戈壁石，是中国当代最早作为观赏石收藏的石种，它的整体特征一是通体圆滑、绝少棱角，二是小型居多、各具形态。这对于把玩石来说都是绝好的条件。

戈壁石的收藏

阿拉善戈壁石资源虽已近尾声，但是在藏家、商家、市场等处，仍有相当的存量，市场机会较多。

阿拉善戈壁石，也不乏人物、动物、器物等造型石，这类具象石深受石友喜爱，价格一路走高。收藏象形石要注意品相完整，人物、动物要有神态，器物要有特色，或者可以作组合石配件，这样日积月累，自然会成系统。

阿拉善戈壁石的色彩丰富，选择时要注意颜色纯净，没有杂质。两种以上颜色的戈壁石，要格外注意收集，这种俏色石常有出其不意的效果，十分珍贵。

优质的阿拉善戈壁石温润如玉，皮壳光滑亮泽，手感细腻。藏家要仔细分辨优劣。

戈壁石的修治

阿拉善戈壁石的名气很大，价格一路走高，精致的奇石已非常难得。但市场上时常会有精巧美石意外出现，经过仔细了解后发现是加工过的石头，主要有染色、粘接、打磨、抛光、喷砂等手段。石商一般只对戈壁石的局部进行加工，并且做工精细，成品涂好油或蜡，石友不经意间很难觉察。

太白醉

石　　种：戈壁石

观音

石　种：戈壁石

尺　寸：高30厘米

聚会

石　　种：戈壁石组合

经过加工的戈壁石，色泽暗淡，肌理走势不自然，颜色过度生硬，仔细辨认可见磨痕。用开水浇烫，表面光泽消失，粘接处的胶痕也会翻卷。加工的戈壁石是工艺石，也可以做装饰，但是没有收藏价值，藏家要小心甄别。

戈壁石的价值

20世纪中期，在产地的一苹果箱戈壁石，只卖人民币50元。几年以后，一枚小品精美的戈壁石，可以卖到上万元甚至更高。稍大些的精品戈壁石，价值已达数十万甚至百万元。现在有不少有实力的当地藏家、商家，开始到外地回购以前流走的精品戈壁石，市场价格一路走高，升值空间仍然较大。

石友们手中优质的戈壁石，早已升值很多，市场上仍然有淘宝的机会，收藏与投资为时不晚。

石闻追踪

阿拉善戈壁石回"娘家"

2003年，新疆石友用3000元从阿拉善左旗买走一方戈壁石"白菜"。2010年，阿拉善左旗石友周先生，在新疆石友家看到这棵"白菜"，当即用3万元买下带回左旗。据阿拉善石友评价，现在这棵"白菜"身价已过百万。

2000年，阿拉善奇石街一位石商从玛瑙山以32000元购得一块戈壁石。这位石商很快以18万元的价格售出。这块戈壁石几经转手，2008年，这位石商从外地以32万元的价格购回，并称不会再轻易出手。

由于戈壁石精品日益稀少，阿拉善左旗石友在全国各地寻觅散落的好石头，想方设法买下带回"娘家"，充实自己的店藏或家藏。其中原因有两方面，一是很多石友早已"不差钱"；二是阿拉善当地与外地的石价，形成差距不小的"倒挂"。

◆哈密大漠石

哈密是新疆的东大门，古丝绸之路过玉门、出敦煌，便来到被称为"西域禁喉"的新疆大漠石主产地哈密市。哈密大漠石产区北至伊吾，西至鄯善，南至大黑山，在这广阔的大漠戈壁中，蕴藏着丰富的奇石资源，成为中国大漠戈壁名石的宝库。

◻哈密大漠石的开发与现状

哈密奇石的市场，始于20世纪末期，标志着哈密奇石收藏已经初具规模。此前不断有外地石商到哈密，以每千克几角钱的价格，成车成吨地将大漠奇石运走。哈密的石友、石农在这奇特的交易中，逐渐明白了这些大漠奇石的价值，于是大规模的奇石开发展开了。

在哈密南湖戈壁滩，在东天山伊吾县淖毛湖，在众多产奇石的大漠中，哈密人以无畏的精神，纵深大漠几十千米甚至数百千米，无数次进出大漠，将这些亿万年前的精灵，运出戈壁，创造了哈密奇石令人瞩目的成就。

哈密大漠奇石十年来的开发，发现了众多的石种，开办了市场，举办了石展，将哈密奇石带到各地，推向了全国。在取得这些成就的同时，奇石资源也日益减少，供求矛盾越发突出，人们的意识有所突破，藏精品、玩文化的风气形成，哈密人对大漠奇石的鉴赏水平踏上了一个新高度。

渔翁

石　　种：大漠石

元宝

石　　种：大漠石

石闻追踪

大漠中生死寻石人

2002年6月，四位宁夏石友，驱车到哈密南湖大西沟寻找硅化木。戈壁夏日酷热，蒸发量极大，由于车辆出了故障，饮用水不足，四人全部死亡。

2003年夏，几个哈密石友到南湖戈壁滩上寻找硅化木，因为戈壁酷热难耐，其中一人突发心脏病死亡。

2004年11月，一位在哈密做奇石生意的上海邵先生，和同伴开车到罗布泊寻找风凌石，途中因寒冷引发伤寒而死亡。

还有一些人在哈密南湖戈壁滩一带探石，因迷路、车辆故障等原因，历经艰险，九死一生。

近年来，由于奇石而引发寻石人命丧戈壁滩的事件，每年都会发生，有人就在戈壁滩上发现了一些不知何时罹难，早已变成干尸的探宝人。

哈密大漠石的品种与鉴赏

哈密的大漠戈壁石品种非常丰富，散布在广袤的大戈壁中，但每类石种的总量却不大，造成名品的稀缺。同时新的石种又不断出现，给石界带来惊喜。于是哈密就成为石友淘宝的乐土。多年来，哈密大漠中最为人津津乐道的有木化石、风凌石、玛瑙、泥石、蛋白石等品种。

木化石

哈密木化石，主要产于哈密以南100多千米南湖煤矿周围，是最优质的硅化木。作为有较高赏玩价值的哈密硅化木老货，具备以下的特质：

其一是地表石。裸露在大漠中的硅化木，经过风沙长期磨砺，表皮光泽润滑，与地下挖出并经过加工的木化石，不可同日而语。

其二是硅化程度高，造型、纹理变化多样。

其三是色彩有棕、黄、红、黑等色，谐调柔和，有玛瑙质地的通透光泽。

云台
石　种：硅化木
尺　寸：高10厘米

色彩

石　　种：硅化木

尺　　寸：高10厘米

如意

石　　种：风凌石

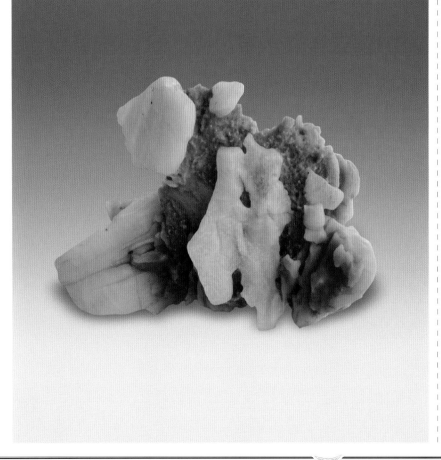

约会

石　　种：风凌石
尺　　寸：长12厘米

风凌石

哈密风凌石，主要产于哈密以南三百多千米的马蹄山一带。哈密南湖多处都有发现，是哈密奇石中产量较多的品种，主要有以下特点：

其一是造型丰富，变化多样。哈密风凌石有景观、古堡、人物、动物、器物等各种形态，细微处结构巧妙，极具观赏、收藏价值。

其二是色彩多样，有黑、灰、白、红、黄、褐等颜色，更兼有俏色、多色搭配，常有出其不意的视觉冲击。

其三是质地优秀。哈密风凌石质坚而润，部分风凌石呈半透明状，大部分都有天然石皮。

含蓄
石　　种：玛瑙石

近年来又发现玉质风凌石新品种，除具有风凌石的特质外，还更加鲜亮光泽、通透娇美，受到石界的喜爱。

玛瑙石

哈密玛瑙石，主要产地哈密以北，东天山伊吾县的淖毛湖一带，距哈密260千米，翻山越岭，道路十分艰难。淖毛湖玛瑙滩面积约40平方千米，玛瑙质优色艳，突出的特色有以下几方面。

其一是品种众多。有缠丝玛瑙，平行柔美的曲线构成各种图案，非常别致；有碧玉玛瑙，是碧玉与玛瑙的共生体，色纹相映衬，富丽雅致；有闪光玛瑙，转动时可见纹理间光带闪动，富有情趣。

其二是色彩丰富。哈密玛瑙色彩娇艳，有红、黄、绿、黑、白等，色彩齐全，更有俏色如夹心糖果、充馅蛋糕，让人垂涎欲滴，成为受追捧的热门玛瑙石种。

其三是纹理变幻无穷。哈密玛瑙石的纹理变化多样，有缠丝纹、水浪纹、彩带纹、圈眼纹、云雾纹等不一而足，形成哈密玛瑙的特色。

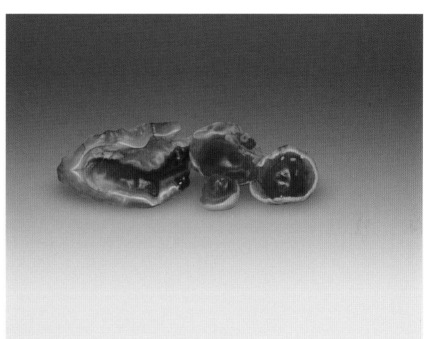

垂涎欲滴
石　　种：玛瑙石

石闻追踪

新疆小品风凌石价格屡创新高

2008年，哈密石友刘先生的一件20厘米的风凌石"如意"，在西安石展上以40万元的价格卖出，创造了当时小品石的高价。

2010年底，一位新疆石友的一件20厘米的风凌石"寿星"，以69.8万元成交，刷新了新疆小品石的价格纪录。

近年来，人们的精品意识日益增强，新疆小品单石、小品组合石被市场看好，优秀的奇石价格屡创新高，这正是赏石收藏火热的表现。随着赏石文化的普及与发展，精品奇石的价位还会有更大的提升空间。

一帆风顺

石　种：泥石

尺　寸：高10厘米

泥石

哈密泥石，是各种泥石中的最优质的熟泥石，质、色如紫砂。哈密泥石产于哈密以南九十多千米的南湖戈壁滩上，目前发现的三个泥石坑，每个面积约20平方千米。南湖泥石有以下几个特征：

其一是质地细腻，观感上佳。

其二是颜色以紫棕、绿色为主，色泽纯净无杂色。

其三是纹理流畅，富于变化。

其四是石皮明显，易出包浆，手感极好。

最近在距哈密以南400千米的戈壁深处，又发现了一处新泥石产地。这种新泥石以纯黑色和铁灰色为主，纹理更加深刻，包浆也更加古旧。

哈密泥石以它似古旧紫砂的老到，古朴醇厚的味道，成为文房中的清供。

蛋白石

哈密蛋白石，早在10年前，就在哈密以南数百千米的大黑山发现，近年在哈密以南的戈壁腹地又有发现。这种白色而带漆色的大漠奇石，有着独有的特色：

其一是洁白如玉似瓷。哈密蛋白石，有的半透明温润如玉有蜡质光泽，有的洁白如瓷有玻璃光泽。另有一种黄如鸡油，极为鲜亮。也有银包金相融一体，更为奇特。

其二是哈密蛋白石都有沙漠漆沁色，多为黑色、红色，与白色质地相映成趣。

其三是哈密蛋白石有老到的石皮，大多可作天然手件把玩，手感如玉，古味很足。

混沌

石　　种：蛋白石
尺　　寸：高10厘米

◼ 哈密大漠石的收藏与价值

哈密是新疆大漠奇石的最大产地，由于开发较晚，也是中国当代赏石的后期宝库。

哈密风凌石与其他戈壁石比较，变化更加多样，颜色更加丰富。不足之处是部分风凌石棱角分明，可观赏而不耐盘玩。后来发现的玉质风凌石，以其温润的特质，弥补了这些许缺憾。

哈密大漠的独特奇石是泥石与蛋白石。泥石质、色如紫砂，细腻且富于纹理。置于案头古朴典雅，握于手中包浆醇厚。蛋白石有似和田老玉者，通透玲珑，温润且有柔和的蜡质光泽，多有如和田子玉的沁皮，更添几分韵味，于手中盘玩，古气盎然。哈密大漠泥石与蛋白石古朴醇厚的味道、适合把玩的特质与中国传统文玩十分契合，是文房清玩的首选。

哈密东天山北麓淖毛湖一带的玛瑙石中多有如糖果、糕点等美食般的俏色玛瑙，色彩娇嫩，令人垂涎，是一种极有特色的石种，成为有心人的专宠。

哈密大漠石的开发已有十几年，价格从刚开始的整车千八百元，到现在每件几百、几千、几万元。2008年，一件20多厘米的玉质风凌石，以40多万元的价格成交，这是迄今为止哈密大漠石成交的最高价。

哈密大漠石开发相对较晚，其特点是地域广阔、品种多、产量不大、不断有新石种发现。哈密大漠石目前仍有存量且价位不高，市场升值潜力巨大，被称为赏石的后期宝库。

洞天

石　种：大漠石

钓鱼台

石　　种：大漠石

兽

石　种：戈壁石

兽

石　种：戈壁石

文房名石品鉴

中国的印石和砚石，始用于先秦。"文房"即书房的概念始于南唐后主李煜。中国文人砚石与滥觞于唐武德年间，兴于两宋。南唐文房文化，与北宋多有契合之处。中国文人印石始于元代翰林大学士赵孟頫，兴于明代两京国子监博士文彭。中国文房名石，包括文房名印石和文房名砚石。

中国文房名砚石与名印石，和其他大量的砚石、印石，有着本质的不同。笔者将在本章中，与您一起走进中国文房名石的家乡，饱览那里秀美的风光，经历寻访奇石的艰险，体会文房美石的特质与风韵。

丹青
石　种：雨花石

◆ 文房名印石

印章作为凭信之物，始于先秦。学者罗福颐编著的《古玺汇编》，收录了3800枚战国姓名印，可以看出先秦印鉴的普遍使用，但大多只是铜质的私印。

■ 汉印艺为宗

篆刻艺术家奚冈曾于印边款识："印之宗汉，为诗之宗唐，字之宗晋。"汉印在中国印学史上，是一座不可企及的高峰，它的大气、古拙，两千年来为印界仰止。这与汉代官员的文化素养有直接关系。汉《说文解字·序》说："学僮十七以上，始试，讽籀书九千字，乃得为史。又以八体试之，郡移太史，并课最者，以为尚书史，书或不正，辄举劾之。"认字多、书法好，才能做秘书官，这为汉印制作打下基础。治印艺术，讲究书法、章法、刀法三法俱佳，相辅相成。明甘旸《印章集说·章法》说："布置成文曰章法。欲臻其妙，务准绳古印，……那让取巧，当本乎正。使相依顾而有情，一气贯串而不悖，始尽其善。"汉印章法，

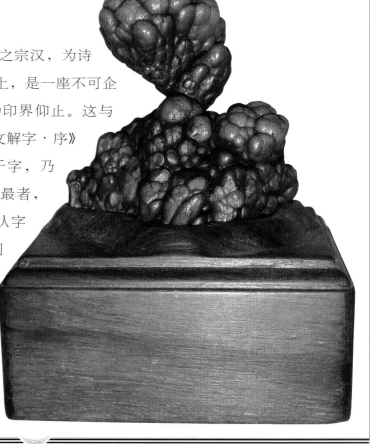

印章
石　种：孔雀石

整体均衡协调、朱白兼顾、气息贯通、技艺高深。汉印的刀法也十分精湛，不仅印面线条流畅，印底也光洁工整，突显功力。

魏晋唐宋印艺不足取

中国的印章篆艺从魏晋开始走下坡路，至唐宋跌落谷底。但收藏鉴赏印的使用，却是对印学的极大推动。唐张彦远《历代名画记》中指出："明跋尾印记，乃书画之本业耳。"把印章艺术提高到与书画同等的地位。甘旸《印章集说》："上古收藏书画，原无印记，始于唐宋，近代好事者耳。"五代十国南唐后主李煜的书画，被宋代皇帝掠去，书画上大都钤有"建业文房之印"。金人缴获宋徽宗、钦宗两帝玉宝28方，各种收藏、吉语等印35枚，可见当时书画钤印已经普遍。宋米芾在《书史》中说："大印粗文，若施于书画，占纸素字画多，有损于书帖。近三馆秘阁之印，文虽细，圈乃粗如半指，亦印损书画也。王诜见余家印记与唐印相似，尽更换了，作细圈，仍皆求余作篆。如填篆自有法，近世填篆皆无法。"米芾指出了宋印滥用的弊病。苏轼《东坡尺牍》中有给米芾的信："卧阅四印奇古，失病所在，……印却纳。"从信中可以看出，米芾也为东坡治印，两人对印之积弊，皆有同感。

元明清文人印学兴起

元代书画家赵孟頫在《印史》中批评不合古意的流俗，提出复兴汉印古雅、质朴的风尚。元末刘绩《霏雪录》记："以花药石刻印者，自山农始也。山农用汉制刻图书，印甚古。""山农"为煮石山农的简称，是元代画家王冕的号，花药石即叶蜡石，图书乃印章别称。赵孟頫、王冕在印章中的贡献，为明清印学起到推动作用。

笔架
石　种：沙漠漆
尺　寸：长11厘米

清·藕粉地鸡血石印章
鉴赏要点：此三枚鸡血石印章形态各异，石质软硬适度，韧而不脆。质地略呈藕粉色，近于透明，鸡血色的斑块宛若缭绕的彩云散布其上。尽管不饰雕琢，但仍给人以精致完美的印象。

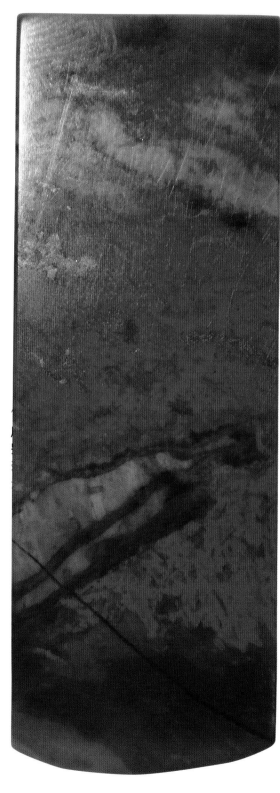

鸡血石印章

明清以来，随着文人学者大力治印，论著增多。尤其是印章边款的创作和软质印石的使用，使中国印学成为独立的艺术门类，达到继两汉后的又一个艺术巅峰。

明代周应愿在《印说》中写道："文也，诗也，书也，画也，与印一也。"这种"印与文诗书画一体说"，将印提升到最高的审美境界。明代金光先《印章论》说："夫刀法贵明笔意，盖运刃如运笔。"明文学巨子王世贞讲："论印不于刀而于书，犹论字不以锋而以骨，刀非无妙，然必胸中先有书法，用能迎刃而解。"明朱简《印经》说："印先字，字先章，章则具意，字则具笔。刀法者，所以传笔法也。刀法浑融，无迹可寻，神品也；有笔无刀，妙品也；有刀无笔，能品也；刀笔之外，而有别趣者，逸品也；有刀锋而似锯牙痈股者，外道也；无刀锋而似铁线墨猪者，庸工也。"以上大家"笔意说"的精妙理论，使治印进入了更高的艺术殿堂。

明苏宣在《苏氏印略序》中说："知世不相沿，人自为政，如诗不法魏晋也，而非复魏晋；书不法钟王，而非复钟王。始于摹拟，终于变化。"清初学者周亮工在《书陆汉标印谱前》中说："陆汉标以予言为是，故治印能运己意。能运己意而复妙得古人意，此汉标之所以传也。"苏宣与周亮工提出的"入古出新"和"运己意说"，是对明代治印出现一味刻意模仿而失去自我的警示，为治印开辟了更为广阔的空间。

晚清印学大师赵之谦在其《苦兼室论印》中说："刻印以汉为大宗，胸有数百颗汉印，则动手自远凡俗。然后随功力所至，触类旁通，上追钟鼎法物，下及碑额造象，迄于山水花鸟，一时一事，觉无非印中旨趣，乃为妙悟。印以内为规矩，印以外为巧，规矩之用熟，则巧生焉。"赵之谦"印外求印说"，是讲治印功力在印外，功力所至，触类旁通。这种高瞻远瞩的见解，极大地丰富了印学宝库。

◘ 印学的流派与四大名印石的形成

由于印学的成熟、软质印料的普遍使用、书画诗文与印章结合得越发紧密，文人学者操刀治印成为时尚。经过明清的发展，出现了许多高手，形成艺术流派，主要有吴门派（代表人物文彭）、皖派（代表人物何震）、浙派（西泠四家丁敬、奚冈等，后四家陈鸿寿等，以及赵之谦、吴俊卿等）。这些著名大师，共同缔造了印学的辉煌。

中国文房原为三大名印石在清代始成形，有青田石、寿山石、昌化石。20世纪70年代巴林石被重新发现，列入文房名石中，中国文房四大名印石遂成定论。

青田巧雕

青田石

青田县始建于唐景云二年（711）。青田县城设于鹤城镇，是一个北依青田山、南临瓯江的狭长区域，最窄处只有几十米宽，却很绵长，因背后是青田山而得名。青田山又名太鹤山，所以县城又称为鹤城。太鹤山是道教圣地，古松、奇石、层峦、溪谷，风光旖旎，名胜颇多，是观光的好去处。青田境内盛产易于奏刀的印石，石从县名，遂有青田石之称。

青田石之乡——山口乡　青田石的主产地在山口乡，与青田县城隔瓯江而望。近年来江上建起三座彩虹桥，往来两地十分方便。山口位于瓯江南岸的灵溪之畔，距县城18千米，山苍水碧、景色迷人，也是探宝的好地方。山口乡山中出产印石的矿带长约5千米，厚度只有30米左右。由于矿脉分布的位置不同，形成五大采区，共有50多条采矿巷道。著名的灯光冻、封门青、五彩青田等名贵石材，都产在山口。

印章石集萃

青田巧雕

青田黑白石

　　走在山口乡的大街上，两旁村民家家锯石、户户雕刻，到处都是手工作坊。全村2000多户，几乎全都从事青田石雕业，产值占全乡工业产值90%以上。现在山口乡建有两个大型青田石交易市场，是国内外客商购石的重要场所。山口乡是青田石雕的发祥地，历代名家辈出，当今雕刻大师也大多出于此，也有大师辟有展室，珍贵藏品非常丰富。

　　青田石的开发与兴盛　中国古来治印，或以金属铸造，或以硬质材料琢磨。所谓文人治印，以软质佳石为纸，以刀代笔，尽显文人笔意情趣。在中国四大印石中，最早选用青田灯光冻石，始于元代赵孟𫖯，兴于明代文彭。青田石到清代，成为帝王的贡品、文人的至爱。当代的青田石得到极大的发展，成为印石爱好者争相寻找的藏品。

　　青田石的品种与收藏　根据新编《青田县志》，将青田石分为10大类、108个品种，颜色有红、黄、蓝、白、绿、黑等20种颜色，可谓品种繁多、色彩纷呈，美不胜收。青田石中最珍贵的品种有以下五种。

　　灯光冻　灯光冻石呈微黄色，细腻纯净，半透明如凝冻，光照灿若灯辉而得名。灯光冻扬名于明代，为青田石中极品。

封门青　封门青色淡青，产于封门矿洞，质细微透，纯净无杂质。封门青石材丰富，冻而清者为珍贵。

蓝青田　蓝青田呈宝蓝色，质细腻而以色异为珍贵。蓝青田时有呈点状分布于浅色石料中，称为蓝星青田，别具风味。另有一种蓝钉青田，其钉硬度大、难奏刀，与蓝星青田不是同一个品种。

蜜蜡黄　蜜蜡黄色如蜜蜡，深浅各异，质地细腻，一般不透明或微透明，以质色取胜。

五彩冻　五彩冻一般由多种颜色组成，各种颜色过渡协调，同一颜色中又有层次变化。五彩冻色彩绚丽、质地细腻、行刀流畅，为青田珍品。

青田石产量大、品种多，精致的藏品尚有存量，升值空间很大，藏家要深入农户耐心寻访，必定会有收获。

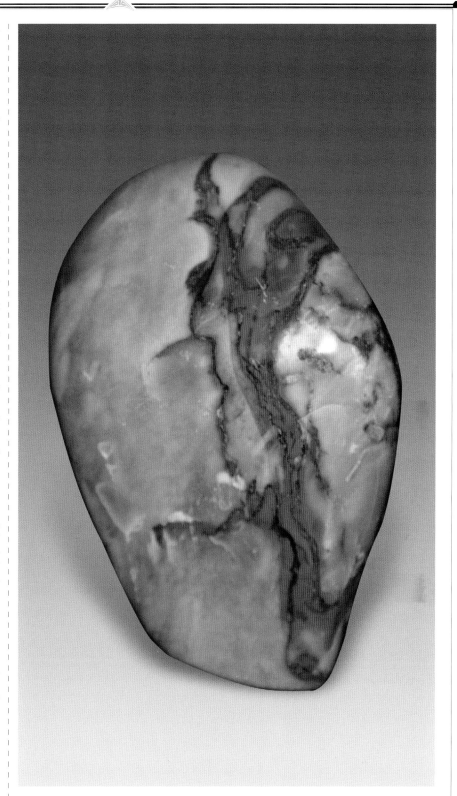

青田人物画面石

青田石收藏注意要点	
硬度	摩氏硬度2～3为佳，软易奏刀，方可如笔意游走。
质地	温润细腻、冻若凝脂为上。
色泽	单色纯净，多色协调，明亮光泽最佳。
纹理	纹理奇特形成图案，有意韵者珍贵。

清·寿山石雕人物故事图山子

尺　寸：长30厘米

鉴赏要点： 此摆件以整块寿山石雕刻而成，色泽黄润，尤似凝脂，圆雕苍峦，巍然高耸。其上青松临崖而立，虬枝竞向苍穹，簇簇松针恰似银菊怒放，蔚为壮观。采用浮雕、透雕、线刻等工艺随形琢刻，山石耸立之间，松树葱翠浓郁，山泉湍湍而流；曲径通幽之处、亭台楼阁之下，高士相悦而谈。意蕴生动；草木萋萋，尤觉萧闲疏淡，野逸滋生。此山子用料独特，造型别致，雕工精细，画面构图考究，是十分难得的案头摆设。

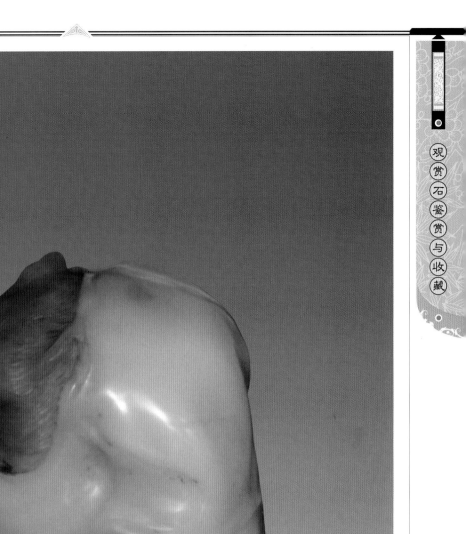

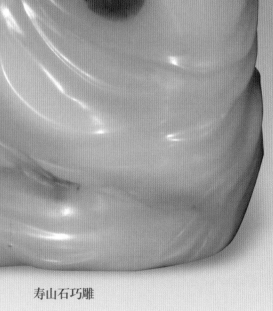

寿山石巧雕

寿山石

寿山位于福州市北郊，距城30多千米。寿山石产地以寿山村为中心，北至党洋，南至月洋，东至连山，西至旗山，方圆在30里的范围内，东面的小河称寿山溪。寿山村在宋代属怀安县稷下里。明万历八年（1580），怀安易名侯官县。民国三年（1914），侯官县与闽县合并，称为闽侯县。1961年，原属闽侯县北峰划归福州市管理，现在行政隶属于晋安区寿山乡。这里的田间、水畔、山岭、沟壑纵横交错地分布着寿山石矿藏。

寿山石分类法 寿山石品种繁杂。最早提出寿山石分类法的人，是清代学者高兆和毛奇龄。高兆，福建侯官县人。康熙六年（1667）高兆回乡，写出中国历史上第一部寿山石专著《观石录》。其中提出："石有水坑、山坑。水坑悬绠下凿，质润姿温；山坑发之山蹊，姿暗然，质微坚，往往有沙隐肤里，手摩挲则见。水坑上品，明泽如脂，衣缨拂之有痕。"这是最早的以坑分类说。毛奇龄，浙江萧山人。康熙二十六年（1687），他客居福州开元寺，写出继《观石录》之后的第二部寿山石专著《后观石录》。书中进一步提出："以田坑第一，水坑次之，山坑又次之"的观点。后人将这种分类方法称为"三坑分类法"，为海内外鉴赏家普遍认同，影响深远。现代，被政府职能部门采纳，成为寿山石划分标准。

田坑石类 因产于寿山溪旁稻田下而得名。因其无脉可寻，无所连依，所以又称为"无根石"、"独石"。寿山田石多呈黄色，所以称为田黄石。田黄石长年受到水的滋养，多呈微透明状态，肌里隐约可见萝卜絮状纹和细小红丝格，颜色从内到外由浅渐浓，形成石皮。寿山石有"无纹不成田、无格不成田、无皮不成田"之说。

被称为"石帝"的田黄

寿山乡石馆

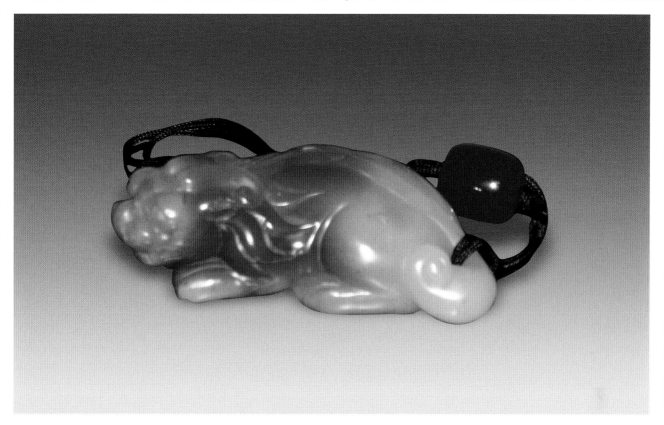

寿山石巧雕

石，问世时并不被认识。清施鸿宝《闽都记》中记载："明末时有担谷入城者，以黄石压一边，曹节憨公（曹学佺）见而奇之，遂著于时。"从这段记载中可以得知，晚明时，田黄石还被山农当作压谷石，经曹尚书发现而名世。清代康乾盛世，田黄被尊为"石帝"，用于帝王玺印，受到钟爱，原因大致有三：一、有"福（州）寿（山）田（黄）丰"的吉祥寓意；二、纯正的黄色与象征皇权的明黄正色相合；三、温润佳质，无根而璞，稀有珍贵。清末代皇帝溥仪献出的"田黄三链章"，就是乾隆御宝。

寿山乡石馆中的田黄石

寿山溪全长8000米，分为上坂、中坂、下坂，溪中田石有"上坂田色淡、中坂田色黄、下坂田质好"的说法。田石依据色泽可分为黄田、白田、灰田、黑田、花田等十多个品种。同品种中，因颜色深浅，又可细致划分。如田黄中又有：黄金黄、橘皮黄、桂花黄、枇杷黄、熟栗黄、桐油黄等颜色。

2001年寿山石被命名为福建省省石

水坑石类 寿山村东南的坑头占峰，即寿山溪的发源地，其山麓临溪傍水之处，有矿"坑头洞"、"水晶洞"，是水坑石的产地。水坑石洞在溪水边，矿脉延伸到溪水之下，洞中水深难测，采掘十分困难。水坑石有十几个品种，多玲珑剔透、光泽润亮，是各种晶、冻石的上品，有"千年珍稀"的美誉。

山坑石类 泛指寿山、月洋两村方圆几十里的群山出产的矿石，是寿山石印章和雕件的大宗材料。按其所产山洞区分为：高山石、太极山头石、都成坑石、善伯洞石、金狮峰石、旗降石、老岭石、月洋石、峨嵋石等诸大类，石种多达100多个，细目更繁，琳琅满目，美不胜收。

寿山原石 寿山原石也是一个重要的收藏门类。这种收藏情趣，起源于"寺坪石"。寺坪石并不是矿脉中的石种名称，而是埋藏于寿山村外洋广应寺院遗址土中的古代寿山原石和雕件。广应寺院是寿山古刹，始建于唐光启三年（887），明洪武和崇祯年间两度被焚毁。寺中僧人广纳寿山石礼佛，寺废寿山石经火炙再入土中。石复经年受水浸土沁，表皮色转黝暗，质地则润泽倍增，内蕴古朴之气。明徐渤《游寿山寺》诗："草侵故址抛残础，雨洗空山拾断珉。"即指挖掘寺坪石的情景。寺坪原石品种很多，材虽不大，却质色精良，尤为珍贵。更重要的是，寺坪石开创寿山原石收藏之先河，为保存天然形态的寿山石居功至伟。

寿山画面石

山民挖田黄

寿山石对印学的贡献 寿山石对印学最大的贡献，在于精妙的"薄意"艺术。薄意是寿山印雕独特的艺术表现手法，因其浅刻如画，也称"刀画"。薄意印雕素以"重典雅、工精微、入画理"而著称。它融书法、篆刻、绘画于一体，具有清新洒脱、高远飘逸的境界。奠定薄意在印学中崇高地位的人，是晚清"西门派"大师林清卿。林清卿年少便有刻名，为学习雕刻艺术，他拜师学习水墨丹青，研究秦砖汉瓦、古代石刻、金石、篆刻、书法、绘画等艺术门类。林清卿自觉融会贯通后，专攻薄意，成为一座不可逾越的高峰，称为"西门清"。"东门派"在薄意雕刻艺术上也颇有建树，被称为"东门清"的林友清为其代表人物。新时期以来，美院毕业的年轻一代，也不乏佼佼者，称为"学院派"。

寿山石对印学的另一个杰出贡献，就是古兽纽雕。福州"西门派"以印纽为本门宗业，其作品风格古朴厚重，深得文人雅士的喜爱。"东门派"也精于印纽雕刻，古兽形态传神，刀法灵动，须发开丝而不断。近代"东门派"大师周宝庭的作品，技融东西，艺贯古今。他创作的寿山印纽"百古兽"，被誉为中国传统艺术瑰宝，周宝庭堪称寿山印纽古兽雕刻的一代宗师。毕业于美院的庄元，将周宝庭的百古兽绘成图集，也成为珍贵的历史资料。

山民挖田黄

寿山石矿远眺

寿山石的特色 寿山石受到历代文人的喜爱。清查慎行有《寿山石砚屏歌》："平生嗜好无一癖，而今特为情爱钟。吁嗟乎！人间尤物盖不乏，目所未睹谁能穷。公今获石石遇公，无心之会欣遭逢。"人、石相聚皆是缘。近代文人郁达夫说："青田冻石如深闺稚女，文静娴雅；昌化鸡血如小家碧玉，薄施脂粉，楚楚动人；而寿山石则如少妇艳装，玉粉翩跹，令人眼花缭乱，应接不暇。"作为浙江人的郁达夫，对寿山石却如此偏爱。著名书画家潘主兰说：寿山石"以其可怀而携带之，可握而摩挲之，可列而赏玩之，怡情悦性，终其身享受。彼泰山松，黄山云海，庐山瀑布，徒过眼云烟，比美寿山石自不待言可知矣。"寿山石与人的亲和魅力，竟胜于名山大川之美景，这种独特语言，不知会有多少石痴正中下怀。宋代朱熹的高足黄干有《寿山》诗："石为文多招斧凿，寺因野烧转荧煌。世间荣辱不足较，日暮天寒山路长。"因石而悟人生，又引出一番新境界。

寿山村自20世纪90年代被列为文化旅游区以来，建成了以中国寿山石馆、寿山石文化中心广场和寿山石商贸街为主体的独具文化韵味的文化观光街。面对着美丽的寿山山水，置身于五彩缤纷的美石之中，石友若能进山探宝，一定不虚此行。

昌化石

自杭州机场沿杭徽高速公路，西行100千米至临安市。临安钟灵毓秀，境内有天目山、清凉峰两个国家级自然保护区和青山湖国家级森林公园，是中国首批国家级生态建设示范区。自临安继续西行70千米，过昌化镇至龙岩下高速公路，转入浙西大峡谷。浙西大峡谷为国家4A级旅游风景区，景观集峭壁悬崖、秀峰幽谷、飞瀑碧潭、溪潭奇石、翠林绿草为一体，既雄浑壮丽，又清逸寂寥。沿大峡谷蜿蜒曲折的盘山路，行40余千米到上溪乡，前面不远就是国石村（原中梅村）和玉山村。两村北的康山岭、玉岩山就是昌化鸡血石的主矿区。

昌化石的矿脉与开发　昌化石矿的地质调查始于清代。清乾隆《浙江通志》载："昌化县产图章石，红点若朱砂，亦有青紫若玳瑁，良可爱玩，近则罕得矣。"民国《昌化县志》说："康山岭在里板与灰石岭连界，产鸡血石，历经开采状若蜂房。"根据新中国成立后的勘查，昌化石矿自大峡谷镇西南的鸡冠岭开始，向东北方向延伸，经灰石岭、康山岭、玉岩山、核桃岭、纤岭等10余座山岭与山岩，形成长约10多千米的曲折条状矿带，矿床垂直高差约100米。

昌化鸡血石原石

昌化田黄石原石

笔者于2010年冬赴昌化考察鸡血石渊源。正午时分，由当地石友梅君引领，从玉岩山南坡山道上行。山路用石板铺成，曲折陡峭，行不多久，已是气喘吁吁。迎面走来一队山民，头有开道，尾有殿后，中间十几人挑着一块用棉被裹得严严实实的大石头，喊着号子向山下走。我们急忙让路，看来石农又有重大收获。爬上山顶看北坡，大大小小不计其数的矿洞，如蜂窝密布，挖出的矿渣堆积洞外，形成灰白色绵延起伏的沙丘。玉岩山北坡主峰下面，有景观奇特的危岩，旁边就是著名的红洞。康山岭至核桃岭一带是"老坑"矿区，红洞位于"老坑"的中心地带，是玉岩山最古老的坑洞之一，曾开采出许多优质鸡血石，已有几百年的开采历史。

昌化石真正被文人广为应用于书画钤印，应该在明代中晚期文彭弘扬印石文化之后。清代由于宫廷的重视和文人的推崇，昌化鸡血石的开发进入盛时。清朝后期，太平天国起义军打到昌化，战乱中石矿停止开采。新中国成立后，昌化石开采纳入计划管理体制。1958～1983年，昌化鸡血石主要用来炼汞，"文化大革命"时期达到高潮。这种做法使昌化鸡血石遭到灭顶之灾，造成不可逆转的后果，无数价值连城的国宝毁于一旦，换来的是矿场的倒闭。改革开放以来，昌化石才重获新生。

一组昌化鸡血石挂坠

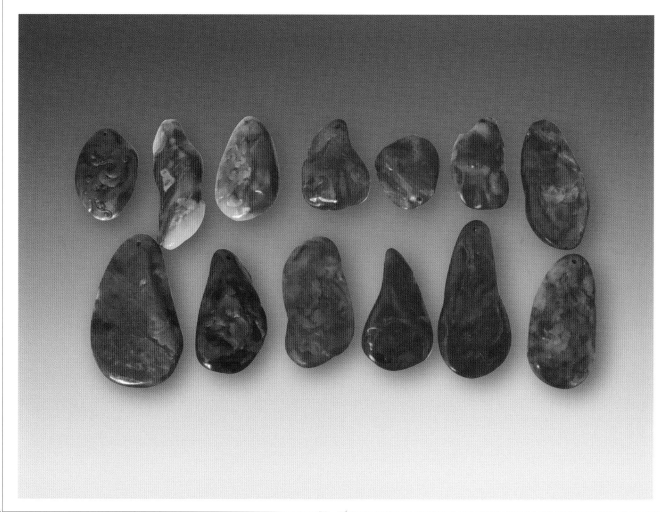

金蟾

石　种：昌化鸡血石

　　昌化石的分类与价值　昌化石主要成分为地开石和高岭石，占总比例的9成。鸡血石红色部分的成分主要是辰砂，俗称朱砂。昌化石平均硬度为2.5。20世纪80年代，昌化石分为鸡血石、冻彩石、软地彩石三大类。20世纪90年代，自昌化田黄石、田黄鸡血石及其他掘采石出现后，昌化石派生成洞采和掘采两大系列。据此，昌化石类别在原来三大类的基础上，又增加了田黄石、田黄鸡血石两大类，共五类，有150多个品种。其中鸡血石又分为冻地、软地、刚地、硬地四小类。

　　昌化石、青田石、寿山石、巴林石为印章四大名石。昌化鸡血石与青田灯光冻、寿山田黄石并称为印石三宝，在文房中享有极高地位。清代，昌化石被列为珍贵宝玉石，历朝帝王都精选昌化石为玺。现藏北京故宫博物院就有"乾隆宸翰"皇印，通高15.2厘米，面8.4平方厘米，由红、黑、黄、白、青等多色巧雕，精巧绝伦；清嘉庆帝"惟几惟康"宝玺，选用色呈栗黄、温润亮丽、鸡血如丝如缕的方形昌化石，通高14厘米，面7.1平方厘米。2004年9月，"乾隆宸翰"和"惟几惟康"两枚印玺，在武警的严密护送下首次走出皇宫，运抵临安，参加

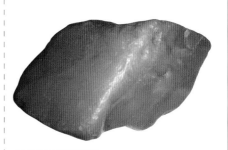

昌化田黄石原石

"鸡血石印"特种邮票首发式。昌化鸡血石家乡的人们争睹宝玺，盛况空前。

1999年8月，中国宝玉石协会在北京举办了"中国国石"评选研讨会。经过三轮认真细致的评选，到2000年9月，确定两玉（和田玉、岫岩玉）、四石（寿山石、昌化石、青田石、巴林石）为"中国国石"候选石，使人们进一步认识到昌化石的宝贵。昌化石资源日益稀缺，价值连续攀高。昌化鸡血石尤其使人观之惊艳，思来魂牵梦萦。

昌化石中的田黄鸡血石 站在玉岩山北坡，眼前山坳中是条形平畴地带，东西长2000余米，南北宽200余米，为湿地、水田、小溪状态地貌，地面上布满金黄色沙丘，这就是近年来发现昌化田黄石和田黄鸡血石的采场。1993年，半岭村的一位石农，在村旁的菜地浇水，拾到一块面积约20平方厘米，厚5厘米的黄色石头。一位福州商人与石农议定价格2000元，后来石农反悔。福州商人绝不放弃，先后四次登门求购，最后以2.4万元成交，商人将这块田黄石转手获利巨大。时至今日，这样的田黄石，价格早已逾千万。田黄为"无根之石"，有石皮、纹、隔，系山体岩石滑落后，在水田中滋养亿万年而成，因此温润纯净、透光度高，与寿山田黄足以比肩。近年来，在这片昌化的宝地上，还发现了田黄鸡血石，大多是外表为温润的田黄石，内里是艳丽的鸡血石。在文房图章石体系中，田黄石褒称"印帝"，鸡血石誉为"印后"。帝、后合玺，成为印界新宠，价值不可限量。

昌化石家乡的交易场 玉岩山北坡山腰，有一个昌化石矿洞，直通南坡。洞长约1.5千米，里面伸手不见五指。我们借来手电筒穿洞而行，行走中

昌化鸡血石原石

昌化鸡血石雕件

时刻得注意顶上石壁碰头，还要躲避滴水。脚下是潺潺流水，幸好我们早已换上防水鞋。行不远，见到灯光，洞内豁然宽敞，有许多石农在开采昌化石。洞中洞连洞、洞套洞，有死洞有活洞，像是八卦迷魂阵。没有熟悉地形的人带路，很难摸出来。走出洞口，是一块几百平方米的空场，由洞中挖出的矿渣铺成，空场下面就是国石村。

时值下午，空场上挤满了人，有摆地摊卖昌化石的、有卖食品的、有讨价还价买昌化石的、有穿针引线的、有专管运输的，还有人不断地从山上或山下赶来。这里是昌化石的市场，每天下午都有石农、石商在这里交易。

艳阳赶走了大峡谷冬夜的奇冷，归途中我们驱车在玉山、国石、上溪村狭窄的街道上驶过，街上鳞次栉比的店铺敞着门，小老板们高兴地向人打招呼。昌化石友梅君说，明年昌化石矿面临重大改革，大峡谷镇会从国土部门拍下昌化石矿山，石农们将名正言顺地拥有采矿权，昌化田黄鸡血石坑也将正式开采，印石爱好者们有福了。

昌化田黄鸡血石的开采处

昌化鸡血石原石

巴林石矿渣

巴林石

暮春时分，温暖的阳光照耀着延绵群山，滔滔林海褪去银装，消融的冰雪沿着山涧沟壑形成涓涓细流，汇成奔腾咆哮的西拉木伦河和老哈河。野猪、黑熊踏着松软深厚的腐叶在林间觅食，黄羊、梅花鹿在吐出新绿的草原上奔跑。这就是考古学家为我们描绘的6000年前红山文化的北方先民生活的地方，也是巴林石的故乡——巴林。

巴林石与红山文化　巴林是赤峰市的辖区。赤峰市位于内蒙古自治区东南部，辖三区、二县、七旗，与东北和华北毗邻。红山位于赤峰市东北60余千米处老哈河下游。自20世纪20年代以来，在这片广袤的沃土上，先后发现兴隆洼文化、红山文化、赵宝沟文化、富河文化等史前人类文化遗存，被称为红山诸文化。1992年，在兴隆洼文化遗址发现一块玉玦，经鉴定为8000年前的产物，被称为中华第一古玉。1972年，在红山文化遗址中出土的碧玉龙高达

26厘米，为5000年前的古物，是目前发现年代最早、体积最大的龙形玉器，被公认为"中华第一龙"。

中国崇玉文化传统应该追溯到红山诸文化。在红山文化遗址出土的古玉中，有相当一部分为巴林石制品，如巴林右旗博物馆馆藏鸟形玉玦、勾云饰牌、纺瓜、玉蚕、玉人等，这都证明巴林石在5000年的广泛应用、崇拜和鉴赏。这种赏玉文化对中国的赏石文化产生了深远影响。

巴林石与大辽文化　当我们冒着酷暑，驱车800余千米，由北京、密云、古北口经承德、宁城、赤峰来到巴林右旗时，天正下着蒙蒙细雨，阵阵清凉沁人心脾。巴林石集团老总杨春广先生打开他的收藏室，浓烈的文化气息立即将我们包围。在文物架上摆放着各种红山文化的遗物，在这些古物旁躺放着两枚契丹文的巴林石印章，这分明是大辽遗物，说明远在辽代，巴林石就有应用。

4世纪，契丹族从鲜卑族中分离出来，游牧于潢水、土河流域，即今西拉木伦河和老哈河流域。916年，契丹首领辽太祖耶律阿保机建立辽国，至1125年为女真人建立的金国所灭，历时210年。其疆域占据北方大半个中国，与宋朝和西夏三国鼎立。辽国首都上京临潢府就在现在的巴林左旗林东镇，离巴林右旗大板镇仅86千米，现有辽代大量遗存。

辽中期后，汉民族大量北迁，促进了民族文化的融合，佛教也在辽地迅速兴盛。20世纪末出土了大量辽代巴林石制品，如石佛、项珠、玉饰牌、石兔等。在发现巴林石契丹大字印章的同时，还发现了汉文字的辽代寺院印和花押印。这些发现为我们提供了民族文化融合的佐证，也表明了巴林石在辽代的广泛应用。

巴林石的重新发现 明清以来，同为叶蜡石的寿山石、青田石、昌化石被称为中国三大印石，其中尤以田黄石、灯光冻和鸡血石为贵，并不见巴林石的名字。民国时期，地质学家张守范将其命名为林西石。伪满时期，日本人驱使劳工探矿采石，随着伪满政权倒台而告终。1971年冬，周总理接见日本商界代表团时，从日方得知大板镇附近产叶蜡石，周总理亲自指示落实开采事宜。1973年，内蒙古叶蜡石矿正式开采。1979年，国家轻工业部正式命名巴林石。巴林石也跻身于中国四大印石之列。

巴林石矿的现状与开采 在杨总的陪同下，我们驱车前往巴林石矿山探秘。矿山距巴林右旗大板镇西北方向50千米。车行之处，草原满目苍绿，白色的羊群和棕色的马群在低首吃草，远山如黛却不见一棵树木。杨总告诉我们，这里是大兴安岭的余脉，40年前，他上小学时，经常在草地林中穿行，山上都是参天古树。20世纪60年代，由于毁树造田，结果森林消失，田也没有造成，生态环境被破坏，草原沙化。近年来封山禁牧，草场得以恢复，森林却难以再现。说话间，矿山已在眼前。

鱼子冻

石　　种：巴林石

巴林牛角冻印章

巴林鸡油黄印章

矿山，有人称为雅玛吐山，意思是有羊的地方。专家告诉我们，此名是与邻近山名混淆而误传，正确名字应为特尼格尔图山，即有透明石头的地方。此山山势孤缓，呈东西走向，有一小一大两座山峰，最高海拔1131米，目测绝对高度只有数十米。

驱车从西坡上山至矿洞口，抬头望去洞口上方杂草丛生，那是辽代以前的采石遗址。一条小铁轨进入矿洞，进到洞中顿觉寒气逼人。工人们顺着矿脉采石，采出的石头放在侧洞中贮存，矿渣沿铁轨用车推出，顺山势倒下。矿洞分五个采区，大都为矿洞采石，唯有东边小山峰为露天机械开采。小山头上方还留着伪满时期日本人开采的遗迹。

巴林石的分类与价值　巴林石多年来一直被认为是叶蜡石，近年来经专家化学分析确认为高岭石。巴林石分为福黄石、鸡血石、冻石、彩石、图案石五大类100多个品种。近年来中国寿山、青田、昌化三地的矿石资源日渐枯竭，石商们纷纷至巴林采石，巴林石声名鹊起。每年一度的巴林石节吸引了大批海内外印石爱好者蜂拥而至，巴林日渐繁荣，巴林石也身价倍增。

巴林石矿洞

在巴林石集团的巴林石奇石馆展厅内，有一件牛角冻地朱砂红石，被称为鸡血石王。该石为自然形态，未加雕饰，高51厘米，在灯光辉映下鲜艳晶莹、炫人眼目。1999年11月9日夜，四个福州人雇用两个当地人，驾车来到巴林奇石馆盗走鸡血石王，警方立即展开追捕，第二天在宁城捉住盗贼。该石当时被估价为900万元人民币，结果四个盗窃犯一人被判死刑，三人被判无期徒刑。该石2001年被估价为3700万元人民币，现在据说已价值上亿了。

800年前，元太祖成吉思汗在统一蒙古各部的庆宴上用巴林石碗饮酒，称赞巴林石为"腾格里楚鲁"，意为"天赐之石"。1991年，时任内蒙古自治区主席的书法家布赫为巴林石题诗，"天遗瑰宝落草原，地育奇石赛米颠"。巴林石当之无愧。

巴林鸡血石王

◈ 文房名砚石

北宋苏易简在《砚谱·叙事》中说，"昔黄帝得玉一钮，治为墨海焉，其上篆文曰'帝鸿氏之研。'"黄帝时代距今5500余年，这大概是最早关于砚的记载。

◻ 古砚的传承

1958年，西安半坡仰韶文化遗址，发掘出相当数量的彩陶器，同时出土了一件双格石砚，槽里面还残留着红色的矿物颜料。1979年，陕西临潼县姜寨文化遗址，出土了一套完整的绘画工具，其中有一件带有盖板的石砚，砚的凹槽里搁着磨棒和几块黑色颜料。这些实物保存在陕西博物馆。从这里可以看出，墨砚的起源是研磨器，滥觞于新石器时期（大约6000年前）的彩绘器皿。1976年，殷墟妇好墓出土的商代玉砚，背面刻有精细的鸟纹，在实用功能外，又增添了观赏性。

1975年，湖北云梦睡虎地秦墓中，出土一件用鹅卵石打磨成圆饼形的石砚，并有墨块和砚棒。当时广泛使用竹简，这时期出土的砚，应该是最早的书写砚。1975年，湖北江陵凤凰山西汉墓，出土了细沙岩石砚，研墨效果提高。汉代文化的发展，使书写砚需求增加。除了石砚，玉砚、漆砚、陶砚、铜砚等材料的砚也应运而生。魏晋南北朝时期，由于瓷器的兴起，瓷砚也随之问世。汉魏古砚，不但雕饰美观大方，而且配有精致的砚盒。

西晋张华的《博物志》中记载："天下名砚四十有一，以青州红丝石为第一。"这是后世称四大名砚之一的红丝砚首次亮相。魏晋南北朝时期，由于制墨工艺的变革，可以手握的长形墨锭出现，取代了砚

明·端石抄手砚

尺　　寸：18.5厘米×12厘米×4.3厘米

鉴赏要点：此砚端石制成，长方形抄手式，砚面深凹成池，砚体厚重，制作古朴，光素无装饰，为明代制砚的典型风格。

棒与墨丸。同时，纸张也普遍使用并取代了竹简。因此，砚池在加大变深，真正意义上的文人书写砚成形了。

古砚的种类与形态

宋人高似孙在《砚笺》中记载砚的品类，有玉砚、银砚、铁砚、铜砚、漆砚、缸砚、古陶砚、古瓦砚、澄泥砚、水精（晶）砚，以及各种石砚共计65种，洋洋大观。至于形制，有随形，有方正，有圆润，有抄手，有箕形，有风字形，有宝瓶、葫芦等各种器物和植物形，有山水花鸟及各种意境形式，不一而足。古人认为，凡琢成之式，方角宜纯，圆体宜浑，剜处宜隐痕，起处宜无碍，开脸宜相质，留眼宜得位，池阔则底需空，边广则池需狭，务必置之几案而不厌，传之久远而弥贵。

《兰亭序》的作者右军先生有《笔阵图》妙文："纸者阵也，笔者刀矛也，墨者鍪甲也，水砚者城池也……"面砚如守城池，砚田似有不可承受之重，但亦可反观砚于文人心中之重。宋代大书法家蔡襄说："玉质纯苍理致精，锋芒都尽墨无声。相如闻道还持去，肯要秦人十五城。"将名砚与和氏璧相提并论，极言名砚之珍贵。

清·澄泥竹节砚

尺　寸：21厘米×19厘米

鉴赏要点：此砚澄泥陶砂烧制而成，形制巧做双竹节式。红木天地盖，袁枚铭、朱彝尊铭。

明·端石雕云龙随形砚

尺　寸：19厘米×12.5厘米

鉴赏要点：此砚选用端溪上等子石制成，敲击时发出木音，质地坚实，细腻温润，故而"贮水不耗，呵之即泽"。美砚的纹理尽显其上，锦上添花的是其右上角有一圆而有睛的石眼，更是美轮美奂。

211

明·澄泥牧牛砚

尺　寸：16厘米×9厘米×5.8厘米

鉴赏要点：此砚澄泥烧制而成，质坚而细润，敲之有金属之声。巧做卧牛式，砚堂圆形，色橙、黄相间，造型新颖。

● 四大名砚的产生与特质

米芾《砚史》中说："大抵四方砚发墨久不乏者，石必差软；叩之，声低而有韵，岁久渐凹。不发墨者，石坚，叩之坚声，稍用则如镜走墨。"米元章总结优秀砚石应有的条件：一、软硬适中；二、发墨不伤毫。这在隋唐以来早已成为文人共识。柳公权在《论砚》中说："蓄砚以青州第一，绛州次之，后始重端、歙、临洮，及好事者用未央宫、铜雀台瓦，然皆不及端，而歙次之。"柳公权所述诸砚，除了是有米芾所说优秀砚石的两条标准外，尚有三、颜色、纹理美丽；四、肌理细腻；五、砚石珍贵。苏易简在《砚谱》中说：砚有四十余品，以青州红丝石为第一，端州斧柯山石为第二，歙州龙尾石为第三，甘肃洮河石为第四。"四大名砚"说法形成，后世虽有变动，大体如是，延续至今。

红丝石

《尚书·禹贡》记载："禹别九州，……奠高山大川。"公元前21世纪，尧舜时代，大禹治水，将全国分为九州，并为高山大河命名。《说文解字》一书说："水中可居者曰州。昔尧遭洪水，民居水中高土，故曰九州。"《禹贡》又载："海岱唯青州。"横跨渤海向西至泰山之间是青州，为古九州之一。书中说："土居少阳，其色为青，故唯青州。"自此"青州"

之名称一直沿用至今，但其内涵和辖区不断变化。隋、唐、宋、元时的青州总管府、青州都督府、青州北海郡是国家的一级政区兼军区。现在的青州只是山东省潍坊市4区、2县、6县级市中的一个市，地域早已不可与古青州同日而语，但其文化却延绵数千年依然耀眼夺目。去年冬天，笔者四赴青州，去探访曾被称为天下第一砚石的红丝石的踪迹。

清·钟形红丝石砚
尺　　寸：长10.5厘米
鉴赏要点：红丝石砚，砚仿古钟形，砚首外雕一环形提手，上刻云纹；砚面为淌池式，砚背及砚侧饰纹多层，有云雷纹、水波纹、蝉纹、云纹等，都为仿古样式。此砚石质细腻坚实，雕镂细密繁复而主次分明，或浮雕、或阴刻，无不形象生动。

红丝石砚

　　红丝石的产地青州　自天津驾车驶400余千米，行5小时至青州。宋唐询（字彦猷）《砚录》载："州之西四十里有黑山。山高四十余丈，……山之南盘折而上五百余步，乃有洞穴。深约六七尺，高至数丈，其狭止能容一人，洞之前复有大石，欹悬欲坠者。石皆生于洞之西壁，……其中，乃有红黄，而其纹如丝者，一相传曰红丝石。去洞口，绝壁有镌刻文字，乃唐中和采石者所记，竟不知取之何用。迄今经二百余年，不复有人至其上者。"黑山距青州城西20千米、邵庄镇王家辇村三四里，山路崎岖，老坑洞口有岩石淤泥闭塞，无法进入。洞口上方有"红丝石洞"四个大字。下面尚刻有宋苏易简《文房四谱》中"天下之砚四十余品，青州红丝第一"语。其字漆以红色为新刻无疑，洞口唐宋原刻字迹已不可辨。

　　根据目前的考察，黑山老坑石洞现状与唐彦猷的描述完全一样。唐彦猷在《砚录》中有论："青州红丝石一、端州斧柯石二、歙州婺源石三。"加上卓尼洮河石，并列四大名砚。宋末，红丝石坑掘尽告罄，红丝砚被澄泥砚取代。宋代是红丝砚的兴盛繁荣时期，宋代唐询的《砚录》、米芾的《砚史》、李之彦的《砚谱》、高似孙的《砚笺》、苏易简的《文房四谱》、杜绾的《云林石谱》等著作均有红丝石的重要论述。宋代苏东坡、陆游、蔡襄、欧阳修等文坛大家都给红丝石以很高品评。

青州的文化遗迹 古老的青州不但留下众多宋代杰出学者对红丝石的评说，也留下了不少宋代著名文人的足迹。沿青州范公亭路向西走到尽头是青州博物馆，馆西为范公亭，早年为宋范仲淹知青州所建。亭东为三贤祠，祭祀范仲淹、欧阳修、富弼三圣贤，共知青州12年，造福庶民，为后世所景仰。范仲淹文韬武略俱备，范公的《岳阳楼记》脍炙人口，他曾以龙图阁直学士经略陕西，被西夏称"范小老子胸中自有数万甲兵。"1934年冯玉祥游范公亭镌碑文："兵甲富胸中，纵叫他虏骑横飞，也怕那范小老子；忧乐关天下，愿今人砥砺振奋，都学这秀才先生。"

红丝石印

在这范公亭内西北角上有一园名顺和楼，是为纪念一代词后李清照所建的仿宋建筑。曲径通幽处为李清照祠，正厅为归来堂，堂前廊柱联曰："红雨飞愁千秋绝唱销魂句，黄花比瘦一卷高歌漱玉词。"为著名女书法家萧劳撰书。归来堂取陶靖节归去来辞之意，堂内陈设齐备，似主人乍去还来。李清照与丈夫赵明诚居青州14年，后赵明诚出仕，李清照随丈夫任所。北宋末年，金兵南下，李清照南渡，遭家破、夫亡之痛，届时有诗曰："欲将血泪寄山河，去洒东山（即青州）一抔土。"千古绝句出易安居士之手当在情理之中。

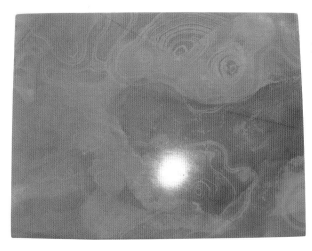

红丝石砚

红丝石砚

红丝石的产地临朐 清《西清砚谱》《青州府志》《临朐县志》都记载："红丝石出临朐。"这是青州黑山坑淹没后，较早提到红丝石出临朐的文献。青州黑山距临朐老崖崮直线距离仅20余千米，两地同属一个山脉，同一个地质风貌，同一个矿脉。历史上临朐属青州府管辖，所称红丝石产青州也就顺理成章了。

从青州驱车半小时就可到临朐，现在的临朐县与青州市同属潍坊市管辖。红丝石产于临朐县城西南12千米处，冶源镇老崖崮村。冶源因处冶水之源而得名，自冶源向西行1千米驶进一条小街即为老崖崮村。我们穿街而过在一片丘陵地带停下来，见几位村民在岩坑中清理土石，下面露出一层厚度约10厘米的红色岩层，这就是红丝石矿床。红丝石在地下主要呈夹层状矿体状态，上面有较厚的土层及岩石覆盖，下有岩石为依托。唐彦猷说："采凿于洞中，先凿上下石，后乃及美材，每患引凿之不能加长。"黑山与老崖崮矿脉相连，采矿法古今相同，只是古人在黑山洞中手工操作，而今人在老崖崮露天以电锤冲动岩层，厚数米以上的岩层也有人用炸药爆破，只是容易震裂石材，现在已很少使用。红丝石也有不规则散状矿体，独立成块，分布无规则。这种矿体取其形优者可以直接陈列观赏，也可以制成随形砚，更显古朴天然之情趣。

和采石的村民闲谈中本人得知，红丝石开采权分包给了本村的八户村民，他们各据一隅分别开采。采下的石板运回家中，因时值隆冬，还要搬到屋内或埋入土中，以防冻裂。村中尚有一王姓村民开了个工厂，从事红丝矿的雕刻工作。村民采出的石板大都销到县城，经过雕刻师制作成砚在市场销售。临朐奇石市场坐落在县城龙泉路与新华路交口，有1200余个固定摊位，130多个奇石馆，市场内有数十商户销售红丝石砚。

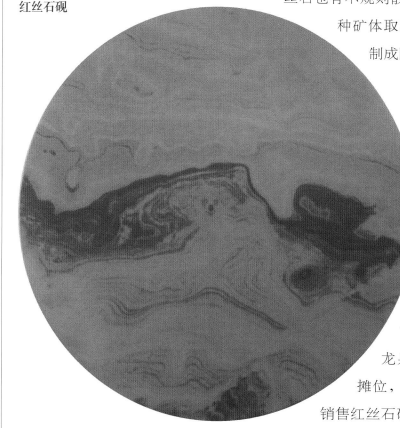

红丝石砚

红丝石子

　　红丝石的特征与鉴赏　红丝石形成于距今约4.5亿年前，呈微晶结构，夹层理构造，其摩氏硬度3～4。红丝石常见有红地黄纹和黄地红纹。红色有紫红、深红、朱红、柑红、淡红等，黄色有金黄、深黄、姜黄、土黄等，纹理有刷丝纹，旋花纹，斑点纹等。质地润泽的红丝砚，有发墨快，手拭如膏，润笔护毫，储墨数日不干、不腐的特点。

　　上品红丝石有温润如玉的质地，艳丽多姿的色彩和变化莫测的纹理。清于敏中奉敕撰写的《西清砚谱》中收三方红丝砚，均由乾隆皇帝御题。乾隆题旧红丝石鹦鹉砚："是砚红丝映带，鲜艳逾常，而质古如玉，洵为佳品。"乾隆于红丝石"风"字砚匣盖上钤宝二，曰"比德""朗润"。亦比之如玉。乾隆题红丝石四直砚："虽非旧石，而莹润宜墨，文采焕发，真文房佳器也。"乾隆认为红丝砚质色俱佳，评价颇高。

　　赵朴初题赞红丝砚："刀裁云破处，神往月圆时。"石可铭红丝砚："刀裁云破，霞映红丝。"两位大师喻石之色彩异曲同工。红学家端木蕻良谓红丝砚质古如玉，似婴儿的脚后跟，别有情趣。并称："红丝石砚即脂砚斋之脂砚也。"启功先生重红丝而浪漫："石号红丝，唐人所贵，一池墨雨天花坠。"

　　红丝石华美而富贵，有如砚材中尤物动人心旌。娇艳温润的红丝石似隐去千年的太真，自缥缈蓬莱翩然而归，古老而富有文化传承的青州，是爱石者的福地。

端州石

广东七星岩景区与端州区组成了肇庆市城区。城区北依绵延的北岭山，南临滔滔的西江，东有"岭南第一名山"称誉的鼎湖山和颇具神幻色彩的斧柯山。在这翠山碧水中孕育出的瑰宝，就是被称为神州第一砚的端石。

肇庆古称端州。汉武帝元鼎六年（公元前111年）始立高要县治，至隋开皇二年（589）改置端州，辖高要等九县。宋重和元年（1118）宋徽宗赵佶御书肇庆府，意即吉庆之始，自始端州更名为肇庆。

端溪产石区　肇庆于广州西100千米处，交通便利。端砚石产于肇庆东郊羚羊峡斧柯山端溪一带。从肇庆驱车沿321国道向东行18千米南转至西江北岸。迎面是一棵数人合抱的大榕树，树龄已有数百年。眼前一条大江由西向东奔向南海，两岸夹山突然变窄，水深流急，传说夹岸两山为娲皇的两只神羊化变，故称羚羊峡。大榕树下是渡口，对面为斧柯山，山间一水当是端溪了。于是我们乘船向江对岸驶去。

鸲鹆眼端砚

未完工的古兽端砚

火捺端砚

绿端石茶海

据说在很久以前，羚羊峡南岸的山脚下有一小村子。一天中午，村里一个青年砍柴归来，见路边大树下的石头上，有两位老人盘腿相向正在下棋。青年观棋一局，太阳偏西，老人乘鹤而去。青年拾起斧头，竟已是锈蚀成砣，斧柄也腐烂无踪。正所谓山中方一日，世上已千年，这山由此称为斧柯山。

登上西江南岸，自端溪口上行百米，东侧为一山坑。坑中有洞，洞高不过米，洞口有铁栅栏门紧闭，已全部被水淹没，洞外石壁上凿有"众坑之尊"四个字，漆以红色，这就是端石老坑了。

据史载，自唐宋至明代，斧柯山脉系古砚坑共有70多个，延至现在只剩54个。其中老坑为众坑中出石最佳者。老坑自洞口下行150多米，洞底与西江正常水面高差近30米，洞底已低于西江河床，这是老坑终年积水的原因，因此也称为水岩。宋苏东坡《端溪砚铭》载："千夫挽绠，百夫运斤，篝火下缒，以出斯珍。"《端溪砚坑志》记道："观坑洞门在半山之下，进洞口转右，名摩胸石，坚不可凿，容一人裸体匍匐前进，自洞口至洞底，高下相悬二十八九丈。一路高三尺，宽三四尺，不能

龙珠端砚

起立。石匠带领小工各携小瓷坛一、竹箕一，坛可容水五升，箕可贮石十余斤，每隔二尺排坐一人，燃灯一盏，昼夜将水一坛一坛传递运出，进洞渐远，传递人数愈多，到西洞须排八十余人，方得水干。"由此可知老坑砚石取之维艰，更显弥足珍贵。

站在老坑口向东南望去，山腰间有石屑形成大三角形，距老坑约200米，即为有名的坑仔岩亦名康子岩，出石仅次老坑。唐李贺诗说："端州石工巧如神，踏天磨刀割紫云。"写出了高山采石的神采，却未道出采石的艰辛。高兆《端溪石考》载："宋治平四年，差太监魏某重开，士人名曰岩仔坑，……山有冢，相传其开凿中虚，崩闭数百人，太监死焉，守土者葬其衣冠于此坑下。"至今仍有太监坟旧址。并立"砚坑土地神"碑镇邪以寄托安全。

北岭端石产区 乘船回到西江北岸，驱车返回肇庆。路上抬头北望，北岭山高大延绵，云雾缭绕，在那山腰间就是端砚石的又一产地宋坑。北岭山脉系砚坑，西起大湘东至鼎湖山共27个坑洞，绵延30千米，范围约70平方千米，绝大部分在北岭山腰，海拔600米以上，采石、搬运都很艰难。端砚石大多为紫色，北岭山有绿端岩，端溪朝天岩也产绿端。清纪晓岚曾在自己收藏的绿端砚上镌铭："端溪绿石，砚谱不以为上品，此自宋代之论耳。若此砚者岂新坑紫石所及耶。"其砚侧镌文："端石之支，同宗异族，命曰绿琼，用媲紫玉。"可见纪昀对绿端用情之深。

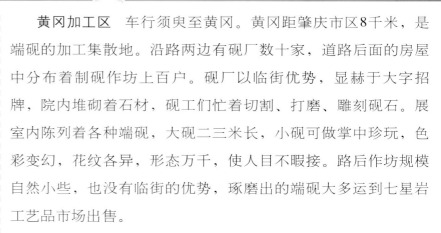

黄冈加工区 车行须臾至黄冈。黄冈距肇庆市区8千米，是端砚的加工集散地。沿路两边有砚厂数十家，道路后面的房屋中分布着制砚作坊上百户。砚厂以临街优势，显赫于大字招牌，院内堆砌着石材，砚工们忙着切割、打磨、雕刻砚石。展室内陈列着各种端砚，大砚二三米长，小砚可做掌中珍玩，色彩变幻，花纹各异，形态万千，使人目不暇接。路后作坊规模自然小些，也没有临街的优势，琢磨出的端砚大多运到七星岩工艺品市场出售。

端砚石的品种与价值 端砚之名贵，除以老坑、坑仔、麻子坑外为最外，还以石品花纹显胜。这些石品花纹常见的有，石眼、鱼脑冻、青花、蕉叶白、天青、冰纹、金银线、火捺、翡翠斑等。若石品花纹正宗出色，则砚石身价倍增，小小一方端砚可抵数十万元之巨。

绿端石雕刻

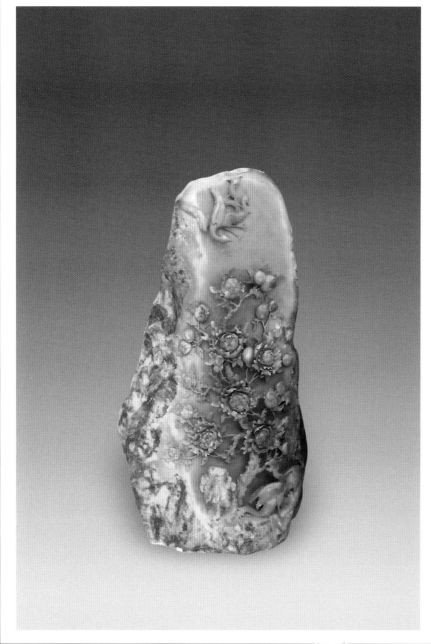

端砚的石质特别细腻、滋润，古人称之"有若小儿肌肤，温软嫩而不滑。"一嘘而液，云蒸露凝。端砚研墨有"发墨而不耗，用之而不损笔"的特点，磨出墨汁油润生辉，冷极而不冻结，贮之不干不臭。为历代宫廷贡品，受到文人墨客的珍爱。

清计楠《石隐砚谈》记载："东坡云，端溪石，始于唐武德之世。"武德是唐高祖李渊的年号，武德元年即618年，到现在已有1300多年历史了。作为中国四大名砚之首的端砚，自唐至今与中国的文化关联之密切，史料记载之浩繁，是其他任何石种也不可比拟的。它是端州翠山碧水中孕育的瑰宝，是神州童话里闪现的精灵，也是爱石者心间永恒的梦。

歙州石

歙砚石，产于今江西省上饶市婺源县溪头乡（古万安乡）龙尾山。婺源古为徽州辖区，包括今安徽省南部、江西一部。晋武帝咸宁六年（280），这里置新安郡。隋唐时，新安为歙州取代，辖歙县、休宁、祁门、黟县、绩溪和婺源六县。宋徽宗宣和三年（1121），易歙州为徽州府，历经元明清三代，一府六县行政格局相对稳定。1949年，婺源划归江西管辖。

歙砚石正名　歙砚石始采于唐，其时区划为歙州，因名之。世人多有误认歙砚石产歙县者，其原因大致有五个方面：一、只知有徽州和歙县，不晓曾有歙州；二、歙县曾为府治，声名显赫；三、歙县、祁门等地也产砚石（质地稍逊）；四、歙县多砚雕高手(砚材多取之婺源)；五、对婺源知之甚少。

宋李之彦《砚谱》说："歙石出于龙尾溪。"宋米芾《砚史》称歙石为"婺源石"。清徐毅《歙砚辑考》记："……始知是砚出自婺源龙尾山。盖新安古歙州，婺隶于歙，不曰龙尾而曰歙者，统于同也。"由此可知，优质歙砚石产于婺源龙尾山，也称"婺源石"或"龙尾石"，以正名也。

文化婺源　2005年秋，我们踏上寻访歙石故园之路。自天津驱车700余千米至安徽省黄山市屯溪——古徽州府治。明汤显祖《新安诗》："一生痴绝处，无梦到徽州。"徽州的山水，使这位大戏剧家一生魂牵梦萦。稍事休整，我们去看望徽州六个儿女中唯一嫁出的宝贝女儿——婺源。自黄山行车100多千米到婺源。婺为女星宿名，古语中的水中静女，千年来静立水中，与那纯美山水融为一体，难怪人们说婺源是中国最美的乡村。婺源的县治名紫阳镇，紫阳是明代理学家朱熹的别号，婺源是朱熹的老家。南宋咸淳五年（1269），诏赐婺源为"文公阙里"，至今镇上，还有朱子的老宅供人凭吊。

金星歙砚石

黄山经营歙砚的老街

婺源人大多是自三国两晋南北朝、唐末五代和两宋战乱之际，由中原迁来的世家大族，文化底蕴非常深厚。"山间茅屋书声琅，放下扁担考一场。"这是婺源乡间俚语。自宋至清，这个小县出了进士552人、仕宦2665人。文人留下3100多部著作，其中有172部入选《四库全书》，文化遗迹遍布乡野。走在乡间古道上，碰到农人樵夫，说不定也是满腹经纶呢。从紫阳到龙尾，沿婺黄路行30余千米，在江湾转入乡间小路。江湾是个人杰地灵的宝地，出过太多的名人，粗略一数就有60多位。清代的江湾人江永，是著名的经学家、音韵学家和考据学家。他的学生戴震 (字东原)就是名冠当代的乾嘉考据大师，哲学成就尤为突出。

从江湾到晓起，大约有10千米的路程。走进晓起，满目浓翠，数十株老樟树，上承青碧，下接溪流，荫盖数十亩。最大的古樟寿逾千年，须六人合抱，树下有一座小小的古庙，名曰："樟树大神。"晓起村保留着不少精美的明清古建筑，门额书有"进士第"、"大夫第"、"荣禄第"、"儒林第"等字样，可见村中好学成风，名士高官代出。这里有"一门三大夫"、"祖孙两进士"的佳话，邻村尚有"一门九进士，六部四尚书"的对联，让人叹为观止。

晓起保留有完好的古驿道通往后山。青石板铺就的路面，被久远的时光磨蚀得光可鉴人；深刻的辙痕，诉说着远古的传奇。不知有多少学人士子、商贾过客在这里匆匆走过。邻近的"徽饶古道"，有数不尽的路亭。那些标有"五里亭"、"七里亭"、"十里亭"的路亭，就是婺源人的驿站，也是人生的里程碑。路亭的木柱上有楹联："对面那间小屋，有凳有茶，行家不妨少坐憩；两头俱是大路，为名为利，各人自去赶前程。"如唠家常，却饱含哲理。另一副路亭对联："走不完的前程，停一停，从容步出；急不来的心思，想一想，暂且丢开。"让人坐在亭中，好一阵思量。

从晓起驱车赶往溪头乡砚山村。车行山中，一边是危岩耸立，一边山谷幽深。山间云雾缭绕，谷中溪流潺潺，疑为仙境。记起黄庭坚的《砚山行》："新安出城二百里，走峰奔峦如斗蚁。陆不通车水不舟，步步穿云到龙尾。"歙砚石就在这云雾山中。不到20千米的路程，竟走了1个多小时，溪头乡终于到了。

驶下山道，沿溪水前行，向右越过一座小桥，迎面看到溪头中学的正门。向左转到学校后墙，已无车道，只好下车步行。脚下溪水哗哗流淌，这就是芙蓉溪，古称龙尾溪。两岸夹

眉纹歙砚石

山，就是龙尾山，也称罗纹山。沿溪流行1千米左右，谷中古村白墙黛瓦隐现其间，砚山村到了。

宋唐积《歙州砚谱》记载："婺源砚，在唐开元中，猎人叶氏逐兽长城里，见叠石如城垒状，莹洁可爱，因携以归，刊粗成砚，温润大过端溪。后数世，叶氏诸孙持以与令，令爱之，访得匠斫为砚，由是山下始传。"开元是唐玄宗的年号，在714～741年之间。歙砚石开采，距今最少也有近1300年的历史了。

南唐后主李煜对歙砚石的贡献 南唐（937～978）时，歙砚被奉为极品。宋李之彦《砚谱》中说："李后主留意笔札，所用澄心堂纸、李（奚）廷挂墨、龙尾石砚，三者为天下之冠。"南唐建都金陵（今南京），龙尾石产地歙州，在其所辖35州之内。中主李璟、后主李煜雅好文墨，对砚石开采自然不遗余力。李氏并将龙尾石砚列为众名砚之首，专设砚务官，为宫廷制砚。宋欧阳修《南唐砚》记："当南唐有国时，于歙州置砚务，选工之善者，命以九品之服，月有俸廪之给，号砚务官，岁为官造砚有数。"宋唐积《歙州砚谱》说："南唐元宗精意翰墨，歙守献砚，并荐砚工李（汪）少微，图主嘉之，擢为砚官。"

李少微所制南唐御砚流传甚少，弥足珍贵。欧阳修曾从王原叔家偶得一方。《南唐砚》记载："有江南老者见之，凄然曰：'此故国之物也。'因具道其所以然，遂始宝惜之。"欧阳修于天圣九年（1031）得到此砚一直带在身边。皇祐三年（1051），欧阳修作《南唐砚》文，并于砚背刻铭。乾隆五十七年（1792），乾隆进士、书法家铁保得此砚，在砚边作铭。翌年铁保请书法家翁方纲在砚盒上作铭。民国八年（1919），邹安编《广仓研录》记载，此砚已流落日本。

宋曹继善《歙砚说》记载："景祐中（1034～1038），校理钱仙芝守歙，始得李氏取石故处。……所得尽佳石也。"宋唐和《歙州砚谱》记载："景祐中，曹平为令时取之，后王君玉为守时又取之，近嘉祐中（1056～1063）又取之。"黄庭坚《砚山行》诗："自从元祐（1086～1094）献朝贡，至今人求不能止。"南宋理宗（1225～1264）时，徽州府将澄心堂纸、李廷挂墨、汪伯立笔、龙尾旧坑砚石，作为"新安四宝"，每年定期向朝廷进贡。有宋一朝，龙尾砚石的开采到达高峰，元、明、清各朝开采远不及宋。

歙砚的特征与鉴赏 龙尾山主要砚石坑口有：

一、眉子坑。分上、中、下三坑。主要有粗眉、细眉、长眉、短眉、线眉、枣心眉、白眉、鱼子眉、鳝肚眉等品种。

二、罗纹坑。主要有粗罗纹、细罗纹、刷丝纹等品种。

三、水舷坑。主要有金星、金晕、水浪纹等品种。

四、金星坑。主要有金星、金晕、玉带、彩带等品种。

以上四坑称为"旧坑"或"四大名坑"。另有歙石仔，也称芙蓉溪仔石，产于贯穿砚山村的芙蓉溪。石皮有珍珠般光泽，内呈半透明状，异常珍贵。

龙尾石颜色以"黑龙尾"为主，实际上是青灰色，是龙尾石的基本色。另外还有红（庙前红）、青（庙前青）、黄（鳝鱼黄）、绿（茶末绿）等石色。黑色，南宋高似孙《砚

歙砚石坑

笺》说：“龙尾多种，性坚密，叩之有声。苍黑色，浅深不一。”这种颜色的砚石最为普遍。红色，清程瑶田《论砚》中记载：“庙前洪石，龙尾上品也，所谓庙前者，今失其处，故老口授言。质坚似玉，而细润若端溪水岩石者。是故世俗语也呼之曰端。色有紫色，葱绿带白者。”庙前红，为砚山村口神庙前所产红色砚石，红色实为深紫近于紫端。青色，清汪微远《龙尾石辨》记述：“予尝于丰溪吴太史家，得一芾字砚，乃歙石之佳者，相传为米无章所宝，石色淡青，亦如秋雨新霁，表里莹洁，宝之十余年。”汪民所述青石为庙前青，与庙前红为同一坑口所产。黄色，民国许承尧《歙县志》中记载：“灵金山东支曰岩山。蜿蜒东山涧，有石色黄如蜜，可作砚。腻不减龙尾。”龙尾山也产黄色砚石，称鳝鱼黄或鳝肚。绿色，宋蔡襄《文房四说》：“砚，端溪无星石，龙尾水心，绿绀如玉石，二物入用，余不足道也。”绿色龙尾砚石，底色为绿，上有点状深色，称鱼籽石或茶叶末，色浓者已不复见矣。

芙蓉溪

通往砚山村的小路

歙砚石的文化价值　龙尾石砚，为唐宋以来文人砚中佼佼者，与端溪石砚在伯仲之间。历代文人，留下众多对龙尾石的溢美辞章。古人评论端歙两砚，有“端石如艳妇，千娇百媚；歙石如寒士，聪俊清癯”之说。环肥燕瘦，皆国色天香。宋欧阳修在《砚谱》中说：“端溪以北岩（下岩）为上，龙尾以深溪为上，较其优劣，龙尾远出端溪上。”北宋文坛领袖欧阳修，对龙尾砚石情有独钟。宋苏轼《孔毅甫龙尾砚铭》：“涩不留笔，滑不拒墨，瓜肤而谷理，金声而玉德。厚而坚，足以阅今于古今，朴而重，不能随人以南北。”东坡对龙尾砚石“金声而玉德”之颂，流传甚广。宋黄庭坚《砚山行》写道：“不轻不燥禀天然，重实温润如君子。日辉灿灿飞金星，碧云色夺端州紫。”山谷为宋代深入砚山，涉险考察龙尾砚石第一人。明汪道昆《旧歙石砚铭并叙》说：“歙与端之贵，贵旧坑也，而歙实出端上，今皆绝少矣。”明代以来，老坑歙石已十分奇缺，尤显珍贵。从以上的论述可以看出，北宋以来的文人对龙尾砚石推崇备至。

从龙尾山中步出芙蓉溪水口，一座古朴精致的拱形桥架在溪水上，落日余晖铺满波光。正是这深幽绝美的山水，养育出纯苍的精灵，又赋予古今士子多少才情。文人沈友石《砚铭》说：“苑山墨池石苍壁，不修国史不草檄。长吟短吟日啾唧，呕出心肝血一滴，千年之后当化碧。”华夏民族的文人，正是在这砚田中呕心沥血，播撒文字，培育文明。

洮河石

3000万年前，漂移的欧亚大陆板块发生了一次剧烈碰撞。于是，年轻的青藏高原带着远古的期冀横空出世。在这巍峨高原的东端镶嵌着一块绿宝石般的草地，它就是甘南藏族自治州，梦幻中的佛国净土——香巴拉。

洮河石的传说　就在与这神奇高原相连的甘南碌曲县西倾山麓、冰雪消融、清泉喷涌，无数的涓涓细流汇成滔滔神水，藏语称为"碌曲"的洮河。洮河由西向东流经卓尼到岷县，忽然倔强地扬头向北闯到石门峡，却被大山迎面阻挡。挡住水路的石山，正是相传后来被康熙大帝御封为"石门金锁"的石门山。

据说大禹治水时，这里石山封闭、水路堵塞，大禹挥起开山大斧将石山劈为两半，河水从两岸峭壁之间向北流去。清代洮州贡生陈钟秀有诗："谁劈石门踞上游，边陲万古作襟喉。任它纵有千金锁，难禁洮河日夜流。"

禹王这一斧了得，石门峡峭壁之上显露出"绿如兰，润如玉"的珍宝洮砚石，引起古往今来多少风流雅士的向往和颂咏。晋代《兰亭序》作者右军先生曾言："水砚者，城池也……"，面砚如守城池，这正是曾任大将军的书圣独特之语。传说圣人驾鹤西去后，经常受玉皇之邀到天宫挥毫泼墨。洗砚水从天庭洒下，恰好落在古洮州喇嘛崖上，于是洮砚石就有了湔墨点石纹的品种。

洮河石的特征　唐代著名书法家柳公权在《论砚》一文中写道："蓄砚以青州为第一，绛州次之，后始重端、歙、临洮。"宋皇室宗亲赵西鹄在他的《洞天清禄集》中写道："除端、歙二石外，唯洮河绿石北方最为贵重。绿如兰、润

洮河石门峡景色，右边就是砚山村

如玉，发墨不减端溪下岩，然石在大河深水之底，非人力所致，得之为无价之宝。"由以上两位大家论述中我们可以得知：

一、洮砚始现于唐代，距今约有1200年。

二、端、歙、洮自古以来并称三大名砚。

三、洮砚石色之美、石质之优、发墨之匀不让端溪宋坑之岩。

四、地处偏远，水深山险，采石很是艰辛。

五、传世稀少，得之为无价之宝。

洮河石的寻访路 洮砚石产自甘肃省甘南藏族自治州卓尼县洮砚乡喇嘛崖。甘南位于甘肃省西南部，地处甘肃、青海、四川三省交界地带，古为丝绸之路河南道和唐蕃古道的重要通道。

隋唐时期，生活在西藏的吐蕃人来到甘南，融合了历史上传承下来的羌、氏、党项、吐谷浑、鲜卑、汉等多民族，形成了今天甘南的主要民族——藏族。

险峻山峰与其间高原阔地，构成了全州境内海拔3000米以上的主要地貌特征。加以高寒多雨、寺庙众多，甘南素有小西藏之称，是当地藏民心中的天堂，称为香巴拉。

驱车从兰州出来不久即驶入兰临高速公路。车在山中穿行约100千米至临洮。下高速后，车在山中盘旋，经著名景区冶力关，过新城到卓尼县柳林镇，全程近300千米，用时约5小时。

卓尼县地处甘南东南部，总人口约10万人，县城柳林镇人口不足2万。卓尼为藏语马尾松的汉语译音，1295年建卓尼寺（今禅定寺）时，以原址高大马尾松建大殿而有寺名，地名亦随寺名而生。

1世纪，佛教从古印度通过丝绸之路以梵文经典译成汉语传入中国称为"汉传佛教"。经喜马拉雅山以梵文译成藏文传入西藏称为"藏传佛教"。藏传佛教在唐朝时从尼泊尔传入甘南。

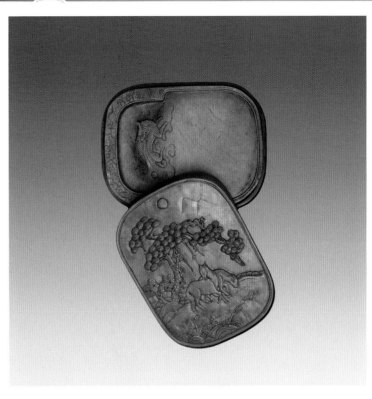

清·洮河麒麟纹砚
尺　寸：16.5厘米×12厘米

明·兰亭雅集洮河砚
尺　寸：25.5厘米×17厘米×7.7厘米
鉴赏要点：这方砚台选材精良，规格高大，长方形，足墙深厚，有秦砖之遗韵。砚面及四壁外墙满工，用浮雕技法雕饰庭院山水，刀法细致写实，其间有文人雅士在焉，或临池挥毫，或欣赏品鉴，或觥筹交错，或围炉而谈。底部为一方鹅池，乃兰亭雅集之风流余韵也。保存完好，包浆古雅。

清康熙四十九年（1710），皇帝亲笔"敕赐禅定寺"的匾额，镌刻于寺门，匾额后遭毁。现今见到的匾额"禅定寺"三字为赵朴初手书。禅定寺亦称卓尼大寺，坐落在卓尼城西北约1华里处的半山平台上。这里山峰间祥云缭绕、山下洮河似玉带缠腰，是弘扬佛法的灵光胜地。卓尼大寺最盛时有僧侣5200余人，占地近百亩，大小建筑170多幢，曾统领大小属寺108座之多。

清·洮河绿石梅月纹砚
尺　寸：长21.7厘米

清·龙池洮河绿石砚
尺　寸：18.7厘米×12厘米×5厘米
鉴赏要点：长方洮河绿石，砚面平坦，墨池深凹，内镌一神龙游于云层之间。龙极具威严，舞爪盘曲。砚背深开抄手，龙之脊背忽隐忽现，与砚面相呼应，颇具神秘感。配红木砚盖。

洮河石的产地　从卓尼到洮砚乡50多千米，返过新城后向东驶入乡间土道。车在海拔3000多米的山中盘上旋下，山路坑洼不平，时有山水冲拦山道，车辆涉水而过。这里多雨，山路经常塌方。我们来卓尼以前曾在兰州滞留了几天，就是因为清理塌方路障。幸好天气放晴，道路也及时疏通，否则洮砚乡之行很可能成为泡影。就这样颠簸了两个多小时，前方兀现一条大河，洮砚乡到了。

洮河上架着一座桥，桥头上刻有"洮砚大桥"字样。桥西为石门沟村，桥东为洮砚乡政府所在地哇儿沟村。村里大约有1000余户，都是藏民，主要以砚雕行业。村里的房屋为土坯垒成，破旧不堪。村里不见任何介绍、销售洮砚的字样。村民表情木讷、不善言谈，民风极为淳朴。车行过桥，停在一排残败的土坯房前，土墙上有一个歪斜并且字迹不工的牌子，上书"洮砚乡邮电所"几个字。向导找出唯一的职工，由于口音关系，言语听不清楚，于是记起一副对联："几间东倒西歪屋，一个南腔北调人。"交谈中得知，哇儿沟村只雕砚不采石，石料都是从山上采石的村民那里购来。我们在两位向导指引下继续前行。

沿着洮河东岸山路向北进入石门峡，道路狭窄仅容一车勉强通过，车头扬起，一路爬坡。仰望巍巍巅峰，俯视滔滔流水，不禁想起李白对蜀道艰险的惊叹。同行赵君没有访石的经历，紧抓汽车拉手的双手已浸满汗水，微微斜视窗外，心中早已叫苦不迭。好在车已适时停住，大家才长舒一口气。车停在丁尕村，这里村民大都以采石为生。向导带着我们走进一户村民家中，村民打开破旧的土屋木门，向我们展示码放整齐的不同坑口的砚石，给我们介绍老坑石与新坑石的区别，并送给我一块颜色翠绿带有黄膘的老坑洮砚石料。

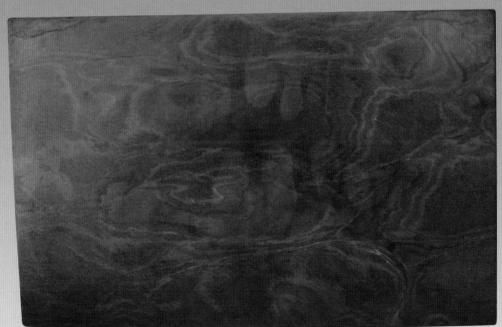

双色洮砚板（正、背）

明·洮河麒麟八方砚
尺　寸：12厘米×11.7厘米×4.9厘米

在藏民的祝福和我们的道谢声中，我们继续前行过卡古村、纳儿村、水泉湾、苟巴崖，最终到达洮砚石圣地喇嘛崖。

喇嘛崖位于洮水东岸，在纳儿村和下达窝村之间。崖顶至水面垂直高度约500米，山崖外形如同喇嘛僧帽，故名喇嘛崖。喇嘛崖南面岩石陡峭如刀削，洮河石料就分上、中、下三层夹在岩石之中。下层洞窟与水面齐平，枯水季节需乘木筏才能靠近石坑，或许这就是赵希鹄所言"然石在大河深水之底，非人力所致"的由来吧。由于洮河水位日趋下降，现在已很难接近下层矿坑。中层石坑距下层石坑约30米，为宋代老坑，因坑洞崩塌、道路堵塞已废弃不用。上层距中层约50米，是现在主要开采的坑头。通往坑洞的小路只容一人低头走过，洞内低矮、黑暗、潮湿、雾气弥漫。藏民点上油灯弯腰作业，凿出石料由人工背到路边运走，采石环境十分恶劣。除喇嘛崖外，还有水泉湾和纳儿村等地也产洮砚石。

清光绪年间《洮州厅志》载喇嘛崖："其崖西临洮水，磴道盘空，崖半横凿一径缘崖而过，其石即于径侧凿洞取之。"洮砚石产地地处边陲，缘崖盘空为古栈道，道路奇险，冬春冰雪封山无法作业。加上古来羌戎之地、文化不彰，当地更有采石触犯神灵之说。这使得三大名砚之一的洮砚自宋之后名隐而不显，物匮而难觅其踪。

洮河石的特质与鉴赏　清代沈青崖《洮砚诗》中说洮砚"肌如蕉叶嫩"。古人云，抚摸好砚，温润如飞燕之肤、玉环之体，入手使人心荡。宋朝苏东坡在《鲁直所惠洮河石砚铭》中说："洗之砺、发金铁。琢而泓，坚密泽。"以上诗句不但比喻洮砚石石质细润，而且说明洮河发墨之良无出其右。

洮河砚石主要以绿色为主。历代文人对洮河砚极力推崇。北宋诗人张文潜有诗"明窗成墨吐秀润，端溪歙州无此色"。金代冯延登有"坐看玄云吐翠微"句。赵朴初则将洮河石喻为"一潭净水碧如玉"，更为精妙。洮河石绿而泛湖兰之幽，如与绿端、松花绿等砚石

清·洮河绿石方砚

并观立显。现今首都博物馆藏有一方清纪晓岚遗砚，有纪氏镌刻"端溪绿石上品"字样。此砚曾为康生收藏，经专家论证为洮河绿石。洮河古砚罕见而致砚藏者疏漏时有所闻。洮河石颜色有玄璞、鸭头绿、柳叶青、鹦鹉绿、孔雀绿、瓜皮黄、羊肝红、熟栗红等。

洮河绿石中有各种奇幻曼妙的纹理。宋黄庭坚有诗句"洮州绿石含风漪"，赵朴初写道："风漪分得洮河绿。"石纹如风起涟漪，又似烟云缥缈，变幻莫测，妙趣天成。这就是洮砚石的水纹、云纹和开篇说到的有点状花纹湔墨点的绰约风姿。

"洮砚贵如何，黄膘带绿波。"斑驳古朴的各色石膘给洮砚增添了典雅的效果，同时也是鉴定洮河石的重要特征。

洮河名砚石的传承与价值　洮砚石色艳质优，传世甚少，弥足珍贵。北京故宫博物院藏一方长方形宋代蓬莱山洮河石砚。砚背后刻龟趺石碑，碑额隶书"雪堂"二字，正是苏轼斋号。此砚为凤毛麟角之物。

津门大收藏家徐世章为徐世昌胞弟，平生致力收藏，藏砚达千方之多，质量之精、价值之昂、铭文镌刻之精美，令人叹为观止。1954年，徐世章将其所藏文物连同藏砚一起捐给了天津艺术博物馆。现在，新建的天津博物馆有徐氏藏砚专厅，其中有两方洮河石名砚：一方为明代十八罗汉洮河石砚，椭圆形，该砚雕刻构思巧妙，刀法流畅苍劲，为砚中珍品；另一方为长方形抄手洮河石砚，砚堂内条状水波纹理清晰可见，此砚为宋代珍品，保留至今，甚为稀少。

宋神宗大安二年(1086)，黄庭坚(字鲁直)赠给苏轼一方洮砚，也就是前文所述苏轼作《鲁直所惠洮河石砚铭》的那方砚。时光逝去900多年后，该砚在日本出现。先为日本前首相近卫收藏，后由日本汉学家、文物收藏家小野钟山之父用一幢花园洋房换得，现仍为小野氏收藏。洮河古砚难求，宋代大书法家蔡襄将古砚与和氏璧相提并论："相如闻道还持去，肯要

清·洮河石圆砚
尺　　寸：直径14厘米

秦人十五城。"行文至此，想起前文所述王羲之面砚如守城池之语，亦极言佳砚之重矣。

向导告诉我们，石门峡下游的九巅峡正在拦坝建水库，不久这里将会如传说中的大禹治水前那样汪洋一片。届时，古老的洮砚乡哇儿沟村将不复存在，喇嘛崖的洮砚石宋坑也将沉入水底，如冥冥之中的轮回显现，也使我们这次洮砚乡之行竟成绝唱。回望这洮砚的圣地，如晤古人、如参神灵、如有一脉相承的文化共洮水流淌，渐行渐远，沉寂在那深邃的石门峡谷之中，以至久长。

松花石

长白山天池水面高度海拔2194米，最深达373米，水面积9.82平方千米，总蓄水量20.4亿立方米。天池是松花江、鸭绿江、图们江三江之源。它孤悬天际，没有入水口，池水却终年外流不息。古人说水通东海故称海眼。传说池中有龙，又称龙潭。天池水从龙门峰与天豁峰之间溢出，形成只有1250米的乘槎河，然后突然跌涛而下，势如万马奔腾，形成落差68米的长白瀑布。继而汹涌急流、穿峡劈谷、一泻千里形成二道白河，是松花江正源。

长白山是神山，又是宝山，白山松水之间孕育着美丽的松花宝石，为中华赏石文化增添了浓重的华彩。

大清国宝松花砚石 康熙三十年（1691），康熙帝玄烨命令内务府造办处在武英殿设松花石砚作，专司松花石的开采、运输、设计、制砚。康熙帝在《松花石制砚说》志其事："盛京之东，砥石山麓，有石垒垒，质坚而温，色绿而莹，文理灿然，握之则润液欲滴。有取作砺具者，朕见之以为良材也！命工度其大小方圆，悉准古式，制砚若干方，磨隃糜试之，远胜绿端，即旧坑诸名产亦弗能出其右。"康熙帝首将砺石拔擢为御用松花砚石。康熙五十二年（1713），康熙帝赐四子胤禛松花石砚一方，砚背铭："一拳之石取其坚，一勺之水取其净。"康熙帝也曾将松花石砚作为圣物赐以重臣。胤禛继位后改元雍正，增招琢砚名匠入宫，将松花石砚作由一作增至二作，增加了松花石砚的产量。

奇观
石　　种：松花石
尺　　寸：长22厘米

延绵不绝
石　　种：松花石
尺　　寸：长38厘米

松峰神秀

石　　种：松花石

尺　　寸：高50厘米

少年时的弘历，深得祖父康熙帝的喜爱。康熙帝曾赐给他一方松花石葫芦砚。弘历继位后改元乾隆，葫芦砚一直伴随左右。乾隆朝的松花砚料大多是在乾隆十九年（1754）前开采的。其中有辽宁本溪的桥头石。乾隆三十五年（1770），乾隆帝亲自主持并命大学士于敏中编纂了《西清砚谱》，历时三年完成。该谱将皇家内府藏砚精选200方，加以绘图说明。乾隆将6方康熙、雍正及自己御用松花石砚列为砚谱之首，亲自作序："松花石，出混同江边砥石山，绿色光润细腻，品埒端歙。"并将松花石砚誉为大清国宝。同年底，乾隆帝命清查内务府库存松花石料，并谕："特殊有用处用，钦此。"当时松花石材已不再开采，只有皇宫内务府掌握现有砚料，皇帝御批才能动用。自嘉庆帝起，清廷再也没有采掘松花石，御制松花石砚也屈指可数。清朝末代皇帝溥仪1908年继位，1911年因辛亥革命而退位，但仍居住在紫禁城中。自1923年起，溥仪伙同其弟溥杰为了筹集复兴祖业经费，将宫中稀世珍宝大量运出宫外，其中就有松花石砚。据统计，自清退位30余年间，因转运、赠送、变卖、被盗等各种原因，清宫共流失松花石砚数百方，其中流落到日本的有120多方。天津博物馆藏徐世章所捐清宫松花石砚7方。1949年，国民党政府将故宫文物60余万件运往台湾，其中有清宫松花石砚近百方，现存台北故宫博物院。目前北京故宫博物院尚存松花石砚80方。康、雍、乾三朝皇帝共御赐功臣大员松花石砚数百方。清宫大内御制松花石砚的概况大致如此。

翠峰

石　　种：松花石
尺　　寸：长9厘米

老者

石　种：松花石

尺　寸：高23厘米

富士山
石　　种：松花石
尺　　寸：长23厘米

欣逢盛世的松花砚石　中国砚文化源远流长，唐宋时期名砚迭出，而松花石砚却一直鲜为人知，究其原因大致如下：

一、松花石砚面世晚、时间短。大清康熙三十年（1691）由皇帝钦定为砚石，到乾隆十九年（1754）乾隆帝诏令封山停止采石，前后不过60余年。

二、松花石砚是宫廷圣物，宫外大臣所得松花石砚皆为皇上赏赐，民间无以得见。

三、康熙年间清廷为了保护祖宗发祥地，将长白山大片地区划为禁地，只有皇家内务府奉旨才能进入采石，采量很小。

四、有清以来，皇宫大内御制松花石砚也不过数百方，传世量极少。

五、有关松花石的资料、书籍阙如。

六、咸丰以后，战乱频仍、文化凋敝，松花砚石也随着大清国的消亡而湮没。

1979年，吉林通化市工艺美术厂的找矿小组，在通化市浑江南岸二道江区长胜村铁路边的山崖上发现松花石矿，紧接着又在通化大安乡湖上村南山坡找到优质的松花石矿脉。1980

年春，首批试制的52方松花石砚运抵北京。"松花石砚欣赏鉴定会"隆重开幕。昔日国宝重现为文坛盛事，艺术家纷纷赋诗挥毫。皇族溥杰先生题词："地无遗宝，物尽厥材。松花名砚，继往开来。"大收藏家张伯驹先生题词："长白之精，松花之英，物华天宝，价重连城。"佛学家、书法家赵朴初赋诗："色欺洮石风漪绿，神夺松花江水寒。重见云天供割踏，会看墨海壮波澜。"文物专家、书法家启功步朴老韵："鸭头春水浓于染，柏叶贞珉翠更寒。相映朱坤山色好，千秋常漾砚池澜。"著名画家吴作人挥笔写下四个大字"重见卞和"，并释文："三百年来只见文献，未见实物，当八十年代第一春再睹天日。"欣慰之情，溢于言表。

奇景
石　　种：松花石
尺　　寸：高18厘米

本溪辽砚石　　2005年春，我与朋友驱车，踏上了寻访松花石源头的路。从天津车行800余千米到达辽宁省本溪市。本溪市区山崖下有一个湖面不足15平方米的小岩湖，湖形似犀牛角酒杯，称杯犀湖，谐本溪湖。清同治八年（1869）处士高升书"辽东本溪湖"刻石立在湖口，本溪因而得名。

本溪市南行20千米，有桥头镇产松花石，又称桥头石。当地人称紫云石、青云石或线石。驱车至桥头小黄柏峪，身边潺潺溪水，脚下曲径通幽。举目仰望，松花石矿在山体中呈叠层状。村民将石料取下，堆放在院落中，作为制砚的材料。还有独立成形的石头，可以观赏把玩，也可以制成随形砚，别有情趣。清末民初，桥头镇有石砚作坊十余家。日伪时期，日本人大量采集桥头石，除在当地加工制砚行销海外，还将大量桥头石运回日本。该段历史，日本《砚墨新语》等书多有论述。20世纪80年代，桥头石砚恢复生产，至今发展到十余家石砚作坊。民间制砚自然不能与御用砚同日而语。清宫大内制松花石砚，集中了国内广派、徽派、吴门派、文人派等诸门派砚雕高手，如顾公望、黄声远、王天爵、汤褚冈等名满天下之士。加之选料精良，构思巧妙，举国之力所制石砚，绝非民间砚作所能望其项背。

画面
石　　种：松花石
尺　　寸：长36厘米

松花砚石的产地 驱车继续北上，行300千米到达吉林通化。根据《通化市志》记载，康熙九年（1670），清廷以保护祖宗发祥地为由，将旺清门（现新宾旺清门镇），英额门（现清源英额门镇）以东至长白山的辽阔地区划为封禁区，致使通化200年间成为森林茂密、野兽群集、人迹罕至的荒凉地带。咸丰年间弛禁，光绪三年（1877）设通化县，1941年成立通化市。

通化市松花石砚协会会长刘祖林，就是当年北京"松花石砚欣赏鉴定会"所展松花石砚的研制组组长。根据刘祖林考察，通化市二道江区长胜村铁道边上的"磨石山仙人洞"，即是清宫御用松花石老坑。自通化市驱车行36千米至大安镇湖上村，沿村路上山，坡上可以看到裸露的松花石。松花主要是埋在地下，呈土包石状态，挖出后需要将包土层清理干净才能观赏。当地村民家中大都出售奇石。这里的奇石以色艳形优而闻名，当年北京展出的砚石即出于此。

景观

石　　种：松花石

尺　　寸：长35厘米

高耸
石　　种：松花石
尺　　寸：高22厘米

瑶台

石　种：松花石
尺　寸：高26厘米

自通化市北行8千米到二密镇葫芦套村。葫芦套以山水环绕如画葫芦般而得名。沿溪水上山，水下松花石层叠而列，两岸芳草萋萋，树木遮天蔽日。记起欧阳修《醉翁亭记》："野芳发而幽香，佳木秀而繁阴，风霜高洁，水落而石出，山间之四时也。"在葫芦套不用等待水落而石自显矣。行三里，迎面兀显许多巨形松花石，色艳、形奇、纹美，估计都在百吨以上，简直就是天然松花石博物馆。葫芦套特产紫、黄、绿三色相间松花石，色彩绚丽，存量甚少，弥足珍贵。

自通化东行70千米至白山市江源区。沿江源公路两旁有村民自建的松花石奇石馆近百家，是松花石重要的集散地。经过村民的精心打扮，这里的松花石已经出落得光鲜亮丽。价格从几百元到几十万元都有出售。

松花砚石的生成与鉴赏　根据地质考察报告显示，松花石形成距今约8亿年前的新元古代，岩性为含硅微晶灰岩，生成环境是浅海相沉积。从辽宁省本溪市到吉林省两江镇形成数百千米沉积带，其中以通化大安、白山库仓沟、江源大阳岔等地沉积层较厚，性质稳定，质地为优。松花石以绿色为主，颜色愈深，质地愈佳，绿色泛蓝更为上品。松花石还有黄色和紫色等多种颜色，色彩绚丽美不胜收。松花石有美妙的刷丝纹，诡异飘逸，变化无穷。根据通化刘祖林统计，已发现60多个品种，可谓洋洋大观。清康熙帝南书房侍读陈元龙写道："松花石砚，温润如玉、碧绿无瑕，质坚而细，色嫩而纯，滑不拒墨，涩不滞笔，能使松烟浮艳，毫影增辉，古人所称砚之神妙无不兼备，洵足超轶千古。"松花石砚是中国众多名砚中之翘楚，松花石又是文房石中，唯独可以形神兼备再现秀丽山川的奇石，加之娇艳的色彩，温润的质地，柔和的光泽，高贵的血统，无不向人展示着大清国宝的风采。

飞瀑

石　　种：松花石
尺　　寸：长45厘米

天柱
石　种：松花石
尺　寸：高58厘米

松花砚石的发展　　近年来，松花石产地的石友，精品意识逐步形成。通化市赏石协会会长刘祖林，企业家毛瑞璟，白山市赏石协会会长刘洪声等藏石家，都有国宝级松花奇石珍藏。通化市赏石协会名誉会长毛瑞璟收藏松花石已耗资千万，目前又斥资数千万兴建面积达5000平方米的松花石展馆。白山、江源两地也在倾市、区之力打造松花石文化这张城市名片。历史赋予执着的探索者光耀松花石文化的机缘。当人们欣赏着动人心魂的长白精灵，沐浴着扑面而来的文化气息，体验着探索者的艰辛，憧憬着美妙的希望，怎能不为之动容。

辛亥年的炮声，使紫禁城的沉重大门轰然闭合。今天，当我们推开历史厚重殿门的一隙，窥见那文化殿堂中的一束折光，我们已被深深地震撼，而那无疆的大自然，更让我们陡生虔诚的敬畏和无尽的向往。

卡通鳄

石　　种：松花石
尺　　寸：长56厘米

福建名石九龙璧品鉴

九龙璧因产于福建九龙江而得名。九龙江为福建省内仅次于闽江的第二条大河。据《漳州志》记载："梁大同六年，有九龙昼夜戏于此，盖龙溪之所由名。"九龙江分为北、西两溪，北溪自华安过漳州入海，产石名九龙璧，亦名华安玉。

◆ 九龙璧的历史记载

九龙璧主产地为华安，是漳州市的辖区，漳州也是九龙璧重要的收藏鉴赏与集散地。华安取华丰、安溪两字头为名，建县于1928年，县治在华丰镇，沿九龙江北上距漳州市78千米。

明代徐霞客于崇祯三年（1630）八月，自福建华封绝顶而下，考察九龙江北溪，留有闽游日记（后）："余计不得前，乃即从涧水中，攀石践流，遂抵石上。其石大如百间房，侧立溪南，溪北复有崩崖壅水。"北溪落差极大，水流湍急，古来自华封至新圩古渡，舟楫不行，只能徒步攀缘。徐霞客当年考察的北溪这段奇险之地，现在已辟为九龙璧天然"玉雕走廊"赏石公园。徐霞客应当是九龙璧最早的发现者。

民国癸丑年（1913）仲夏，漳州学者黄仲琴与友人癸琳同游华封观石。遇客倚篷窗，有石求售。癸琳曰："华封之石，浴日沐月，

粮仓

石　　种：九龙璧
尺　　寸：高17厘米

笔者在九龙江考察九龙璧

胎阳息阴，炼以娲皇，劈以巨灵，遇风而凝，入水而精，故能旁肖诸形，上应列星。"华安之石受日月之精华，有神灵之塑造，遇风、水之滋养，方能幻变万千。客持石进曰："上则菩萨低眉，右则奎宿腾辉，左则红羊将跪，下则赤鹅欲归。"客人欲售之石，内容很丰富。黄先生谛视应之曰："子言是矣，子石未果肖诸形也。夫邻于石者难观石之识，有其识者难常邻于石，石之至奇岂将终秘？璞不常埋，其留有待。"黄先生认为，揭示奇石的意境需要深厚的文化素养，期待着对华封石鉴赏的解密。

◆ 九龙璧的开发与现状

漳州石友玩九龙璧，大约在20世纪80年代。当时有山区农民，将拣到的石头带到漳州花卉市场出售，每件只要几元钱，有的石友称这种石头为华安丽石，那时还没有九龙璧或华安玉的名称。90年代初，石友们纷纷前往华安觅石，至90年代中期，漳州石友开店经营石头的渐多，石市初步形成。

21世经初，九龙璧被漳州市人大批准为"漳州市石"，成为漳州四宝之一，进一步扩大了九龙璧的声誉。经过多年努力，漳州市区已有百余家奇石馆和奇石商店。华安县罗溪村被称为奇石村，沿江数千米也有上百家石店。

经过十多年的采集，到本世纪初，北溪已难觅中小型九龙璧的踪迹，大型九龙璧也受到保护，重要地段已辟为观赏石公园。作为观赏石的九龙璧，资源已经很少，作为玉雕原料的九龙璧，资源还很丰富。与九龙璧相关的产业正在迅速发展，而九龙璧的鉴赏与收藏，已经走进精致时代。

◆ 九龙璧的鉴赏特征

鉴赏九龙璧主要从以下几方面特征来看。

质地 九龙璧又称华安玉，含有玉髓、透辉石和透闪石等成分，有玉质感，摩氏硬度达到7.7，其物理性能处于软玉与硬玉之间，坚韧而保存性能高。

形态 九龙璧质地如此坚硬，但又形态多变，具备了观赏石的优越品质。九龙璧展现山水景观很是全面，包含了峰峦、山岭、峭壁、岛屿、溪涧等各类自然形态，尤以气势恢宏最为突显。九龙璧表现人物也有独到之处，僧道、神仙、高士、名人等都有特色，有石友收集了五百罗汉，并在深圳等地展览。

色泽 由于矿物质含量的差异，九龙璧颜色丰富多彩，有绿、红、黄、黑、白、灰等色，尤以翠绿、古铜、漆黑等色最为亮丽贵重。九龙璧色彩效果或清新淡秀、或浓烈瑰丽、或古朴典雅、或变幻多端。九龙璧有单色的魅力，也

寿星

石 种：九龙璧
尺 寸：高12厘米

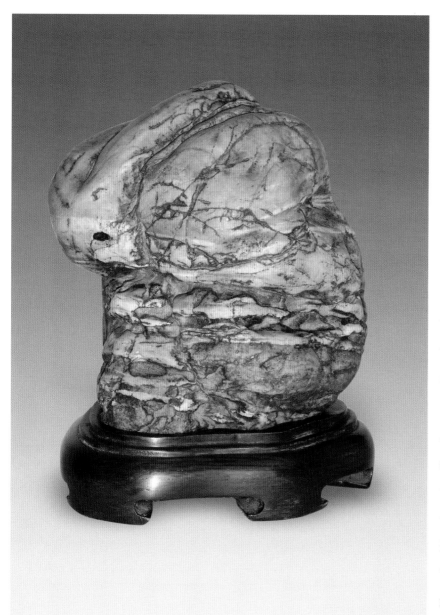

有复色的视觉冲击，展示出多变的效果。

纹理 九龙璧的纹理也是千变万化，不仅表现在造型石上由褶皱形成的形态，同时也反映在画面石的构图上。九龙璧画石大多为黑、黄、绿等色彩，有些壁画的味道。九龙璧的皮壳也很老到，由于水中金属元素的浸染，石皮皱褶中也呈现不同颜色，彰显出岁月的留痕。

◆ 九龙璧的收藏与价值

九龙璧是中国当代赏石中的名石，有一定的历史传承，玉质质地上也比较优秀。九龙璧在体现人物形态时线条简洁，尤精意象，神态毕露，特色十分鲜明，是收藏者最关注的类别。九龙璧在展示山水时或雄浑大气、或峰峦奇秀，也是收藏者的至爱。九龙璧的画面石是有壁画味道的精品，也有相当的收藏价值。

近年观赏石玩赏热潮的高涨，石头造假时有所闻，中国名石九龙璧当然也无法置身其外，其中主要造假手段有：

1.雕刻加工。主要在人物或动物头部细微处动手，以增强形象程度。

2.打洞、修理、喷砂。多在景观石质地较差的部位动手，以提升景观石的质量和景观的品位。

3.在黑白或多色画面石中，平面上去掉某种颜色石层，形成某种图像，或使图案更加清晰完整。

4.用化工颜料染色。

无论哪种造假手段，都会破坏奇石的皮壳包浆和纹理走势，只要用心观察都可发现破绽。

另外还有两种情况，九龙璧藏家也不可忽略。

一种是九龙璧有未经江水冲刷的山石，大多经过喷砂去除褶皱、孔洞中的杂质，表皮也变得鲜亮。这种清理方法如能适可而止，较少伤及石肤，仍可赏玩。

另一种为九龙璧切底石。这一类大多为景观石，其中有气象万千或清丽神秀的形态，也有一时的价值。

天然平底意境悠远的九龙璧景观石，是九龙璧中的珍品，价值极高，藏家遇到即是缘分，不可错过机缘。大自然以写意手法创造的人物形态，极富神韵，也要有收藏的心理准备。

九龙璧经过30年的历程，由最初的每件几元钱，到现在每件已经涨到数万、数十万元，甚至有突破百万元的案例。但是总体来讲九龙璧的价格并不到位，存量尚有，机会还多，升值空间很大，藏家要给以足够重视。

兔

石　种： 九龙璧

尺　寸： 高15厘米

山峰

石　种：九龙璧

尺　寸：长16厘米

贵州名石品鉴

中国西南边陲的贵州，古为夜郎国。这里山峦延绵，江河纵横，当地谚语说："天无三日晴，地无三尺平"，"八山一水一分田"，贵州的山地、丘陵占总面积的90%以上。明代王阳明贬谪贵州龙场驿时有诗句："贵竹路从峰顶入，夜郎人自日边来。"贵州较大的河流有85条，江河水流湍急，落差极大。正是在这些深渊峡谷中，孕育出大河的精灵，如乌江中的乌江石、南盘江中的盘江石、清水河中的贵州青、三岔河中的贵州红等石种，都是贵州名石的代表。

圆满

石　种：乌江石

尺　寸：长25厘米

◆ 乌江石

乌江是贵州省最长的河流，发源于贵州高原乌蒙山区，自西南向东北方向，奔腾于崇山峻岭之中，一泻千里，横跨贵州省北部经重庆汇入长江。乌江流经贵州铜仁地区的德江县潮砥镇，至沿河县黑獭乡，共120千米的河段，就是乌江石的家乡。其中又以自德江县潮砥镇至长堡镇约15千米河段，蕴藏的卵石资源储量最大，质量也最为优秀。

马场镇三岔河景观

貴州安顺马场镇三岔河挖掘奇石场景

◎ 乌江石的开发与现状

乌江石是贵州发现较晚的石种。1993年，由广西石友首先发现，随后的几年也只是少量拣拾。时间长了，当地村民也开始拣拾。由于村民占尽天时、地利条件，潮水过后，有模样的石头总是被抢先淘走，外地石友开始在村民手中购石，更加激发了当地石农、石友的采石热情。

2005年，乌江石引起了石友的广泛关注，大批石友、石商抢滩乌江，一时间乌江石身价大增，也促进了德江县观赏石的收藏、赏玩以及相关产业的发展。近几年，仅德江县乌江沿岸的村中，就有上千农户因采集石头受益，德江县政府在县城建起了乌江奇石一条街，乌江石在县城经济文化中，已占有重要地位。

乌江石资源总体储藏量可观，还有近百千米河段有待开发，但是由于环境艰险，进展缓慢。已开发的卵石中，有较高观赏价值的精品日渐稀少，与石友对乌江石认识逐步加深、需求走旺的矛盾突出，市场上的乌江石非常抢手。

◎ 乌江石的鉴赏特征

乌江石的清新淡雅，如夏日里清风拂面，送来丝丝凉爽。鉴赏乌江石的形、质、色、纹，更有一番不同的感受。

形态

乌江石为典型的江卵石，多呈卵形或类椭圆形，形态圆润饱满，线条柔和流畅。乌江石硬度高，难以形成较大的变化，而形态出奇者，自然就更加珍贵。目前石友们珍藏的乌江石，有景观、人物、动物、器物、案头抚摸把玩的文房等各类形态的石头。从德江长堡镇到稳平镇20千米的河段，出水了不少坛坛罐罐形状的乌江石，形质色纹俱佳，深得石友的喜爱。

悟
石　种：乌江石
尺　寸：高16厘米

乌江石多为硅质变质岩，摩氏硬度6~7，石体致密坚硬，石质细腻光润。乌江石的质地反映在石肤上，如青玉般温润，让人总想轻轻抚摸，享受那心动的感觉。

色泽

乌江石色泽柔和协调，绿、黄、白三色为多见色调。绿色是乌江石的主色，有青绿、墨绿、草绿、灰绿之分，尤以青绿为多，绿得如青山绿水，满目苍翠。青翠的石体上，配以金黄的纹理，瓷白的点缀，如同流动的旋律，丹青的渲染，清丽飘逸，内敛而含蓄。

纹理

乌江石的纹理变幻多端，丰富异常。主要有点状纹、线状纹和图案纹等类别。点状纹是石体上点状花纹集结为片而成，主要有雨点纹、雪花纹、水月纹、金滩纹等。线状纹是石体上由连续成线的黄、白条纹构成的不同纹理，包括草叶纹、云水纹、竹节纹、龟甲纹等。图案纹可以在石体上形成各种景观与物象，这在乌江石中也是珍贵的种类。

乌江石的收藏与价值

乌江石色泽清新、淡雅，质地细腻、娇嫩，观感、手感都有新鲜之风格。乌江石的成形难度，难在造型与图案。无论是景观、人物、器物造型，只要大形端正、形象饱满、线条流畅，都是藏家追逐的类型。另有圆润无形胜有形的禅石，藏家更不要错过，置之案头以手轻抚，有气定神闲的功效。在乌江石上形成的花纹与图案，如青花瓷般高雅脱俗，更是让人心动。

乌江石储量大、入市晚、风格另类，在各类名石资源面临枯竭的窘境时，异军突起，成为当下主力石种之一，为石界带来一股清新之风。经过近20年的石友认知与市场考验，乌江石的价格，也在回归中不断攀升，由最初的单件几十元、几百元、几千元，到现在的几万元、几十万元，乌江石的价值正在被认可。比较而言，收藏乌江石的机会很多，潜力还远未开发出来，升值空间很大，发展前景看好，藏家要给予特别的关注。

◆ 盘江石

南北盘江发源于云南马雄，在黔西南的崇山峻岭中穿行，在望谟县蔗香乡汇合，入广西称红水河，然后注入珠江。其中南盘江奔腾在黔桂边界的峡谷之中，上下游落差千余米，江面狭窄，山高谷深，江流湍急，造就了变化万千的南盘江石。优质的南盘江石，主要采于兴义市以南，天生桥水电站以下数十千米南盘江段，收藏、鉴赏、集散地，就是地处贵州西南角的兴义市。

◘ 盘江石的开发与现状

兴义的赏石活动，始于1990年，最初是玩赏黔太湖石，随后南盘江石逐渐成为兴义的代表石，至21世纪初，成为贵州乃至全国熟知的名石。南盘江石资源丰富，最初只有少数本地人拣采。随着人们对盘江石的认识，大批石友、石商深入南盘江中下游河段采集，也时有藏家到兴义淘宝，精品越见稀少。近年来，南盘江上建成多座水电站，一些江段变成库区，很多奇石沉没在深水中，可供采石的区域也在减少，南盘江石更显珍贵。

◘ 盘江石的鉴赏特征

盘江石大多为石灰质沉积岩，硬度中等，这就为盘江石的变化多样创造了条件。

盘江石最大特征就是造型丰富，门类齐全，无所不包，其中最突出的有景观类和人物类。

景观类

景观类是盘江石的大项，大自然中的山岭、峰峦、峭壁、悬崖、天池、平台等各种奇观，无不齐备。尤其瀑布景观，是盘江石的突出特色，在青灰色的石体上，由石英或方解石形成的白色筋脉，形成各种形态的瀑布，有的飞流直下，有的迥曲环绕，有单瀑、双瀑、群瀑，有细流瀑、宽帘瀑。盘江石瀑布极富变化又张力十足，是流动的真瀑布，是瀑布之绝品。

盘江石大部分为青灰色，色泽古朴、沉稳、内敛、凝重，颇有返璞归真的乡土风味。盘江石的质地细腻，手感略带滞涩，也与淳朴乡风相吻合。

崇山峻岭

石　　种：南盘江石
尺　　寸：长33厘米

人物类

盘江石的人物造型，无论是仕女、文人、武士，还是仙人、道士、僧佛等，各类齐全，神态逼真，十分到位。兴义石友陈先生收集到上千件僧道形象的盘江石，并建成八百罗汉堂，在兴义首开大型主题盘江石展，场面震撼。

盘江石的收藏与价值

盘江石是贵州发现较早的石种，它多变的造型，逼真的景观，传神的人物，尤其是那极富动感的瀑布和世外高人的飘逸，都成为难以企及的盘江石珍藏。而盘江石淳朴的乡土风格，更让它可以成为传承致远的宝藏。

盘江石从来没有大富贵、大火爆，甚至有些新石友对盘江石没有概念，这也是盘江石的价格并无虚高的原因之一。盘江石如同璞玉，内外兼修；盘江石如同隐逸的高士，含而不露；盘江石如同田园的歌者，流淌的是亲切的乡音。盘江石返璞归真的气质，与文房契合，价值难以估量。有此雅趣的藏家，要细细寻访，一石置案头，享用不尽。

◆ 贵州青

清水江是贵州第二大河，发源于贵州高原，自西向东流经黔东南州天柱县，入湖南归长江。清水江在天柱境内70余千米，落差大、水流急。境内山体剥落的原岩青石，在亿万年造山运动和江流的作用下，形成造型各异、色彩丰富的天柱石，其中的贵州青最负盛名。

贵州青的开发与现状

贵州青是贵州省发现最早的石种，20世纪80年代末，地处黔东南的大山深处的天柱石友，居然得赏石风气之先，将贵州青采集起来，跋山涉水，较快地推向全国，成为早期全国性名石。天柱奇石储量很大，石友众多，现在县城里建有原生态观赏石馆和上百家个人石馆。天柱县委和政府近年来非常重视赏石文化的发展，天柱奇石将迎来新的辉煌。

山川

石 种：贵州青

贵州青的鉴赏特征

贵州青的形、质、色、纹、韵，极富个性。

质地

贵州青为粉砂变质岩和粉砂变质板岩，硬度在摩氏5～7。贵州青水洗度极好，玉化程度高，石肤细腻，手感温润如玉。

色泽

贵州青有翡翠般的青绿色，又莹绿若碧玉，润泽如凝脂，光彩照人。贵州青艳丽而又凝重，华美又不乏深沉，明快而不张扬，是美石中之奇葩。

纹理

贵州青纹理富于变化，复色贵州青在青绿之中有深绿和浅绿的纹理，更有黄色和白色的筋脉分布石上，并且纹理凹凸有致，线条流畅，动感十足。

形韵

贵州青造型奇特多变，尤以案头清供为贵，闲来一石相对，一股清凉袭来，沉静似水。

贵州青的收藏与价值

贵州青以艳丽清净、如翠似玉的色泽享誉石界，其纹理流畅多变，青绿中有黄、白筋脉，这是贵州青的特色，藏家要是由此入手，会有不错的收获。经过20多年的开发，目前贵州青珍品大多在藏家手中，在天柱本地也可以淘到宝，价格还算公道。

贵州青是最早被发现的石种，天柱山高路远、交通不便，加上前些年对外交流和宣传不够，石友对这一石种了解较少，各种书刊媒体中也鲜有报导，贵州青仿佛成为了被遗忘的角落，可这正是石友收藏的机会。近年来天柱开始发力，现已举办了天柱奇石文化节，且交通正在改善中，新的奇石文化大展也在筹划。贵州青美妙的记忆将被唤起，价值会有很大的提升，这也因为贵州青原本就很精彩。

丹青

石　种：贵州青

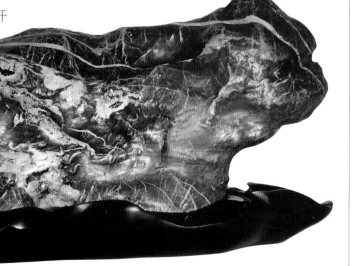

蟾

石　种：贵州青
尺　寸：长43厘米

◈ 贵州红

贵州省安顺市以北的普定县三岔河，为乌江上游的重要支流，在普定马场寨子附近数千米的河段，藏有五彩斑斓的卵石，俗称马场石，其中最为珍贵的大红色卵石就是贵州红。

◙ 贵州红的开发与现状

20世纪90年代初，安顺石友在三岔河发现了马场石，起初是动员农民采集，然后收购，随后开始动用机械大规模挖掘。近十年间，马场村三岔河数千米河段的卵石几乎被采挖一空，并很快集中到藏家手中，成为珍稀石种。

◙ 贵州红的鉴赏特征

贵州红以质色见长。贵州红属硅质基岩，为火山喷发的玄武岩岩浆变质而成，硬度在摩氏7以上，石肤光滑滋润，质地上乘。贵州红有鸡血红、重枣红、玫瑰红等类别，色泽艳丽、光彩夺目。贵州红石体上有深浅不一的血色，又常夹杂黑色、黄色、绿色纹理，色彩绝配，流光溢彩。

贵州红大多为卵石状，变化较小，偶有出形即是锦上添花，更加珍贵。马场石中有地埋石和水冲石之分，水冲石皮壳光亮润泽，自然价值更高。

◙ 贵州红的收藏与价值

马场石大多为几十厘米的标准石，鲜有过大者与小品。贵州红以浓艳色正的基色为贵，配以深、浅纹理或俏色筋脉，则更为难得。贵州红也偶尔有山形、流瀑、天眼等题材明了的类型，更是弥足珍贵。

贵州红的资源告罄，本身又是名贵石种，自然价值不菲，石馆及资深藏家应该给予其充分的重视。大部分贵州红奇石，都在安顺石友手中，细细寻访，慢慢谈来，有心者会有公道的收获，置于案头，令人惊艳。

宏运

石　种：贵州红
尺　寸：长45厘米

天眼

石　种：马场红

岭南名蜡石品鉴

蜡石也曾被称为"腊石"。元代温州人周达观，曾随使臣赴真腊（今柬埔寨境内），在《真腊风土记》中说，黄腊产于真腊国，我国从真腊国进口黄腊。清代谢堃《金玉琐碎》中说："腊石者，真腊国所出之石也。"这是北方人士因误解而讹传。其实广东也产蜡石，蜡石以质色如蜡而得名。

谢堃《金玉琐碎》中又说："余在广东见腊石，价与玉等。及居鲁，鲁人不识腊石乃贱售之。"蜡石的玩赏，原来主要在岭南（大庾岭以南）一带，广东玩赏蜡石的风气兴于清初，广西采集蜡石起于当代，其中又以广东潮州与广西八步的蜡石最负盛名。

黄大仙
石　　种：潮州蜡石
尺　　寸：高28厘米

◈ 潮州蜡石

蜡石在广东各地区分布很广，但石质差别很大。潮州蜡石是广东蜡石的代表，其他地区也有较为优质的蜡石。广东开启赏玩蜡石的先河，其蜡石的研究与鉴赏，对当代赏石文化有较大影响。

 蜡石的历史传承

广东番禺文人屈大均，足迹遍及大江南北，康熙三十九年（1700）有《广东新语》问世，该书卷五《石语》中说："所生蜡石，大小方圆，多在水底。色大黄嫩如琥珀，其玲珑穿穴者，小菖蒲喜结根其中，以其色黄属土，而肌体脂腻多生气。"《石语》在赏玩心得中说："以黄润如玉而有岩穴峰峦者为贵。"

广东顺德文人梁九图，于清道光二十四年（1844），在清远购得上好蜡石12方，置于佛山居室，命居室为"十二石斋"，请好友撰《十二石斋记》，本人因蜡石之赏玩而写《谈石》一文："凡藏石之家，多喜太湖石、英德石，余则最喜蜡石。蜡辑逊太湖、英德之钜，而盛以磁盘，位诸琴案，觉风亭水榭，为之改观。"

唐璧
石　　种：潮州蜡石
尺　　寸：高36厘米

广东文人雅士赏玩蜡石，自清初传承至民国，风气不减。后因时过境迁而式微。

潮州蜡石的开采与现状

潮州地处粤东，这里地质结构复杂，蜡石矿产丰富，河汉密布，优质蜡石较多，其中以饶平县樟溪镇的青岚村（青岚石）、潮安县磷溪镇葫芦村（水吼石）和潮安县登塘镇枫树员村（世田石）所产蜡石最为著名。

潮州蜡石在沉寂了数十年后，于20世纪70年代末复苏，本世纪初迎来赏石文化的大繁荣。随着这些年不断的采挖，蜡石资源日渐枯竭，品相优秀的蜡石在市面上也难见到，蜡石也进入了精致赏玩与高端流通的时代。

潮州蜡石的鉴赏特征

蜡石主要成分为石英，长期受黄泥土中酸性物质浸染，多呈黄色，所以称为黄蜡石。

色泽

蜡石的石英成分中，也常含有其他矿物成分，特别是表层，常会因各种矿物质附着呈现多样色彩，有黄、红、白、黑、花等色系。黄色系中又有金黄、橙黄、浅黄、棕黄等色。红色系中有猪肝红、枣红等色。白色系中有纯白、灰白等色。黑蜡石以乌黑为佳。花蜡石以色彩和谐为妙。

宠物

石　种：黄蜡石

宠物

石　种：潮州蜡石
尺　寸：长26厘米

质地

　　蜡石的硬度为摩氏6.5～7.5，质地细腻光润。蜡石成分以石英为主，但由于其他成分组成不同，在鉴赏中分为冻蜡、胶蜡、晶蜡、细蜡、粗蜡等档次。

　　冻蜡质地通透，光洁油润，细美纯净，手感如玉，是蜡石中的上品。

　　胶蜡质地如凝胶状，微透光，有油脂感，玩赏价值高。

　　晶蜡中包裹有水晶状物质，有晶莹的反射光泽。其中晶状物越多，越为奇特。

　　细蜡不透光，质地也较细腻油润，有一定玩赏价值。

　　粗蜡石一般适用于园林造景。

形态

　　潮州蜡石形态多样，有景观、象形等类别，玩赏中可增添更多情趣。

潮州蜡石的收藏与价值

总体来说，潮州蜡石以其黄嫩如琥珀的色彩，温润如美玉的质地成为近代岭南的赏石特色，并对当代赏石文化产生了较大影响。收藏蜡石要从质色入手，形态上要饱满，有较好的造型更加难得。

黄蜡石"金玉满堂"的质色，从清初被发现，就受到岭南玩家的青睐。由于广东开通商风气之先，经济发达，赏玩时尚，"蜡石价与玉等"为当时实情。后来由于战乱等原因，蜡石赏玩走入低谷，但传承尚存。

20世纪70年代，蜡石赏玩又开始抬头，但是价格也就几元钱一件，80年代已有单件万元的记载。当前蜡石精品单件十多万元已屡见不鲜。

目前传统优质蜡石名坑资源多已枯竭，新坑蜡石质色欠佳，蜡石价格正在不断上扬。收藏蜡石要着眼精品，目前广东石友手中仍有存量，不可贻误时机。

在广东境内，清代至民国的古蜡石尚有遗存。生蜡石要变为熟石，需要人手长期不断地摩挲，使其褪尽火气、浊气、土气，才能古色生香、品味趋高。这样的古蜡石，更是藏家要注重寻求的至宝。

广东蜡石的分布

广东蜡石以潮州所产最为精彩，其他地区几乎都有产出，分布状态如下：

粤东蜡石：以潮汕地区为主，包括潮州、饶平、揭东、揭西、普宁等地。

粤中蜡石：以恩平和台山为主要代表。

粤西蜡石：以肇庆、德庆、阳春、电白等处较多。

粤北蜡石：粤北为岭南蜡石的古产地，产区主要有曲江、连平、翁源、佛冈、新丰、英德、清远、从化等地。

闲情
石 种：潮州蜡石
尺 寸：高28厘米

◈ 八步蜡石

广西贺州地处桂东，所辖八步区与湘、粤接壤。这里群山逶迤，河流纵横，贺江贯穿八步区。由于远古时期，火山岩浆侵入附近石英岩及伴生矿，再经地质演变、河流冲刷浸润，形成优质的八步蜡石。

◼ 八步蜡石的开发与现状

20世纪80年代末，赏石风气感染了贺州，八步人最早在里松镇发现蜡石。这里原来有座矿山，贺江支流从中经过，洪水来时冲下新蜡石，枯水时便可拣拾到色彩丰富的蜡石。从里松镇向东可达桂岭镇，这里也盛产蜡石。八步的另一个蜡石产地是罗石，在山顶水库附近，常有艳丽的蜡石出现，尤以鲜红蜡石夺人眼目。

20世纪90年代初，采集蜡石达到高潮，优质蜡石常有出现，里松、桂岭、罗石等产地的农民在村口、路旁售石，石友常能淘到宝贝。90年代后期，产地已难见到优质蜡石，大多流入藏家手中。

◼ 八步蜡石的鉴赏特征

八步蜡石具有色艳、质润、品种多的特点。

色泽

八步蜡石色彩丰富，有黄蜡石、红蜡石、青蜡石、紫蜡石、白蜡石、乌蜡石和彩蜡石等。

八步蜡石中的红蜡石，有鸡血红、胭脂红、玫瑰红、枣红等色。八步红蜡石色泽浓艳，或热烈、或妖娆、或深沉，在蜡石家族中非常突出。

虎虎生威

石　　种：八步蜡石
尺　　寸：高23厘米

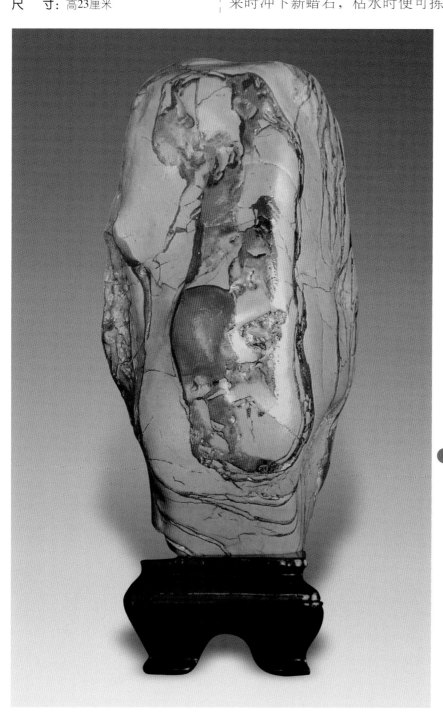

八步黄蜡石中有金黄、橘黄、鸡油黄、南瓜黄等色。八步黄蜡的色彩或灿烂、或明亮、或沉稳，都给人深刻的印象。八步蜡以黄蜡石产量最大，所以八步黄蜡石成为当地蜡石的代称与品牌。

质地

八步蜡石也有冻蜡、密蜡、晶蜡等品种。八步蜡硬度高，透光性好，质地致密，光润细腻，如蜜蜡、似美玉，成为蜡石赏玩中的珍品。

◎ 八步蜡石的收藏与价值

八步蜡石重彩浓艳，黄色首选金黄，黄得明亮、灿烂、温婉，象征着财源茂盛。红蜡以鸡血红最为浓烈，象征着喜庆、吉利。彩蜡色彩缤纷，美妙动人，并且时有图案出现，更添惊喜。收藏蜡石以色彩艳丽、纯正、稀少为贵。

八步蜡石的质地上乘，选择时要有凝冻感，质地密度大，透光性好，手感细腻温润的蜡石为好。这样的蜡石置于案头可欣赏、可抚摸，拿在手中可盘玩，时间越久，品相越好。

八步优质蜡石由最初石农手中的几十元早已升至数万元乃至更高，上品的蜡石在市场上已经很难见到，有心的藏家需耐心寻访，当下还有机会。

极地生命
石　种：八步蜡石
尺　寸：高26厘米

蓬莱月
石　种：八步蜡石
尺　寸：高25厘米

在《观赏石鉴评标准》中，对意韵的描述为：文化内涵丰富，意境深远，形神兼备，情景交融，含蓄回味。意韵是观赏石文化最重要的表现形式。能够称为观赏石的石头，都应该是中国文化的载体，失去文化的依托，石头只是自然界最普通的生成物，亦或可以成为建筑材料，如此而已。当某些石头与中华文化，有着相互契合的特质时，就成为可供欣赏的对象。而文化的诠释，也就成了观赏石的灵魂，成为艺术价值与收藏价值的核心。

当我们将中华文化中最优美的成分，准确、贴切地和大自然赐与的精灵有机地融合为一个整体时，一种与其他艺术风格迥然不同的文化形式就呈现出来。从这种意义上来说，赏石是一种发现艺术，这也是赏石的魅力所在，而观赏石的价值，自然就蕴涵其中。

观赏石的意韵与鉴赏

轻舟已过万重山

　　石子画面，底色微黄，似八大山人泼墨山水，两岸青山如黛，大江从中间穿过，江中一叶快舟前行，船上一人迎风而立，襟带飞扬。

　　755年，安禄山反叛。756年冬，56岁的李白参加永王李璘抗敌军队，玄宗退位，太子李亨（肃宗）即位。757年永王被杀，李白被流放夜郎，758年李白溯江而上，江中行十五月，有《上三峡》诗："三朝上黄牛，三暮行太迟。三朝又三暮，不觉鬓成丝。"舟行缓，心愁苦，空存报国志。759年，59岁的李白流放途中至三峡巫山遇大赦，于是掉转船头，顺江而返。此时有《早发白帝城》诗："朝辞白帝彩云间，千里江陵一日还。两岸猿声啼不住，轻舟已过万重山。"诗中的"白帝城"、"江陵"、"猿啼"、"轻舟"、"万重山"等写的都是"境"，而我们从全诗中却感悟出融情于"境"、心畅而舟轻的"意"。命题的"意境"此刻完整地展现在我们面前。

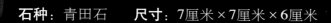

石种：青田石　　　**尺寸**：7厘米×7厘米×6厘米

石种：大湾石

尺寸：8厘米×18厘米×8厘米

文字石"我"

后汉许慎《说文解字》释文："我，施身自谓也，从戈。"北宋徐锴曰："从戈者取戈自持也。"从这里可以看出，"我"在古代是兵器。

甲骨文"我"字，像把有锯齿的大斧，是一种武器。经过由周至秦钟鼎文、大篆、小篆等文字的变化，已经完全看不出"我"字的原貌。汉隶的变化，使中国文字由象形表义，演变到表义标音的时代，这是中国文字的分水岭。

汉唐以前，第一人称用"吾"、"予"、"余"等字来表示。汉唐以后，商周"我"这种武器早已失去原有作用，于是逐渐被假借作为第一人称"我"使用，词性由名词变作人称代词，而"我"的武器原义也早已湮没。

这枚卵石石形饱满、皮色苍古，文字如利刃深刻、遒劲有力，冥冥中似与古"我"神通，造化也。

酒器

　　"酒"字在甲骨文中原作"酉"字，是酒器之形，说明酒与酒器相伴而生。酒器有储酒器、盛酒器、饮酒器、温酒器、冰酒器、挹酒器等类别。中国历代主要酒器依次为：陶器、青铜器、漆器、瓷器。其他质料的酒器不占主导地位。

　　饮具是酒器中的大项，历代均有珍品。明代袁宏道在《觞政十三之杯杓》中评说："古玉及古窑器上，犀、玛瑙次，近代上好瓷又次。黄白金叵罗下，螺形锐底数曲者最下。"古来酒具也是雅俗各异。

　　唐代诗人盛赞酒器的诗文俯拾皆是。李白的"玉碗盛来琥珀光"，王昌龄的"一片冰心在玉壶"和王翰的"葡萄美酒夜光杯"等，都是颂扬美酒佳器的千古绝响。

　　白居易有《问刘十九》诗："绿蚁新醅酒，红泥小火炉。晚来天欲雪，能饮一杯无？"阴冷欲雪的夜晚，炭火上温着一壶新酿的美酒，好友对坐，其乐融融，不饮又复何如？诗情画意尽在其中。

土地爷

土地神，雅称"福德正神"，俗称"土地爷"，亦称"土地公"。土地神的出现，源于农耕社会人们对土地的崇拜。中国最早的土地神叫作"社"。汉代应劭的《风俗通义》中说："社者，土地之主，土地广博，不可遍敬，故封土地为神而祀之，报功也。"

土地爷供奉在土地庙里，其地位虽然卑微，却责任重大，所以香火颇盛。民间供奉的土地爷，一般是银须白发，长袍幞巾，慈眉善目。土地爷出巡要拄杖而行，如此高龄的土地爷，还经常被孙大圣等诸仙呼来唤去，不免让人心生恻隐。

土地爷的生日是二月初二。这一天，全国各地都有祭祀土地神的盛大活动。"家家门口供土地，香火堂灯到天明。"这样敬业为民的土地爷，老百姓对其十分虔诚。

石种：黑漆红碧玉

尺寸：6厘米×8厘米×5厘米

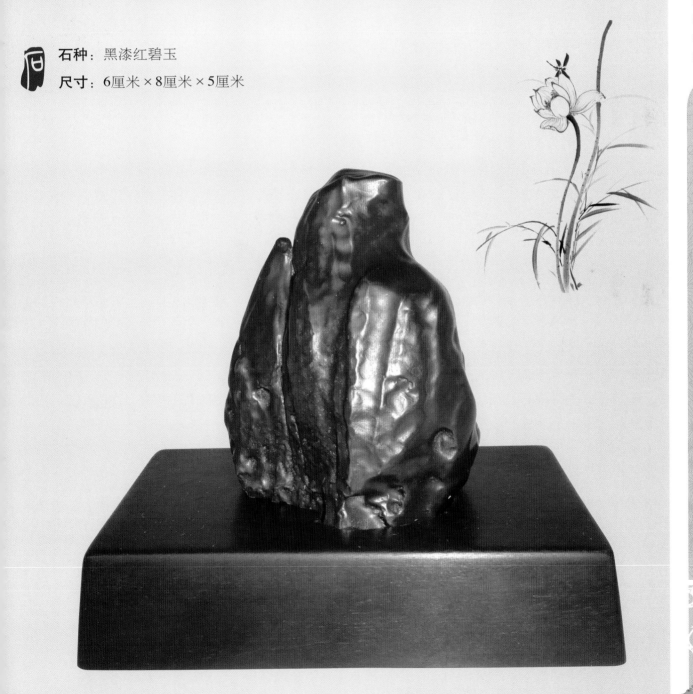

大肚能容天下事（弥勒佛）

佛教有过去世、现在世和未来世三世佛，分别为燃灯佛、如来佛和弥勒佛，每世为漫长的四十三亿两千万年。相传弥勒出生在古印度南天竺的大婆罗门家庭，地位非常高贵，长大后在龙华树下修炼，成就无上道果，佛祖释迦授记他将来继承佛位，成为未来佛。

我们普遍见到笑呵呵、袒胸露肚的胖和尚，是中国化的弥勒佛，俗称布袋和尚。布袋和尚确有其人，是五代后梁浙江奉化僧人契此。《宋人轶事汇编》引文说："昔四明有僧，身矮而腹皤，尝负一布袋，人曰为布袋和尚。临终作偈云：'弥勒真弥勒，分身百千亿。时时识世人，世人总不识。'今世遂塑其像为弥勒菩萨。"现在的奉化，就盘坐着一座硕大的弥勒佛塑像，笑呵呵地看着人间众生相。

民间认为，布袋和尚的大肚子很灵验，摸一下就可消灾免祸、笑口常开。人们喜爱大肚弥勒，更希望生活中少些计较，多些达观，正所谓："大肚能容，容天下难容之事；开口便笑，笑天下可笑之人。"

石种：石胆石
尺寸：13厘米×17厘米×9厘米

石种：乌江石、戈壁石、大湾石组合

三人行

《论语·述而》记载："子曰：'三人行，必有我师焉，择其善者而从之，其不善者而改之。'"

班固《汉书》中说："三人为众，虽难尽继，宜从尤功。"唐颜师古注引魏人孟康说："言人三为众，虽难尽继，取其功尤高者一人继之，于名为众矣。"

后来化为成语：三人同行，必有我师；三人成众，必有一长。

福禄（葫芦）

葫芦是藤本植物，其中籽粒众多，因此被取作绵延后代、子孙众多的象征。葫芦藤蔓绵长，"蔓"与"万"谐音，寓意万代绵长。道教将葫芦视为镇妖驱魔的神物，也是盛放仙丹珍宝的宝物。南极仙翁、铁拐李、太白金星等仙人都有葫芦相伴。"葫芦"又与"福禄"谐音，多福多禄为世人向往。家中有此一宝，受用无穷。

石种：深水石胆

尺寸：12厘米×15厘米×10厘米

石种：孔雀石、戈壁石组合（3件）

尺寸：最大石长7厘米

寿龟

宋代陆游晚年自号龟堂，他认为龟有三义：贵、闲、寿。龟的吉祥寓意离不开这几个方面。

《礼记》中说："麟凤龟龙，谓之四灵。"宋李昉《太平御览》说："灵龟者，玄文五色，神灵之精也。上隆法天，下平法地。能见存亡，明吉凶。王者不偏党，尊耆老则出。"龟自古被认为是神灵，也广泛用于与天相通的占卜。殷商甲骨文即为卜辞，龟之尊贵无可比拟。

晋代任昉《述异记》说："龟一千年生毛；寿五千岁，谓之神龟；寿万年，曰灵龟。"龟被人们视为长寿的象征物。曹操在《步出夏门行》诗中说："神龟虽寿，犹有竟时，……烈士暮年，壮心不已。"在感叹人生的同时也借喻龟的长寿。

在赏石命题中，常将龟形与表义联在一起形成吉祥语，如神龟、寿龟等，这也是语言习惯使然。

财神送宝（金蟾）

金蟾成为道家的财神，与刘海戏金蟾的掌故分不开。刘海戏金蟾中的人物确有其人，他本名刘操，生于五代时期，50岁做到燕王刘守光之国相。性喜黄老之学。有一天，一位自称"正阳子"的道人来访，和刘操畅谈修道之法。"正阳子"一语道破玄机，刘操大彻大悟，派三脚金蟾咬去全部金银财宝，尽散他人，然后随道人赴华山修炼，道号"海蟾子"，终成正果。那个"正阳子"道人就是汉钟离，三脚金蟾也位列仙班，成为道教财神，为人们送去财富。

有些金蟾形状的奇石底座设计成荷叶形，这应该是池塘蛙鸣的寓意。作为财神的三脚金蟾，底座设计成古钱图案更为贴切。

石种：玛瑙石
尺寸：8厘米×5厘米×5厘米

年年有余（鱼）

　　崇鱼文化起于渔猎文明，原因有三：一是鱼子繁多，寓意繁殖力强；二是鱼为当时重要食物来源，是生存的保障；三是鱼为祭祀通灵的瑞祥之物。

　　古代鱼文化中的鱼，主要指鲤鱼。明李时珍《本草纲目》中说："鲤为诸鱼之长，形状可爱，能神变，常飞跃江湖。"宋李昉《太平广记》中说："龙门山，……每岁季春，有黄鲤鱼，自海及渚川，争来赴之。一岁之中，登龙门者，不过七十二。……及化为龙矣。"李白也有诗："黄河三尺鲤，本在孟津居。点额不成龙，归来伴凡鱼。"鲤鱼跃龙门的传说，表达了人们望子成龙的期盼和事业有成的希冀，也成为后来励志的典故。

　　民间将鱼作为吉祥物，多是从谐音而来。鱼的题材在观赏石的形状中非常丰富，石友们常常用底托来配合奇石，形成吉祥寓意。比如雕刻上牡丹花，寓意"富贵有余"；雕刻上莲花，寓意"连年有余"；雕刻上爆竹，寓意"年年有余"。后来演变成凡遇到鱼的形象，大都命题为"年年有余"，常年富余吉祥，约定俗成，也很贴切。

　　石种：灵璧石

　　尺寸：15厘米×12厘米×7厘米

恩爱和美（鸳鸯）

　　鸳鸯向来作为爱情忠贞不渝、夫妻和谐美好的象征。古代把鸳鸯称为匹鸟。西晋崔豹《古今注》说："鸳鸯，水鸟，凫类。雌雄未曾相离，人得其一，则一者相思死，故谓之匹鸟。"据说，鸳鸯形影不离，雄左雌右，飞则共振翅，游则同戏水，栖则连翼交颈而眠，如若丧偶，后者终身不匹。所以鸳鸯被称为爱情的吉祥物。如果有幸珍藏一对形神兼备的鸳鸯奇石，也是一件甜美的事。

石种：戈壁石（反正面组合）

吉事有祥（羊）

春秋齐人《考工记》说："羊，祥也、善也。"汉许慎《说文解字》也说："羊，祥也。"古代未有"祥"字以前，"羊"就是"祥"。许慎还称："美，甘也，从羊从大。"肥大之羊为美。由此看出，吉祥、善良、美好都是羊的象征。随着时间的推移，吉祥成为羊的主要表义，而吉事有祥更加上口，成为人们常用的吉语。

古代"羊"也通"阳"。《史记·孔子世家》说："眼如望羊（阳）。"《易经》有"泰"卦："泰，小往大来，吉亨。"冬至是"一阳生"，岁末是"二阳生"，正月为泰卦，三阳生于下。冬去春来，阴消阳长，有吉亨之象。所以有"三阳开泰"或"三阳交泰"的吉祥话。观赏石如有三只羊的画面或组合，用这个吉祥话命题就比较贴切。

石种：玛瑙石

尺寸：6厘米×5厘米×5厘米

石种：墨石

尺寸：长38厘米

喜事临门（喜鹊）

喜鹊是传统的吉祥鸟。《易·统卦》称："鹊者阳鸟，先物而动，先事而应。"鹊不喜阴湿，天晴则鸣叫，所以被称为阳鸟，也叫乾鹊。天晴人们愿意走动，古时交通不便，有客人来访也是一大喜事，与喜鹊鸣叫联系在一起，喜鹊就有了报喜鸟的美称。西汉《西京杂记》引陆贾的话："乾鹊噪而行人至，蜘蛛集而百事喜。"五代王仁裕《天宝遗事·灵鹊报喜》说："时人之家，闻鹊声，皆曰喜兆，故谓灵鹊报喜。"《风俗通》说："织女七夕当渡河，使鹊为桥。"鹊桥成了牛郎织女喜相逢的媒介。

以喜鹊和其他图形搭配形成的图案，产生的吉祥话很多。如"喜在眼前"（喜鹊古钱），"喜上眉梢"（喜鹊梅枝），"双喜临门"（两只喜鹊），"欢天喜地"（獾鹊共处）等，都是赏石命题活动中喜闻乐见的题材。

大人虎变（虎）

　　老虎向来被称为"百兽之王"。汉许慎《说文解字》说："虎，山兽之君也。"虎啸风生，山林震动，避邪自不待言。如此威猛的老虎，必定大有来头。纬书《春秋运斗枢》说"枢星散而为虎"，果然是星宿降凡。《易经》革卦说："大人虎变，其文炳也。"孔子《易传》释说："损益前王，创制立法，有文章之美，焕然可观，有似虎变，其文彪炳。"成大事者，犹如虎斑纹理，行止屈伸高深莫测。"大人虎变"亦作"大贤虎变"，指由落魄而显达。唐李白《梁甫吟》诗："大贤虎变愚不测，当年颇似寻常人。""大人虎变"更使老虎平添一层神秘色彩，后来演化为吉祥图案和吉祥话，为人们喜闻乐见。

 石种：九龙璧

尺寸：16厘米×15厘米×8厘米

石种：博古架红水河石小品组合

尺寸：架高95厘米

红河魂（大组合架）

在这七彩流光的美石世界，来宾如同淡扫娥眉的西子，带着一声轻叹，款款而来；

来宾也仿佛水墨丹青，渲染弥漫，一派清光；

来宾又宛若雨前狮峰，青碧欲滴，丝缕绵香；

来宾更有似甲骨青铜，寿斑点点，苍穆古拙。

来宾是朦胧而悠长的梦……

石种：博古架戈壁石小品组合

尺寸：架高95厘米

大漠落英（大组合架）

　　远古的火山，喷发出璀璨的烟花。散落的珍宝，铺满戈壁黄沙。

　　时光掠过盛唐的大漠："君不见走马川行雪海边，平沙莽莽黄入天。轮台九月风夜吼，一川碎石大如斗，随风满地石乱走。"（岑参诗句）

　　强悍的狂沙，雕琢成铮铮铁骨。冰冷的雪水，镀出金色风华。千锤百炼的落英，走过多少春秋冬夏，才铸就清赏的奇葩。

长白精灵（大组合架）

松花石形成于距今约8亿年前的新元古代，岩性为含硅微晶灰岩，生成环境是浅海相沉积。从辽宁省本溪市到吉林省两江镇，形成数百千米沉积带。其中以通化大安、白山库仓沟、江源大阳岔等地沉积层较厚，性质稳定，质地为优。

松花石以绿色为主，颜色越深，质地越佳，绿色泛蓝更为上品。松花石还有黄色和紫色等多种颜色，色彩绚丽美不胜收。松花石有美妙的刷丝纹，诡异飘逸，变化无穷。目前已发现近百个品种，可谓洋洋大观。

清康熙帝南书房侍读陈元龙写道："松花石砚，温润如玉，碧绿无瑕，质坚而细，色嫩而纯，滑不拒墨，涩不滞笔，能使松烟浮艳，毫影增辉，古人所称砚之神妙无不兼备，洵足超轶千古。"

松花石砚是中国众多名砚中之翘楚，松花石又是文房石中，唯独可以形神兼备再坝秀丽山川的奇石，加之娇艳的色彩，温润的质地，柔和的光泽，高贵的血统，无不向人展示着大清国宝的风采。

 石种：博古架松花石小品组合

尺寸：架高95厘米

东西两神女，普天话吉祥

石中身影幻如仙人，如圣母、似观音，普
渡众生降临吉祥。

童女玛丽亚因圣灵怀孕生下耶稣，她和约瑟结婚又
生下四男两女，她以博大的慈爱养育了耶稣和孩子们，并把这种
慈爱撒向世间。

佛教的净土世界有三个：东方净琉璃净土世界，教主是如来
佛；兜率天净土世界，教主是弥勒佛；西方极乐世界，教主是阿
弥陀佛。阿弥陀佛有两个助手，左胁侍是观世音菩萨，右胁侍
是大势至菩萨，合称西方三圣。

画面上若隐若现的形影，飘逸优雅的身姿，变幻莫测的佛
光，已臻至化境界，令人陡升敬畏之情。宋司马光有"神韵自孤
秀"的诗句，所谓"事外远致"，此石亦不远矣。

石种：贵州青

尺寸：二厘米×25厘米×二厘米

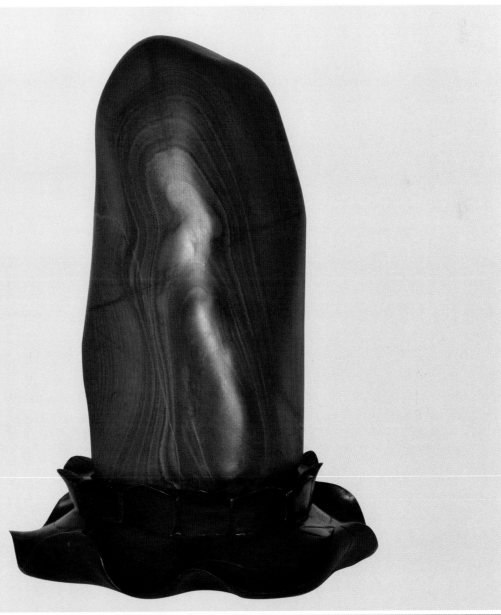

神采

蛇昂首而立。

A：蛇（常态）。B：昂首（形态）。C：警觉（状态）。D：神采（神态）。表现内涵的神韵：精神抖擞，中气饱满，神传意致，是递进思维的体现。顾恺之称画眼为点睛之笔，画人不点睛，点睛即活，画龙亦不点睛，点睛腾空而去，为传神之笔。对神韵的感悟也是超然的飞跃。

石种：卵石

尺寸：12厘米×20厘米×8厘米

月柔风清入梦来

月光洒满青草池塘，微风徐来，万籁寂静，水鸟有个好梦。

看着这个命题，想起朱自清的散文《荷塘月色》："月光如流水般，静静地泻在这一片叶子和花上。薄薄的青雾浮起在荷塘里。叶子和花仿佛在牛乳中洗过一样；又像笼着轻纱的梦。虽然是满月，天上却有一层淡淡的云，所以不能朗照；但我以为这恰是到了好处——酣眠固不可少，小睡也别有风味的。"

石种：大湾石

尺寸：13厘米×11厘米×8厘米

石种：松花石

尺寸：33厘米×16厘米×23厘米

翠微松风万壑来

满目青翠，沟壑纵横，风起青萍之末，松涛不绝于耳。

唐李白赞山色："苍苍横翠微"，"为我一挥手，如听万壑松。"宋人王禹偁诗："万壑有声含晚籁，数峰无语立斜阳。"南宋范成大有"断取松风万壑来"句。

景观是无声的诗，立体的画。明文震亨在《长物志》中说："一峰则太华千寻，一勺则江湖万里。"将自然浓缩于赏石中，是一种感情的寄托和意韵的追求。宋郭熙在《林泉高致》中将景观分近景、中景、远景。远景有平远、高远、深远之分，更能体现山川悠远的意境。

桃花源里梦酣然

一人醉卧石边，一坛一碗尽翻倒而酒尽。

陶渊明（365～427），东晋人，时人称五柳先生，两次为官复而出世。三次婚姻，生五子皆不争气。一生嗜酒却穷得常常买不起酒，住在破烂的农舍里，穿着补丁摞补丁的衣服，吃了上顿没下顿，可是他却很快乐。每日务农，归来常与朋友相聚，饮酒赋诗，醉了就卧石而眠。清袁枚有《过柴桑乱峰中，蹑梯而上观陶公醉石》诗："先生容易醉，偶尔石上眠。谁知一拳石，艳传千百年。"《桃花源记》是他的理想境界，他在那个美妙的仙境酣睡了1500多年，好久好甜。时人评论陶渊明有"入世极深而出世甚远"的境界。

石种：松花石 戈壁石组合

尘虑一时净，清风两腋生（茶）

　　石案瓦壶，山野清流，三五好友把盏品茗，忘却尘世思虑，只觉得每个毛孔都那么舒坦。唐卢全《七碗茶歌》："七碗吃不得也，唯觉两腋习习清风生。"

　　茶文化与石文化同样古老，与人们的关系更为密切。苏轼有"青烟白菜炒米饭，瓦壶天水菊花茶"的诗句。乾隆禅位时，老臣有谏"国不可一日无君"，高宗戏曰"君不可一日无茶"。饮茶讲究"茶境"，元宋方壶有《双调·水仙子·隐者》曲："烹七碗茶，靠半亩松，都强如相府王宫。"元卢挚有《沉醉东风·闲居》曲："闷来时石鼎烹茶，无事无非快活煞，锁住了心猿意马。"元隐士孙道明的书斋铭："且吃茶处。"是非纷繁搁置去，且存香茶甘味来。

　　唐赵州从谂禅师偈语："吃茶去。"佛家认为茶有三德：一、提神醒脑，二、贯通上下，三、专注一境。中和恬淡的处世艺术，常可在茶中回味无穷。明林有麟说："石尤近于禅。"石与茶在意境中融会贯通。

石种：戈壁石组合

290

风月留醑饮，山河尽浩歌 （酒）

人类最早的酒器，就是这些陶制的坛坛罐罐。里面珍藏着陈酿的琼浆，密造的玉液，神仙也难抵挡它的诱惑。

曹操的古乐府诗《短歌行》开篇即说："对酒当歌，人生几何？……何以解忧？唯有杜康。"生命的体认与美酒成为不可分割的共体。1800年来，曹操的酒歌几成绝唱。而杜康，这个传说中的始造酒者，也成了酒的代称。

王羲之《兰亭集序》说："永和九年（353），……会于会稽山阴之兰亭，修禊事也。……引以为流觞曲水，列坐其次。"禊日祭礼，饮酒赋诗，诞生了书圣的天下第一行书，也使"曲水流觞"成为文人春日里的诗酒盛会，绵延至今。

宋李昉等编撰的《太平御览》引《春秋说题辞》讲："为酒以扶老，为酒以序尊卑。"说明古代以酒养老、敬老。祭祀饮酒时，由年龄最尊者酹酒，故称长者为"祭酒"。由此，某些政府部门首长也称"祭酒"。唐宋以后，只有国子监（大学）首长，还保留了"祭酒"的名称。晚清发现甲骨第一人王懿荣，三为国子监祭酒，庚子殉国时仍任此职。

苏轼称酒为"钓诗钩"。他的《和陶渊明饮酒诗》说："俯仰各有态，得酒诗自成。"杜甫在《饮中八仙歌》中说："李白斗酒诗百篇，长安市上酒家眠。"历来被认为是传神之笔。李清照曾携伙伴乘舟春游大明湖，饮酒赋诗："常记溪亭日暮，沉醉不知归路。"酒醺迷路，也够痴醉得可以。

清人唐晏有诗道："酒为翰墨胆，力可夺三军。"李白就有大手笔："划却君山好，平铺湘水流。巴陵无限酒，醉杀洞庭秋。"可称豪饮之最。而那陆游更是异想天开："世言九州外，复有大九州。此言果不虚，仅可容吾愁。许愁亦当有许酒，吾酒酿尽银河流。"诗思之夸张，堪为诗酒文学之冠。

打开这尘封的酒坛，如同开启梦幻的魔法罐，汩汩流淌着的是醇厚的琼浆玉液，也是美妙的锦绣文章。

石种：大湾石与戈壁石组合（九件）

"千人石"和"顽石点头"

一块平展宽阔的石头上，有凸起高台，台上高僧盘坐，如讲经布道。友人看到说，此石极似虎丘"千人石"。

虎丘坐落在苏州城西北，素有吴中第一名胜之誉。在虎丘中心有一块平坦大石名"千人石"，又称"千人坐"。石壁刻有唐代李白族叔李阳冰所书"生公讲台"和明代胡缵宗所书"千人坐"题字。相传晋代高僧竺道生在此讲道说法，石上列坐千人。

竺道生的师父是晋代高僧鸠摩罗什。罗什到长安讲经说法，弟子八百，徒众三千。罗什从401年到长安，至413年圆寂，12年间译经甚巨，质量颇高，成为后来各宗传法的主要依据之一。罗什对自己的译经水平也很有自信，大限将至时，他对众人说："假如我所传的经典没有错误，在我焚身后，不要让我的舌头烧坏烂掉。"果然在罗什圆寂焚身后，火灭身碎，唯有舌头完好，"三寸不烂之舌"即成佛典。

竺道生是罗什的高徒，因创"一阐提人有佛性"说为旧学不容，被逐出京城（建业）。于428～430年在虎丘讲经论道，"生公说法，顽石点头"也成佛典。至今千人石旁水池中仍存"觉石"，乃点头石遗迹。430～434年竺道生赴庐山讲学，并在此圆寂。他的学说被当时著名的山水诗人谢灵运推崇，后来他的学说被普遍认同，称为"孤明先发"。竺道生的"顿悟说"对后世禅宗影响尤深。宋杨备有《千人坐》诗："海上名山即虎丘，生公遗迹至今留。当年说法千人坐，曾见岩边石点头。"

 石种：大化石
尺寸：长60厘米

莫高窟释缘

　　1989年初冬，余赴闽学术考察，继乘车至漳州探宝，坐人力三轮车找寻住处。途中问及石头，车夫有友藏石兼售。于是直奔其友处，辗转数户得石三枚，此即其一。问其名，答曰：华安丽石（当时尚未有九龙璧和华安玉之名），产于北溪鲤鱼滩。该石顶、底黝黑，中间淡绿，有黄白凹洞如石窟状，水洗度极佳。

　　《山海经》记载"舜逐三苗于三危"。敦煌三危山在华夏文明的早期就享有盛名。366年，云游僧乐僔行至三危山，眼前突然金光灿烂、万佛列坐。他觉悟神佛显圣，于是在三危山对面的鸣沙山开凿了第一个石窟，因洞窟凿在沙漠中最高处，故名莫高窟。自此至元代1000多年间，凿窟塑佛从未间断。端详此石，有如洞窟灵现，佛缘乎，石缘乎，皆是也。

石种：九龙璧

尺寸：17厘米×12厘米×11厘米

文房清玩

文房即书房，这个概念始于南唐后主李煜（937～978）。后主收藏甚丰，所藏书画均钤以"建业文房之印"。唐杜牧："彤弓随武库，金印逐文房。"诗句中的"文房"，是指国家典掌文翰的机构，尚不是后世"书房"的泛称。宋李之彦在其《砚谱》中说："李后主留意笔札，所用澄心堂纸、李延珪墨、龙尾石砚，三者为天下之冠。"后主应是"文房三宝"的始倡者。南唐灭亡11年后的雍熙三年（986），北宋翰林院学士苏易简著《文房四谱》五卷，遂有了"文房四宝"的称誉。"文房四谱"并不等同"文房四宝"，文房用具中的精粹才能称为"宝"，这也应是理念上的甄别。

书案之上，一支精良毛笔必不可少。司马迁《史记》中记述："蒙将军拔中山之毫，始皇封之管城，世遂有名。"公元前223年，秦将蒙恬南下伐楚，途径中山（今宣城），以山兔毛制笔，秦始皇封中山为管城。于是有了"蒙恬造笔"的传说，"管城"也成了毛笔的别称。

书圣王羲之在《笔经》中说："世传张芝（汉）钟繇（魏）用鼠须笔，余未之信，鼠须甚难得。"王羲之《兰亭集序》就是以鼠须笔，丝帛纸书写，传诵千古。南唐时，后主李煜及其妻弟皆用宣州诸葛氏笔，每支酬价十金，甲于当时。明屠隆《考盘余事》提出佳笔需"尖、齐、圆、健"，成为笔之四德。

南唐李延珪父子从易州迁来歙州，选用黄山优质古松烧烟，配以生漆、珍珠、麝香、犀角等12种原料，制成佳墨，名满天下。宋苏东坡有诗赞："老松烧尽结轻花，妙法从来北李家。翠色泛光何所以，墙东真发堕寒鸦。"宋宣和年间，已有"黄金易得，李墨难求"的说法。宋徽宗曾藏有南唐遗物"翰林风月"墨，清代，该墨被乾隆珍藏在宁寿宫，现藏于台北故宫博物院。

蔡伦为东汉宦官，后来受到陷害，饮药而亡。相传其弟子孔丹在皖南以造纸为业，希望造出好纸为师父画像修谱。后来终于用檀树皮造成佳纸，称为"孔丹笺"，因纸出于宣州，成为后世宣纸。

南唐时徽州地区所产宣纸，薄如卵膜，坚洁如玉，细腻光滑。后主李煜以宫中澄心堂贮藏宣纸，称"澄心堂纸"，后世视为珍品。

宋代苏易简在《砚谱·叙事》中说："昔黄帝得玉一纽，治为墨海焉。"黄帝时代距今5500余年，这大概是最早关于砚的记载。

宋唐洵《砚录》记载："青州之西四十里有黑山，山之南盘折而上五百余步，及有洞穴。其中乃有红黄而其纹如丝者，相传曰红丝石。"黑山红丝石至宋末已掘尽告罄。近世于山东临朐冶原镇老崖崮村又发现红丝石新矿脉。

柳公权所说绛州，为今山西新绛县。宋人张洎《贾氏谈录》说："绛县人善制澄泥，缝绢袋至汾水中，逾年而取之，陶又为砚，水不涸。"这就是烧制的澄泥砚。

端砚石产于广东肇庆东郊羚羊峡斧柯山端溪一带。端石老坑自洞口下行150余米，洞底低于西江河床，出石最佳。清嘉庆九年（1804），已届81岁高龄的纪晓岚，不远千里来到端溪，跟着砚工下到老坑深处，拾得两块石头后被拽出。纪晓岚了却平生大愿，几个月后欣然逝去。端石魅力以至如此。

歙砚因产在古歙州而得名。其优质砚材出自龙尾山，又称龙尾石砚。龙尾山在今江西婺源县溪头乡（古万安乡）境内，砚山村群山环绕，芙蓉溪穿村而过，道路艰难。黄庭坚曾于50岁时徒步涉险，有《砚山行》长诗流传于世。

临洮位于洮砚石产地北邻。洮砚石产自甘肃省甘南藏族自治州卓尼县洮砚乡石门峡喇嘛崖。洮砚石色之美、石质之优、发墨之匀不让端溪宋坑之岩；且地处偏远、水深山险、采石艰辛、传世稀少，得之为无价之宝。

　　"文房四宝"只是"文房清玩"中的一小部分。清玩，指清雅赏玩之物。文房清玩，包括书房中一切可供陈设、欣赏的物品。印章是文房清玩的大项。玺印向为执信之物，先秦即有应用。自元明以来，发现叶蜡石，中国的印章艺术有了质的飞跃。青田、寿山、昌化、巴林为中国四大印石，并入选中国六大国石。

　　笔格，又称笔架、笔山。书画行文，作为思绪顿缓而暂时搁笔之用。只要形制适用，任何材料皆可入选。

　　镇纸，用来镇压纸张或书籍的文具。根据功能，镇压纸张的称为文镇，镇压书页的称为纸镇。一般文镇较纸镇略重，有时也可通用。长方形的文镇也可兼作界尺，通常唤作镇尺。用材与笔格相仿。

　　文房水具分为水盂、水注、水滴三类。水盂又分为水丞、笔池、笔觇等种。注水器具多以陶瓷为主。

　　灯台有油灯、蜡台之分。用于秉烛夜读，平添古趣。

　　手捻又称手籽、把件等，犹如念珠功能，动静相融，思绪流淌。

　　大体上讲，文房清玩起于南唐，经历两宋的兴盛，臻至明清而绚烂辉煌。清雅是中国古代先民推崇的高尚境界。文房清玩不仅是具有艺术价值的历史文物，更是中华民族独特气韵的化身、精神的体现，是世界文化艺术的珍宝。

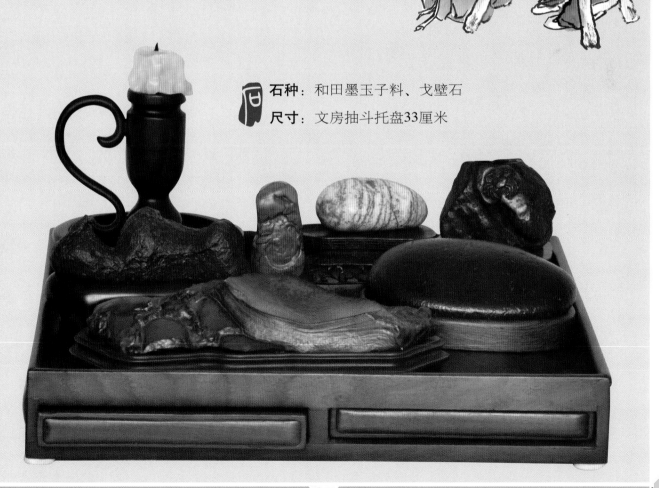

石种：和田墨玉子料、戈壁石
尺寸：文房抽斗托盘33厘米

财（材）

中国古玩行中，"材"是路份很高的玩物。"材"谐音"财"，寓意财源广进。古时逢年过节，人们定制小金材（财），送给长辈和亲友，祝愿家庭来年富足。

这枚天峨石"财"（材），色美形正，大小适中，为早期天峨石罕见珍品，是颇具神韵的祥瑞尤物。

石种：天峨石

尺寸：22厘米×12厘米×15厘米

伊丽莎白

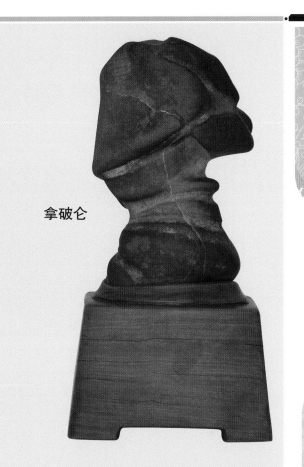

拿破仑

一石四面

 石种：大湾石

尺寸：10厘米 × 15厘米 × 8厘米

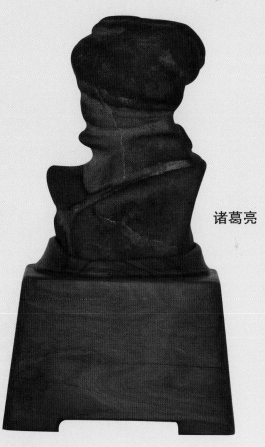

诸葛亮

卓别林

苍古大朴是草堂

景观美石有自然景观和人文景观的区别。自然景观以灵动的山水树石为翘楚，蕴涵着深邃幽谧的意境；人文景观则首推苍古大朴的"草堂"，传承着士子的人格与素养。

"草堂"是古代文人隐居的栖所，是高士寂寥的依托，是寒士精神的圣殿，是士子千古文章的竹青，是中国典雅文化的传承。

东晋陶靖节辞官归隐，居老宅"柴桑草堂"，闲诵《归去来辞》："悟以往之不谏，知来者之可追。"盛唐杜子美避"安史之乱"，寄宿"成都草堂"，悲吟《茅屋为秋风所破歌》："安得广厦千万间，大庇天下寒士尽开颜。"晚唐白乐天被贬江州，兴建"庐山草堂"，感录《琵琶行》："同是天涯沦落人，相逢何必曾相识。"北宋苏子瞻谪黄州，筑茅舍"雪堂"，挥笔《赤壁赋》："大江东去浪淘尽，千古风流人物。"晚明徐青藤潦倒绍兴，醉卧"青藤草堂"，书画残菊败荷、茅舍人物，配文："几间东倒西歪屋，一个南腔北调人。"清中郑板桥弃官还乡，栖身"扬州草堂"，怪书《题竹石》："老骨苍寒起厚坤，巍然直拟泰山尊。"这些千古辞章，透出士子内心的旷达和苍凉，与苍古大朴的"草堂"，共同诠释着人世间的博雅境界与飘逸风骨。

滥觞于魏晋南北朝的山水文化，是中国独特美学思想的渊源与载体。其中的山水绘画，是中国独特美学思想的重要组成部分。山水绘画总是将自然景观与人物、茅舍融为一体，且多有在画名中体现出来，这正是中国文人画的特色，也显示出"草堂"在山水画中的地位。

这枚松花石"草堂"，有着老坑纯正的血统、温润的质地，皮壳苍古、包浆浓郁。"草堂"石形饱满、排列参差有序、错落别致、出神入化。石基朴素凝重、斑驳古旧，与"草堂"上下融为一体、野趣盎然、气韵生动、相得益彰，更显示出远逝的岁月、深刻的印痕和大自然的造化之功。

面石如晤古人，如展乡野弥远，如聆天籁之音。

石种：老坑松花石

尺寸：45厘米×17厘米×19厘米

观赏石鉴赏与收藏

干果

石种：玛瑙

小品组合

粒粒珠玑

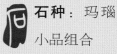 **石种**：玛瑙

小品组合

 石种：戈壁石

小品组合

在《观赏石鉴评标准》的要素中，形态、质地、色泽、纹理是自然界石头的固有特征。这些特征只有达到可以与中华文化元素相契合的状态，才能成为可供欣赏与收藏的观赏石。由此可以看出，《观赏石鉴评标准》的要素中，意韵、命题与配座的重要性。

展示赏石文化的内涵，揭示赏石的意境，题写新颖贴切的命题，是赏石文化的重要课题，是赏石价值的具体体现，是赏石文化的核心与生命。富有内涵与主题的观赏石还需要有辅助要素的配套，赏石的配座，就是揭示赏石内涵最直观的托衬。优良的材质、适当的比例、雅致的形态、和谐的纹饰，都是底座与赏石融为一体的重要因素，从而达到彰显赏石风采的效果。所以说赏石中的意韵、命题、配座，是使自然界中的石头蜕变为赏石艺术形式的关键所在。

观赏石的命题与配座

观赏石的命题与鉴评

曲石尺
种：幽兰石
寸：高43厘米

在《观赏石鉴评标准》中，对命题释文为："立意新颖，贴切生动，富有文化内涵，具有较强的科学性和文化内涵。"命题是《观赏石鉴评标准》中列出的辅助要素。探索赏石文化的内涵，发掘贴切的命题，是赏石活动中有意义的课题。

◆ 观赏石命题的作用

命题就是起名字。国有国名，人有人名，物有物名，宇宙万物都要有一个名称。

一般而言，给石头起名字的作用有三方面：一是概念性符号，起到标志作用；二是划分类别，便于分解其特质；三是透过名称揭示事物背后的意境，这种表义方法具有更广的文化涵义，是赏石命题重点探讨的课题。

漩石
种：天峨石

◆ 观赏石命题的类型及其特点

■ 吉祥艺术与赏石命题

　　吉祥艺术是中国先民自生命意识开启以来，在祈愿生命繁衍、避邪、纳福等过程中形成的独特的图像象征艺术。《易经·系词下》说"吉事有祥"，即吉利的事物必有祥兆。吉祥一词经过历代的演变，逐渐成为福禄寿喜、诸事顺意的吉语，成为中国民众生活理想的诉求。吉祥艺术也成为人们视觉形象审美情愫的展演。

　　原始时代的吉祥概念与生命意识密切相关。自然环境的恶劣、生命的脆弱导致先民们对生存与繁衍的关注。吉祥的祈盼，主要寄托在对天地神灵的祭祀中。这一时期的红山文化、大汶口文化、仰韶文化、河姆渡文化、良渚文化等众多文化遗址中，都已有了龙的雏形，最终形成中华民族的吉祥图腾。

攀缘

石　种：天峨石
尺　寸：高17厘米

　　先秦的吉祥艺术的核心逐渐从神转到人。《周易》将天、人、事物视为一个生生不息循环发展的过程。凶吉也在不断变化之中。取法天地、和合中庸便是吉祥之法。人们对现实幸福生活的追求，取代了对终极价值的追问，成为先秦吉祥艺术的特征。

　　秦汉的从容大气，使吉祥艺术发展到以喜庆为主要表现形式的状态。汉瓦当上面雕刻的青龙、白虎、朱雀、玄武等灵物，汉画像石上精致的云纹、凤凰等祥瑞神物，都充盈着先民对吉祥如意的憧憬。春节、元宵、清明、端午、重阳等传统节日基本定型，传统的禁忌日逐渐转变为神人共娱的吉日，吉祥艺术呈现出成熟自信的神态。

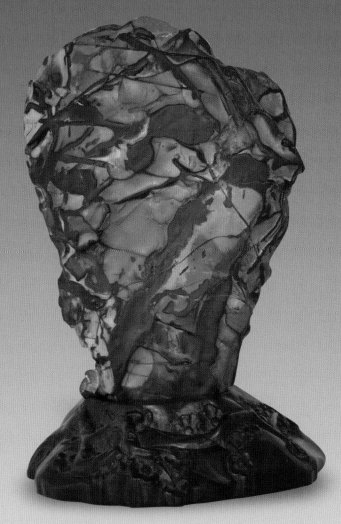

墨梅

石　种：天峨石

尺　寸：高22厘米

宋代城市的发展为吉祥艺术的民俗化创造了条件。明清商业和市井文化的兴盛使吉祥艺术更趋于平民化、世俗化。民众对众多事物赋予吉祥功利的意义，寄托了幸福平安的希冀，成就了吉祥艺术的繁荣昌盛。

中国历代吉祥艺术大多是以图像语汇和图像思维来表达吉祥文化的内涵。其中最常见的模式就是谐音与象征。谐音表义，由一个词语联想到另一个与它音同或音近的词语的语义，以后者的语义为吉祥的表达义。汉语的特殊词汇和丰富的同音词，为谐音表义提供了条件。如：羊、鱼、蝙蝠、喜鹊等物，它们以自身的形象构成独立成体的图像语言，经过图像思维的传输，形成如吉事有祥、年年有余、福在眼前、喜事临门等图像，成为约定俗成的民俗吉祥语。这种谐音与象征的方式，是国民崇尚语言穿透而看重背后意境的思维表现，也是汉文化崇尚含蓄而不直露、规避粗俗而成典雅的精神体现。

在古老的赏石文化中，有大量吉祥题材的图形。这种大自然的鬼斧神工，与吉祥文化融合在一起，有着撼人心灵的力量。让人体会到人与自然和谐的魅力，享受吉祥艺术带来的喜悦，感悟东方文化的神韵。

律

石　　种：大湾石

黄金叶

石　　种：天峨石

尺　　寸：长32厘米

火炬
石　种：红碧玉

海外仙山

石　种：水石

尺　寸：长66厘米

古陶罐

石　　种：天峨石

尺　　寸：高10厘米

观赏石的意境与命题

在中国古典美学文献中，早就有"境"的出现。如六朝蔡邕的《九势》有"即造妙境"之说，嵇康《声无哀乐论》有"应美之境"之词。"境"的大量使用并与"意"联系起来，是唐人的功劳。皎然《诗式》有："取境之时，须至难至险，始见奇句。"王昌龄《诗格》说："诗有三境，一曰物境……二曰情境……三曰意境。""境"有象、景的意思，在表达形象层面上已进入艺术之境，但还偏重在客体方面。而"意"包括心、情的内涵，组成"意境"一词，超越物的现实而完全进入艺术境界。所以意境是虚实相生、情景交融的高级艺术形态。

展现赏石文化的内涵，揭示赏石意境，题写新颖生动的命题是赏石的重要内容。避免过于直白，留给观者更多的想象空间是赏石艺术的重要体现。中国绘画艺术和赏石艺术同属于视觉艺术。所谓的"密不透风、疏可走马"就是绘画留白的极致，南宋以来尤为突出，为藏家题诗钤印留出空间。造成视觉的延伸和冲击，继而形成更加深刻的解读和意境的探索，达到心灵的震撼和唯美的享受。

观赏石的神韵与命题

神韵多指以形传神、飘逸灵动、韵味深远、天然化成的境界。唐张彦远《历代名画》中说："至于鬼神人物，有生动之可状，须神韵而后全。"况周颐《蕙风词话》说："凝重里有神韵，去成就不远矣。所谓神韵，即事外远致也。"神韵与意境都重视超然物外的感悟，而神韵更偏重由形而生的风采与气度。晋顾恺之绘画的"飘逸高古"，唐吴道子绘画的"吴带当风"，敦煌莫高窟飞天壁画的"轻灵风动"等神采，都是神韵的体现。

言简意赅的命题

观赏石的题名中，有大量言简意赅的命题。

人物类有：观音、达摩、佛祖、秦皇、关公、钟馗等。

动物类有：神龙、雄狮、神鹰、唐老鸭、米老鼠、美猴王等。

物品类有：聚宝盆、如意、古砚、圣火、老树、陶罐等。

意象类有：秋韵、听涛、精灵、奇趣、岁月、云海等。

这些名字简单方便，寓意明确易懂，成为赏石命题中不可或缺的组成部分。

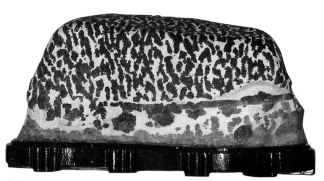

朝圣者

石　　种：天津叠层石

尺　　寸：长39厘米

鸳鸯

石　　种：来宾石
尺　　寸：长10厘米

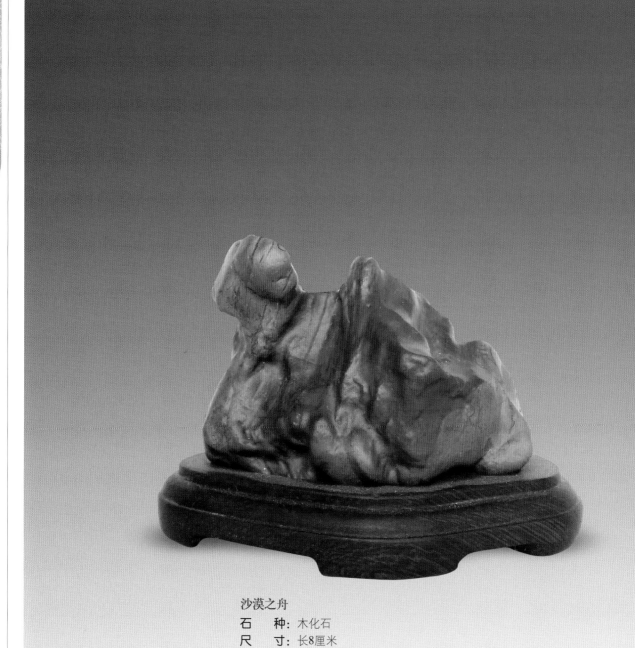

沙漠之舟
石　　种：木化石
尺　　寸：长8厘米

蟾

石　种：大漠石

尺　寸：长8厘米

嘉峪关

玉门关小方城

◆观赏石命题的基础

优质奇石的内涵美是客观存在的。作为发现美的主体，发掘并深谙其韵，却需要不断地提高自己的审美能力。这就要求赏石者从以下几方面做出努力。

社会经验和审美敏感

社会经验包括对自然景观、人文景观、民俗民风等各种社会现象的了解。经验越丰富，视野越广阔，联想就会越丰富，赏石命题也就更贴切。例如：王之涣《凉州词》中的"春风不度玉门关"，王维《渭河曲》中的"西出阳关无故人"，王昌龄《出塞》中的"秦时明月汉时关"等佳句，都是诗人丰富阅历的结晶。当我们亲临其境，感同身受时，就能运用自如。

人类感官中的味觉、嗅觉、触觉实用感很强，有明显的功利性。艺术最终脱离工艺而形成新的形态时，只有听觉和视觉发展成为艺术，成为主要的审美感官，而诗歌、音乐、绘画、

书法、建筑等成为主要表现形式。审美需要美感，聆听音乐要有乐感，欣赏美石要对形象美有相应的感觉。不同的人审美感官的敏感程度也不同。原因有两方面：一是先天的差异，二是后天的训练。后天的感官运用是最重要的因素，可以使审美器官日趋完美。

文化知识与修养

诗歌与绘画是赏石审美最重要的相关艺术内容，在对诗词歌赋和绘画书法等艺术了解的同时，也要对历史、文学、哲学、地质、掌故等各方面广泛涉猎；对自然与人文景观的文化背景着重学习。如果能粗通目录学，对祖国文化能进行有效的检索和系统的浏览，赏石命题就能够更加得心应手。

审美心境与想象

不同的个体，对相同的事物会有不同的心境。同一个人在不同心境状态中，对同一事物也会有不同观感。《吕氏春秋》中说："耳之情欲声，心不乐，五音在前弗听。目之情欲色，心不乐，五色在前弗视。"可见心境之于审美的重要。

审美是将有关表象加以关联的意识活动，审美命题还需要有丰富的想象力，这在审美中占有重要位置。法国作家波特莱尔说："没有想象力，一切官能无论多么健康敏锐，都等于没有。"这就要求赏石审美者有开阔的视野，活跃的思维和积极的态度。李白《望庐山瀑布》："飞流直下三千尺，疑是银河落九天。"苏轼《饮湖上初晴雨后》："欲把西湖比西子，淡妆浓抹总相宜。"都是想象丰富的神来之笔。心绪飞扬，才能联想畅达，这也是赏石命题的重要元素。

印玺
石　种：来宾石
尺　寸：高28厘米

迎客松
石　　种：黄河石
尺　　寸：长10厘米

水晶山
石　种：玛瑙石

◙ 科学与贴切

命题不仅讲究文化修养、审美想象，也强调科学态度。了解观赏石的产地、成因和地质成分等科学内涵，和掌握观赏石分类对命题的确定至关重要；同时对观赏石的观察要细致、准确，深入探索赏石意蕴，达到情景交融的境界；命名不要张冠李戴、牵强附会，使用典故要有出处，避免主观臆造，做到贴切、生动，突出知识性和趣味性；观赏石命题的句子不宜太长，词语以抑扬顿挫、朗朗上口为佳。

◆ 观赏石命题的鉴评

观赏石命题的鉴评，是对鉴评人员水平的考量，既要求命题的贴切，也要求意境深远和用词典雅，所以要注意掌握以下几点原则：

◙ 主题贴切

抓住观赏石的大形与主画面的重要特征，以令人信服的命题，展示赏石全貌。不能以偏概全或牵强附会。

◙ 寓意深刻

挖掘赏石的内涵，揭示赏石的境界，感知中华文化的隽永。摒除表象与浅薄，以免让人感觉索然无味。

◙ 词语雅致

使用典雅精致的语言，体现中华语言的文化魅力，感受赏石的艺术情趣。避免粗俗与臆造。

大自然将色彩绚丽、景象丰富的图画，飘逸的形态，卓越的风骨，浓缩于咫尺之间、方寸之内、美石之中。当我们怀着虔诚之心，去体会这些精灵的幻象时，无不为上苍的鬼斧神工而惊叹。这种意与境谐、神与韵通、天与人合的境界，是赏石人不懈的求索。观赏石命题，正是在这种意理层面上，对美石的深入解读，从中感悟精神的欢悦、心灵的平和、生命的体认。

坛

石　种：来宾石胆石

遮雨石

石　种: 戈壁石

鱼跃山

石　种：碧玉

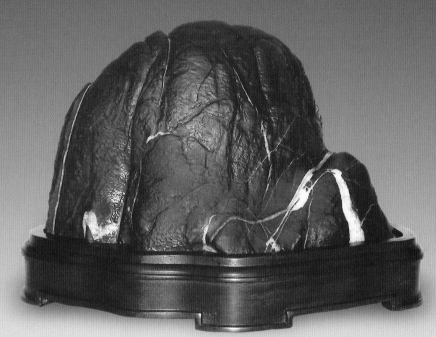

饱满

石　　种：幽兰石
尺　　寸：高28厘米

观赏石的配座与鉴评

在《观赏石鉴评标准》中，对配座的释文为："材质优良，工艺精美、烘托主题、造型雅致。"配座是观赏石鉴评标准中的辅助要素。了解底座的作用，成就赏石与底座的和谐融通，是赏石活动的重要课题。

赏石与台座，如同携手沧桑的伴侣，一路蹒跚而行。台座因"善解"而居功，赏石因台座而"立世"。赏石与台座须臾不能离分，这在各艺术门类中，也是非常特别的。

小猴

石　种：碧玉

◆ 赏石底座的功能

赏石底座具有四方面的功能：一、扶立、稳定与保护观赏石；二、切断连带，隔绝环境（指从园林从属中分离），形成独立的艺术形象；三、引导视觉角度，展示赏石最精彩的主面；四、底座形状、纹饰、风格的独具匠心，对赏石主题和意境起到烘托和揭示作用。

赏石底座的体量、高低、比例、形状、颜色、纹饰、风格等方面，与赏石主题和意境的融会和谐，最大限度地形成艺术整体，彰显审美取向与神韵，是赏石底座理想的求索。

远航·鸡翅木水浪船形座

秀姿

石　　种：墨石

尺　　寸：高25厘米

长峰

石　　种：钟乳石

尺　　寸：高28厘米

◈ 赏石底座的渊源及演变

根据对赏石底座的规格、形制、纹饰等方面状况的研究，其渊源及影响主要有以下几个方面：第一，赏石底座是对青铜纹饰的借鉴；第二，是受古代文玩底座的启示；第三，盆景艺术的演变；第四，受佛教的影响；第五，欧洲文化传输到中国，对赏石底座在形制、纹饰等方面有较大影响。

根据以上的判断，我们可以得知，赏石底座的产生应该是在唐代以后。从形象资料来看，两宋以来赏石底座的发展，呈现逐步变革、完善的趋势。

明人笔记有称宋代赏石底座为盘者。明沈德符《万历野获编》记载："吴中有瑞云峰，宋朱勔所进艮岳物也。……吴兴董宗伯买之，载归过湖，船覆石沉。乃百计取出，则一石盘，非峰石也。又竭力再取，始得所沉石配之，即此石之座也。"宋代赏石底座实物传承阙如，根据绘画和图书资料来看，宋代赏石小者置盘，大则置座。盘多为圆形，深者称盆。赏石底座主要为须弥座和矩形座，其形制与宋李诫的《营造法式》所记载大体一致。宋代的赏石底座，无论是盘、盆还是须弥座，大都有沿而没有台面，也不见随形咬合的凹凸槽，一座可以多用，因此只能称作广义上的赏石底座。

元代是中国文化艺术的过渡期，但赏石底座却有相应的发展。在宋代赏石底座形态的基础上，又出现上为圆盆下为方形台式的复合型底座；高桩底座和圆形须弥座。更重要的是，赏石底座出现台面并有随形咬合槽，作为赏石专属的狭义上的赏石底座已经问世。

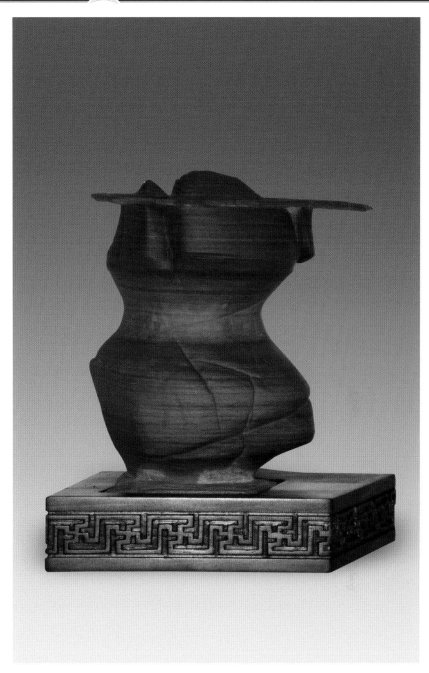

福禄·红木万字纹座

石　种：松花石
石　尺　寸：高18厘米

硕果·红木盘形弯腿座

石　　种：大湾石
尺　　寸：高12厘米

　　明代是中国传统文化艺术的鼎盛期，各类艺术渐臻完备，明式家具几成中国经典家具艺术的代名词。赏石底座也乘势而行，得到充分的发展。明代赏石底座专属性已经成熟，底座有圆形、方形、矩形、梯形、随形、树桩型、须弥座等门类的诸多形状。圭脚主要有垛形和卷云形两种。明代大多数小型赏石底座无纹饰，但有优美的曲线。随形并与赏石咬合的底座，成为明式赏石底座的主流，这在明林有麟《素园石谱》所描绘的赏石图谱中可以得到印证。

　　清代的形象资料最为丰富，为我们研究赏石底座的沿革提供了更多的支撑。据晋宏达先生转引清宫档案《储秀宫陈设档乾隆二十一年十一月日立》："后殿西进间格上设水晶砚山一件，附紫檀座；琦寿长春白石盆景一件，附花梨座；白石盆一件，附紫檀座；左边设英石一件，附紫檀座；朱砂一块，附紫檀座；花梨镶净漆桌一件，桌上设紫英石一件，附花梨座。"清宫赏石已经达到无石不配座的程度。从明代到清代，赏石底座有逐渐叠加和增高的态势，纹饰亦趋繁复。除传统的缠枝花、蕃草、开泰纹、如意纹、回纹、卷云纹等纹饰外，螭虎、夔龙等神兽纹饰也很普遍。丁文父先生认为："由于底座十分工艺化并且极富装饰性，它在清代已经变成独立的艺术品，甚至大有喧宾夺主之势。"

赏石底座中有一种带乳突的装饰，底足为兽爪形，随形并有唇口。这种装饰为赏石底座所独有，成形应该在清代以后。须弥座原为佛座，后来被皇家建筑配件和御苑赏石台座借鉴应用，大多为石质座。现在须弥座已经被广泛应用到木质赏石底座中，这也是现代赏石底座的特色之一。

◆ 赏石底座的流派

赏石底座与架、几、案等器具，都是赏石配件不可或缺的组成部分，共同形成展演、观赏和揭示主题的整体效果。赏石底座有其独特的艺术表现形式，同时与中国古典家具的变革颇有契合之处。所以研究赏石底座的流派，应该加以综合分析，才能游刃有余。

红木须弥座

▣ 苏派

明清时期，中国木器家具尚无流派可言。家具制作主要集中在江苏的苏州、扬州、南通和松江一带。苏式家具就是以上地区制作家具的总称。苏式家具又有明代、清代之分。苏式家具常用黄花梨、紫檀等珍贵木材。今天我们见到的明式黄花梨木家具，大多是苏式家具。明代的苏式家具素洁文雅、圆润流畅、不着雕饰。赏石底座的风格与家具的风格并无二致，这在明林有麟《素园石谱》的赏石绘图中可以得到印证。

塔·红木罗马柱座

石　　种：松花石

尺　　寸：高28厘米

广派

清代乾隆晚期，广式家具崛起，取代了苏式家具的地位。王世襄先生在《明式家具研究》一书中说："红木是现在最常见的一种硬木，但在清中期才被广泛使用，是当黄花梨、老鸡翅木等日渐匮乏之后大量进口的。"广式家具大量使用新鸡翅木和红木等木材。广式家具重雕刻，装饰繁缛而华丽，各种雕刻技法被运用得淋漓尽致。这种赏石底座的风格，在当今岭南的工艺中有明显的体现。

京派

京派家具是清代雍正、乾隆年间，清廷造办处从苏、广两派属地招来能工巧匠，专门承担皇宫所用家具的制造，而形成的流派。宫廷用具追求华丽奢侈而不惜工本。纹饰多为祥瑞之兽，雕饰繁缛，镶嵌复杂。目前故宫的赏石底座中，尚能一睹其奢华风格。

海派

海派是在民国时期，随着上海在对外交往中的地位不断突出而形成的流派。海派家具吸收了西洋（欧式）、东洋（日式）和本国等各种风格，形成了"海纳百川"的新风格，以式样新颖、精致细腻称道。近年来，赏石底座有复古的趋势。

红木乳突兽面座

329

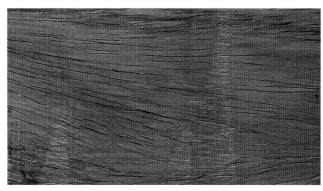

柬埔寨花梨

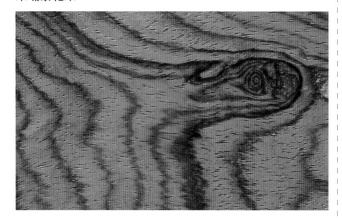

越南花梨

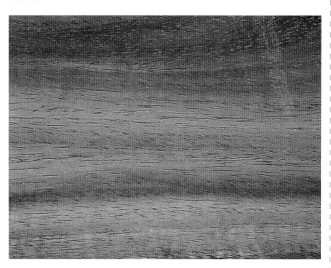

老挝花梨

檀香紫檀

◆硬木的应用和举要

看似简单的木头，却涉及植物学、木材学、地理学、历史学、人文传承、坊间俗成等众多学科和领域。自古以来对木头的认识众说纷纭、庞杂繁复，这也是中国独特的文化现象。

根据专家考证，中国硬木家具出现的上限为晚明隆庆（1567～1572）年间，理由如下。

一、明代自郑和下西洋后实行海禁，"隆庆开关"使木材的远洋运输成为可能。

二、万历（1573～1620）年间刨子出现，中国木工工具的改进解决了硬木加工的技术问题。

三、嘉靖（1522～1566）年间的奸相严嵩权倾一时，富可敌国。据《天水冰山录》记载，嘉靖末年抄没严嵩家产中，家具共计有8672件，其中只有素漆花梨木床40张和一些乌木筷子，其他都是大漆家具。内阁首辅家尚无硬木家具，民间自不待言。

四、晚明硬木也称细木。明末范濂《云间据目抄》记载："细木家什，如书桌、禅椅之类，余少年时曾不一见，民间只用银杏金漆方桌。……隆万以来，虽奴隶快甲之家，皆用细器。"由此可见，隆庆之前并无硬木，万历年间使用硬木家具已成风尚。

中国常用的硬木主要有黄花梨、紫檀木、红木、鸡翅木、铁梨木、乌木等种类。这在古今家具和赏石底座的制作中，都是珍贵的材料。

20世纪20年代，梁思成先生组建中国营造学社。在研究明式家具时，为了区别新老花梨木，将明式家具所用的花梨木之前冠以"黄"字，"黄花梨"一词因而诞生并被认同。明顾岕《海槎余录》记载："花黎木……皆产于黎山中，取之必由黎人。"黎山即海南岛黎母山。周默先生认为，老花梨称黄花黎更为确切。黄花黎为豆科黄檀属，中文学名降香黄檀。黄花黎颜色金黄，由外至内逐渐加深，纹理如行云流水摄人心魄。其中常有疖痕形成的"鬼脸儿"，更是让人喜爱有加。现在我们见到的新花梨指越柬花梨木、泰老花梨木和缅甸花梨木。越柬花梨木常被用来冒充黄花黎。

宋人毛滂《浣溪沙》有"魏紫姚黄欲占春，不教桃杏见清明"的词句。"魏紫姚黄"是牡丹花中的两个极品。马未都先生用来比喻顶级木材紫檀和黄花黎，倒也贴切。紫檀在明代有少量使用，清代宫中的家什用料大都以紫檀为主。正宗紫檀是专指印度南部卡纳塔克邦和安德拉邦生长的檀香紫檀，木材剖面上有金星、金丝和牛毛纹，色紫黑而有犀牛角质般润泽，为紫檀中极品。其他名目繁多的紫檀，都不是传统意义上明清家具和赏石底座制作中使用的材料。紫檀被列入世界濒危物种的红色名单，早已禁止采伐、运输与交易。今天能够见到紫檀，几乎全部是贸易走私的结果。

红木有广义和狭义之分。广义的红木，在国家《红木》标准中，有5属8类33个树种。狭义的红木专指酸枝木，主要产于东南亚地区。清中期以来中国大量使用的红木，应该是指狭义的红木。

鸡翅木的名字在明代就已经出现，史书上叫"鸂鶒"。"鸂鶒"是一种水鸟，与鸳鸯相似。晚明文震亨《长物志》中记载："宜于广池巨浸，十数为群，翠毛朱喙，灿然水中。"鸡翅木的纹理，如同鸟羽一样美丽，因而得名。鸡翅木有新老之分，产地有中国南方、东南亚、缅甸、非洲刚果等地，品质也是参差不齐。

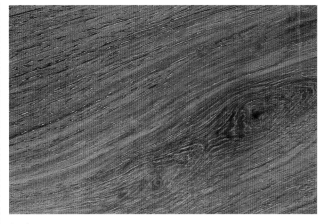
红木

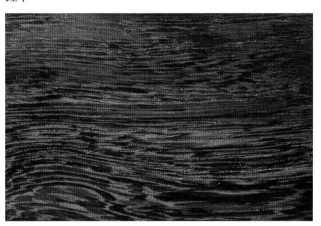
黄鸡翅木

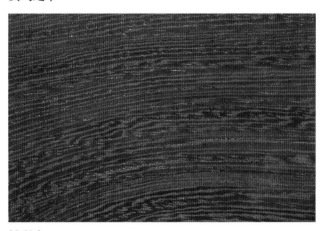
铁梨木

乌木

灵通

石　　种：墨石

尺　　寸：高55厘米

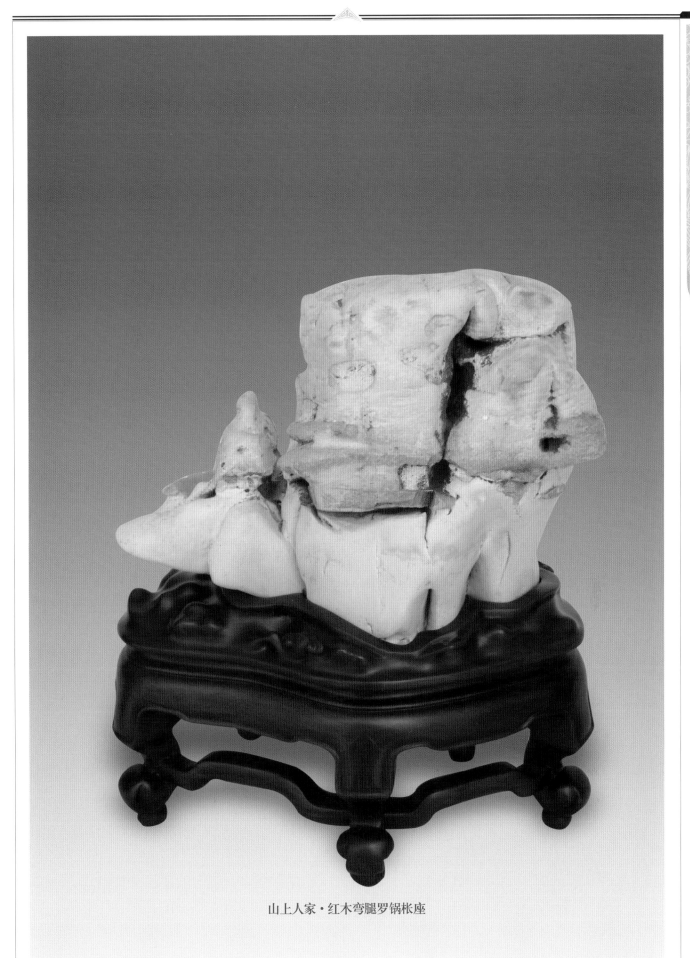

山上人家·红木弯腿罗锅枨座

◆ 赏石底座的形制与纹饰

◘ 须弥座与束腰

"须弥"为古印度传说中的圣山，佛教取其说。须弥座本为佛座，古代为宫廷建筑采用，北宋以来被应用于赏石配座。根据梁思成、林徽因夫妇的研究，须弥座由上枋、上枭、束腰、下枭、下枋、圭脚六部分组成，各层次皆有佛教文化的纹饰。赏石底座和其他家具中常有束腰的造型，主要是受须弥座的影响。

◘ 腿足的样式

赏石底座腿足有：三弯腿、鼓腿、拐子腿、劈料式腿、垛形腿、兽爪腿、书卷足等样式。高腿之间常有起固定作用的管脚枨。连枨中有框形枨、十字枨、霸王枨、罗锅枨、托泥枨等种类。

◘ 纹饰

赏石底座的纹饰异彩纷呈，择其精要录于下。

瑞兽纹：有夔龙纹、凤纹、螭纹、蝙蝠纹等。

云纹：有四合云、如意云、朵云、流云等。

浪花纹：有粗浪花纹、细纹浪花纹、静水浪花纹等。

花卉纹：有牡丹纹、荷花纹、灵芝纹、松竹梅纹、缠枝纹（万寿藤）、西番莲纹（西洋）等。

几何纹：有锦纹、回纹、万字纹、博古纹等。

此外，还有谷丁纹、乳突纹、吉祥图案纹、山水风景纹。

春江水暖·红木缠枝纹座
石　种：大湾石
尺　寸：高15厘米

◆赏石底座鉴评

◙ 底座的形状

随形底座是现在应用最广泛的形式，一般包括唇口、过渡、线条、纹饰、腿足等几个部分组成。无论是人物、动物、器物、山水、花鸟、景观、意象等各类奇石，都可以搭配随形底座。

圆润的案头美石，常配以方形或矩形底座，下置垛形圭脚，含天圆地方、乾坤有容之义。闲暇时香茗清冽，以手轻抚，闭目养神，常能气舒神定，心无旁骛。

底座造型千变万化，只要专心揣摩，每枚奇石都能寻找到合适的底座。

◙ 底座的体量、尺寸与比例

石质的须弥座，来源于御苑赏石，其体量及尺寸大都超过奇石本身。其原因有三：一是奇石多为大型，直接放置庭院地面上，底座台面高低须考虑观看视角；二是营造庄重、肃穆的氛围；三是奇石本身具备传世经典与厚重文化的特质，与底座相得益彰。

现在的须弥座多为木质，置于几案之上，体量与尺寸和奇石的比例大幅缩小，一般不及奇石的一半。如遇气势压得住的奇石，底座比例也可相应提高。

中小型奇石，底座体量及尺寸比例应占奇石三分之一到二分之一。如果要增大比例，则考虑镂空或采取架式，也可以做成一座一架式。这样可使尺寸增大而体量不会加大，从而感到协调。中小型奇石一般摆放在几案之上，便于欣赏。

大型奇石底座一般采用高脚连枨式，直接落地，高度以视觉角度舒适为准。这样即使底座高度超过奇石，也不会感觉沉闷。

天眼·红木卷云座

石　　种：来宾石胆石
尺　　寸：长11厘米

◎ 追求底座艺术的和谐与经典

卓然而富有内涵的美石，是上天降下的精灵，是自然鬼斧神工的尤物，相遇即是善缘。赏石与配座当然要追求珠联璧合的境界。这就需要分步实施：

一、要凝神静气，反复端详，审慎读石，感悟其风骨与内涵。

二、要选择最佳设计方案。胡适先生说，学术研究要"大胆设想，小心求证"，配座也要"大胆设计，小心细节"。

三、木材的搭配。精致的赏石是中国文化的重要载体。精良的底座用材，同样有着丰富的人文传承和民俗情结。

四、要有传承的高手精雕细作。底座制作要顺势而为，与奇石融为一体，风格自然统一，飘逸空灵为上。

古朴淡雅的底座首选明式风格，其柔美的线条有摄人心魄的魅力。清式底座华丽、厚重，雕刻精致。这种形式的底座也要注意繁简有度，过分修饰则有失均衡。和谐有序方显奇石艺术的本色。

观赏石底座的鉴评，是对底座综合的考量，也是对底座与奇石契合程度的检验，所以应该从以下几方面审定。

一、底座与奇石的比例适当。一般而言，底座体量及尺寸比例应占奇石的三分之一到二分之一。特殊情况，考虑变通方法，以避免过于厚重而失衡。

二、底座颜色要与奇石相融合，一般要色系一致或深浅相同，或上浅下深，才能显示稳重大方的效果。

三、底座的形态、纹饰、风格要与赏石和谐统一，对赏石主题才能起到烘托和揭示的作用。

新世纪以来，随着赏石文化的不断繁荣，赏石底座的制作也在各门派的交流融汇中吸收各种艺术营养的完善中精进；赏石底座的用料更加考究；赏石底座对赏石意境的烘托作用更加显著。赏石与底座的珠联璧合，已经使其成为完美的艺术杰作。这种"天人合一"的境界，正是东方文化艺术特质的象征。

至尊·红木突乳束腰垛脚座

石　　种：大湾石

尺　　寸：高15厘米

红木水浪矩形圭脚座

当代赏石收藏主要有两大功能，其一是赏玩，其二是投资。这种收藏功能的基础，是赏石收藏的精致与文化含量。

"不是精品不动心"，收藏之道唯此为大。如果收集的奇石，多是伪品、劣品、通货，无论数量有多大，亦或有成千上万件，也抵不上收藏一件珍品的价值。况且还要耗费大量的空间、时间、财力、精力和情感，这与收藏之道的精粹相去甚远。

中国的艺术品价值，主要体现在文化内涵中。收藏品的文化与艺术价值，是收藏之道赖以生存的基础。失去文化的主导，收藏价值也不复存在，市场价值也就无从说起。精致赏石价值的终极体现，一是文化社会的珍藏与传承；二是高端艺术品市场的拍卖与流通。

观赏石的收藏价值与投资

观赏石的收藏与拍卖

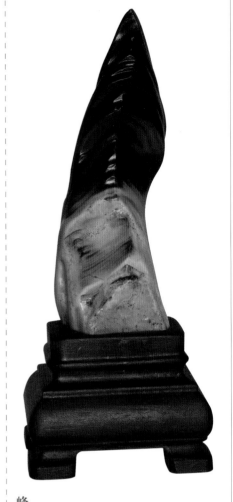

赏石文化在中国拥有悠久的历史，尤其在文人阶层拥有独特的地位和气质象征，它和竹文化一样，在中国文人圈里享有重要的地位，王世襄先生曾说：收藏的最高境界是玩石、藏石，可见对石头的把玩已经超越普通意义上的占有。观赏石是在大自然长时间的各种作用下形成，有着多种无法预料的因素，天时地利，加之机缘，最终形成一个个造型独特、变化莫测的艺术品，它是大自然赋予我们宝贵的礼物。其偶然性、稀缺性、审美性、独一无二性等都是它值得收藏的原因。

峰

石　　种：戈壁石

尺　　寸：高7厘米

中国的收藏文化滥觞于先秦，但主要以信仰与装饰为主。秦汉的大气，使青铜、古玉成为帝王的珍藏。隋唐以来，艺术品得到帝王的青睐，宫廷收藏走向繁荣。晚唐时期，园林赏石风日盛，晚唐裴度、李德裕、牛僧孺、白居易等文人重臣，都在东都洛阳修建宅院，广置奇石。五代时，丹阳王守节在李德裕的平泉山庄，竟掘出奇石数千方，晚唐玩石规模之壮观可见一斑。

两宋以降的石玩，属于文房清玩的范畴。这与唐代赏石，既有大小之分，又有粗精之别。文房即书房，这个概念始于南唐后主李煜（937～978）。后主收藏甚丰，所藏书画均钤以"建业文房之印"。李璟、李煜雅好文墨，擢李少微为砚务官，专事歙砚制作。史上著名的灵璧石"海岳庵研山"和"宝晋斋研山"皆出自李少微之手。宋开宝八年（975），太祖赵匡胤灭南唐，堆积如山的珍宝文玩，被装船运往京都汴梁，可见李煜收藏之浩繁。宋徽宗赵佶（1082～1135），是中国历代帝王中素养最高的皇帝，是文房收藏最丰富的帝王，也是历史上最大的奇石玩家。他在位25年（1100～1125），

首饰

石　　种：碧玉

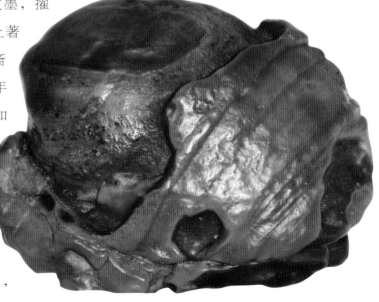

从未间断搜集天下珍宝。赵佶将前朝150年和自己历年搜集的文玩整理、研究、编书。并在宫中设立宣和殿、保和殿、会宁殿三大皇家博物馆。赵佶的收藏已达到登峰造极的地步。

历代文人的推波助澜，使赏石文化牢居文房之中。南宋鉴赏家赵希鹄的《洞天清录集》一书，将文房清玩分为十大类，其中第四大类即为《怪石辨》。晚明文震亨著《长物志》12卷，卷七列出49项精致的文房用具，另以卷三列出石玩10种，详述与文房配设。

文玩千年，皆成古物。明代著名书画家、文玩鉴赏家董其昌，在《骨董十三说》中谓："杂古器物不类者为类，名'骨董'。'骨'者，所存过去之精华，如肉腐而骨存也。'董'者，明镜也。'骨董'云者，即明晓古人所遗之精华也。"民国文玩鉴赏家赵汝珍，在《古玩指南》中说："且有书作'古董'者，盖即'古''骨'同音之误也。然于义尚和，以古董所有多古物也。明时诸家记载尚称'骨董'或'古董'，'古玩'乃清季通行之名词，即古代文玩之简称也。"

卧石

石　种：戈壁石
尺　寸：长8厘米

小花

石　种：玛瑙石

古堡

石　　种：轩辕石
尺　　寸：长32厘米

景观

石　种：戈壁石

文玩中的奇石，和其他文玩一样，历来被作为收藏的品种和投资的对象。其原因有如下几个方面。

一、文化内涵。赏石于国人，就是一种文化现象。

1.山水文化，是中国美学思想的重要根基，而赏石文化，是唐宋以来山水文化的重要表现形式。白居易《太湖石记》说："三山五岳，百洞千壑，覙缕簇缩，尽在其中。百仞一拳，千里一瞬，坐而得之。"就是这种文化的写照。

2.赏石是文人品德与风骨的化身。晚唐李德裕说海石："何以慰我心，亭亭孤且直。"清代郑板桥写柱石："老骨苍寒起厚坤，巍然直拟泰山尊。"都是苍石与风骨并存。

3.闲情与意境。宋人戴昺《书房》诗："书房清晓焚香坐，转觉幽栖趣味真。怪石一根云态度，早梅半树雪精神。"这与明林有麟的"石尤近于禅"有异曲同工的味道。

4.吉祥、镇宅的期许。赏石以它天然艺术图、形，突显吉祥文化的谐音表义。如年年有余（鱼）、喜事临门（喜鹊）等。展现瑞兽的祥瑞，如麒麟、狻猊等。不少新装修的房子，主人也有摆放镇宅石的习惯，表达冀望平安的心愿。

二、存世量的稀缺。遍布山丘、沟壑、河湖、滩涂、戈壁的石头俯拾皆是。而真正能够登堂入室的精致赏石，却为数不多。这种需求与存量的矛盾，也是赏石投资的取向。一种文玩存量过少，大多数人将不抱奢望；存世量过大，人们也会失去兴趣。赏石珍玩尚不在此列。

三、风险相对较小。随着古玩市场的繁荣，造假手段也日趋高明，辨别真伪的难度加大，上当者时有所闻，投资者望而生畏。而赏石行业尚能甄别，保真可能较大，这也是赏石收藏争取更多投资者的优势之一。

改革开放以来，文玩收藏蓬勃发展，赏石文化异军突起，迅速走进大众视野。经过30多年的发展，赏石从众已达数百万人，赏石水平不断提高，精品意识日益增强，市场开始分流。精品赏石逐渐向企业家、收藏家、文化学者、实力石商手中集中。市场上越来越难觅美石芳容。于是"资源枯竭"的忧虑传播开来。其实，历史上的古物，都是不可再生的资源（赝品除外），损毁一件少一件，但这并没有阻碍人们收藏的热情和高端市场的流通。赏石精品的数量并不比某些古玩少，而且还在小量补充。从这个意义上讲，充其量也就是与其他艺术品站在同一起点，关键在于两点：总量不变、盘活存量，使其物有所值。这两点相辅相成，缺一不可。实现这一目标的重要途径，就是让精致赏石逐渐走向规范的拍卖市场，与其他文玩比肩而行，最终达到进入主流艺术品市场，体现出其固有价值的目的。

疏风漏月

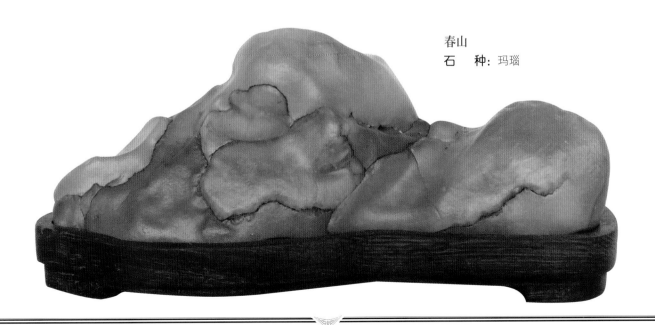

春山
石　种：玛瑙

345

奖杯

石　　种：红碧玉

尺　　寸：高10厘米

目前，拍卖早已是艺术品投资者的首选，拍卖会是高档艺术品的重要市场，最利于艺术品市场价值的实现。在历来的艺术品拍卖中，作为文玩中的奇石，也有自己的席位。

据2010年湖南美术出版社出版的《古董拍卖年鉴》不完全收录，2009年拍出的70余方奇石中，成交价格较好的有：

序号	拍品	尺寸	成交价	拍卖公司
1	明"诡幻石"	高29厘米	369,600元	西泠拍卖
2	"太湖石瑶台蒙波"	高14厘米	358,400元	西泠拍卖
3	清"灵璧石山子"	高85厘米	336,000元	北京保利
4	清"翠璧流霞"	高40厘米	291,200元	西泠拍卖
5	明"疏风漏月"	高45厘米	224,000元	西泠拍卖
6	清"飞峰探云"	高39厘米	212,800元	西泠拍卖
7	清"黑太湖石"	高76厘米	201,600元	北京翰海
8	清"清秋缀露"	高30厘米	190,000元	西泠拍卖
9	清"月到中秋"	宽42厘米	168,000元	西泠拍卖
10	清"天池石壁"	高48厘米	168,000元	西泠拍卖

大漠烽火台

石　　种：戈壁石

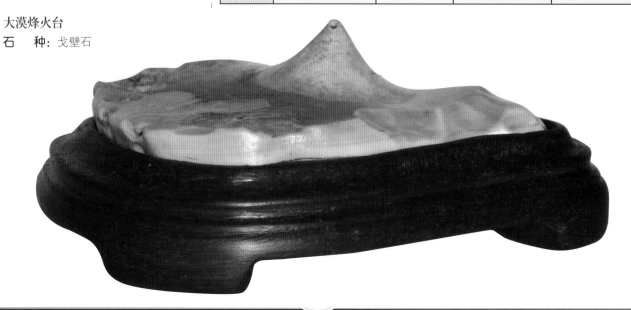

从以上奇石拍卖中可以看出：所拍全部都是古石，都表现出对中国山水文化的传承，而且大多是案头清玩的标准尺寸，其价格比较理性。

文化学者丁文父在《中国古代赏石》开篇说："如果说有一种艺术曾经深刻地影响了中国悠久的绘画、雕塑、园林以及工艺历史，而又突现于西方的艺术界并引起强烈的震撼，那它就是中国的古典赏石。……这些讨论涉及对中国古典赏石的文化诠释、美学理解以及欣赏历史的认知等诸多话题。"中国古代赏石，是传统美学思想的延展，是士子人格的化身，是各种文化的重要载体，是民族历史的经典。这种信仰形式的承载，经过魏晋、唐宋诸朝代的鼎盛，至明清以来已经减弱，而休闲、赏玩的功能日益增强。这种状态，虽然削弱了它原始形态的文化认知，却扩大了玩赏群体，同时，在艺术品市场中，仍有一席地位。

当今的收藏界有"现玩"或"今玩"的概念，当然是与"古玩"相对而言。其实早在明代就有"时玩"的称谓，沈德符《万历野获编》说："玩好之物，以古为贵，惟本朝则不然，永乐之剔红，宣德之铜，成化之窑，其价遂与古敌。""时玩"是时代发展的必然，这种状态主要基于两点：一、"古玩"越来越少，搜集难度大、成本高；二、随着时代的发展，收藏观念变化。中国当代赏石虽然与古代赏石有着丝缕相连，更大程度上还是"时玩"的成分更大些，这就需要找准定位。记者梅辰曾问马未都："什么样的东西值得收藏？"回答："有文化内涵的。"又问："什么样的器物有文化内涵？"回答："看文物就像是看话剧，当一层一层的幕拉开，

小熊

石　种：玛瑙

你能不能看到最后的一个背景？……这最后一幕的背景就是当时社会的政治。"第一句话经典，第二句话深刻，都是经年研究之谈。不论是"古玩"还是"时玩"，都要兼顾文化与艺术的双重性，都要看到背后隐藏最深的东西，这也是历史上的收藏之道。

肉
石   **种**：沙漠漆
尺   **寸**：高15厘米

高原

石　　种：松花石

尺　　寸：长29厘米

景观

石　种：红碧玉

当今的赏石，既没有如唐宋赏石那样深刻影响诸多艺术门类，也没能像明清赏石那样与经典艺术并列，而是游离于主流艺术品拍卖市场门外，这显示出当代的赏石之路还很漫长，需要思考的问题还很多。

一、"只有民族的，才是世界的"，"皮之不存，毛将焉附"。这些耳熟能详的格言都在告诉我们，找回赏石文化的根，真正读懂，而不是浅尝辄止。

二、梳理当代赏石的特点，找到文化的定位，建立当代赏石理论体系。文化是历史的积淀，当代赏石，若想被艺术界以至民族传承接纳，需要不懈的努力，不可能一蹴而就。

三、建立赏石评估体系。客观、公正、理性的价格认知与评估，是与艺术品拍卖对接的重要条件，也是被主流艺术品市场接纳的首要工作。

四、精致赏石需要精英文化的辅助和主流艺术品市场的历练。这依赖于赏石界内、外有识之士的共同努力。

中国文房清玩系列中的石玩，是中华民族独特文化气质的化身，是具有世界意义的艺术珍品。置身于精致赏石之中，自然是一种精神的享受和境界的升华。与此同时，投资也是当代赏石收藏的重要目的。而主流艺术品拍卖市场，则是检验精致赏石价值的试金石。当收藏、投资、拍卖形成一个完整体系并开始良性互动时，美石就完成了生命的涅槃。

石闻追踪

大化石"聚宝盆"

20世纪90年代初，在大化岩滩镇的路旁，有一方高150厘米，体量硕大的大化石，色调淡雅，顶部有口阔底深的池，池中可以注水养鱼，被称为"聚宝盆"，石友们都有深刻的印象。90年代末，"聚宝盆"开价15万，一直没有成交。

2003年，覃氏兄弟以9万元购得"聚宝盆"。

2003年年底，有人出价38万元；

2004年，有人出价128万元；

2005年，有人出到价168万元，"聚宝盆"都未能成交。

2006年，"聚宝盆"在柳州马鞍山奇石市场，以230万被石商黄先生接手，是继"烛龙"228万成交后，单品所创新高。

思想家
石　种：戈壁石

精致赏石的文化品牌与市场

当代赏石文化，经过30余年的发展，奇石从众已逾数百万，赏石水平日益提高，精品意识不断增强。市场开始分流，平庸市场越来越难以为继，用文化引领市场，以精致打造品牌，成为人们的共识。

流畅

石　种：戈壁石

◆ 古代精致赏石的滥觞

精致赏石的概念，与中国"文房"的开端和古典家具的演变，都有着密切的关系。南唐后主李煜（937～978）收藏甚丰，所藏书画，均钤以"建业文房之印"，这是中国"文房"的滥觞。李煜擢李少微为砚务官，以歙石精制"南唐研"，并选奇巧灵璧石为"研山"，成为"文房清玩"中的"石玩"。

中国是个席地而坐的民族，受胡文化影响，晚唐、五代时期，"胡床"使用日多，垂足而坐渐成习惯。南唐画家顾闳中所绘《韩熙载夜宴图》，韩熙载出现五次，三坐两站，其中一次是盘腿坐在椅子上，显示出席地而坐的痕迹。北宋承袭了南唐文化，椅子功能日趋完备，垂足而坐成为主要方式。由于视线的升高和功能的需要，文房中的几、架、桌、案也相应升高定型，精巧奇石和其他文玩一起，在其发端时与家具演变契合，稳居于文房之中、几架之上。南宋赵希鹄《洞天清录集》说："怪石山而成峰，可登几案观玩，亦奇物也。"晚明文震亨《长物志》说："石小者可置几案间，色如漆、声如玉者最佳，横石以蜡地而峰峦峭拔者为上。"这种陈列方法，一直延续至今。

◆ 当代赏石的精品意识

　　文玩行中"不是精品不动心"的说法，早已是藏家的共识，藏石也不例外。文房藏石以精致、小巧为原则，有收藏、传承价值，才有投资价值。藏家淘宝一要有"眼力"，二要有"定力"，否则就难以成为"藏家"。商家经营奇石，要有各种档次的货品，以应付各样顾客，但是归根结底，还是要以精致奇石为经营方向。经营中低档石头，即使随来随走，也只是挣个调费钱，到头来两手空空，没留下什么像样的东西。精巧奇石是招牌，能吸引人们驻足欣赏，遇到藏家又是聊天的话题，可以聚集人气，售出可以有丰厚的回报，同时也能提升自身的鉴赏水平。

◆ 文化品牌与市场

　　文化早已成为西方文明中最具活力的成分，与政治、经济、军事成四分格局。20世纪90年代，国际上出现了一个新概念：软实力。文化被认为是软实力的核心，其中有两个标准：一是在软实力范畴，文化具有主导性；二是在硬实力范畴，文化具有先导性。二者相辅相成，缺一不可。

仙山
石　种：戈壁石
尺　寸：长8厘米

远山如黛

石　　种: 灵璧石

尺　　寸: 40厘米×15厘米×30厘米

成功的产业需要极高的知名度。文化有强大的影响力，文化可以铸造品牌，而品牌是无形资产的载体。品牌有三度：知名度、美誉度、信任度，文化品牌的成功就是市场与效益的辉煌。

文化是最重要的市场竞争资源，这里包含两个方面：

一、自然界的石头，如果不能进入文化状态，永远只是普通石头。笔者曾经考察过许多石头产地。灵璧的白马村现在流传着这样的话："白马有形，价值连城。白马有洞，价格要命。"而在20世纪80年代以前，村民将容易破坏的、有形、有洞的白马纹石砸碎，抹墙、铺路。20世纪80年代，日本企业在泉州建钢砖厂，将华安新圩鲤鱼滩最优等的九龙璧美石运到工厂粉碎，做制砖原料。而当地村民，只能挣到微薄的搬运费。由此可见，抽去文化内涵，石头不过是价值很低的材料而已。

景观

石　种：戈壁石

回流古石"皱云山"115万元落槌

2011年8月7日下午,"天赐珍玩"雅石拍卖专场,在上海中福大酒店开拍,引起各方面高度关注。该专场汇集了海内外古石和当代观赏石精选拍品,共136件30个石种,还有10多款小品组合石登上拍台。

当拍卖会至推出98号拍品——日本回流清代英石"皱云山"时,引发高潮。此石形态奇崛、皱褶深密,在日本赏石界素有声誉,而且有书画合璧手卷、原配底座和日本旧装盒。当拍卖师以20万元起价时,竞拍者争相举牌,叫价紧咬环环相扣,争夺非常激烈。该石最终以115万元落槌,为台湾资深藏家获得。

整场雅石专场拍卖会最终成交109件,27件流拍,成交金额510余万元,取得圆满成功。这次雅石专场拍卖会为当代赏石精品走向高端市场做了有益的尝试。

双色山

石　种: 碧玉

二、商家、市场要打造精致赏石的文化品牌。

精致赏石市场,受到藏家、商家和管理者一致的青睐。世间任何事物,功夫皆在其外,石头市场也自在其中。文化本身就是生产力,市场的管理者,要组织好奇石市场的培训、讲座、鉴赏、展销、拍卖、宣传等各种文化活动,以文化为推手,一波高于一波地推动,不断提升品牌的品质,使市场走向成熟与稳定。

精致赏石的文化牌,是中华民族传统赏石文化的金字招牌,具有绵延不绝的韧力。练好石头以外的文化功夫,必将创造出越来越大的经济效益和社会效益。

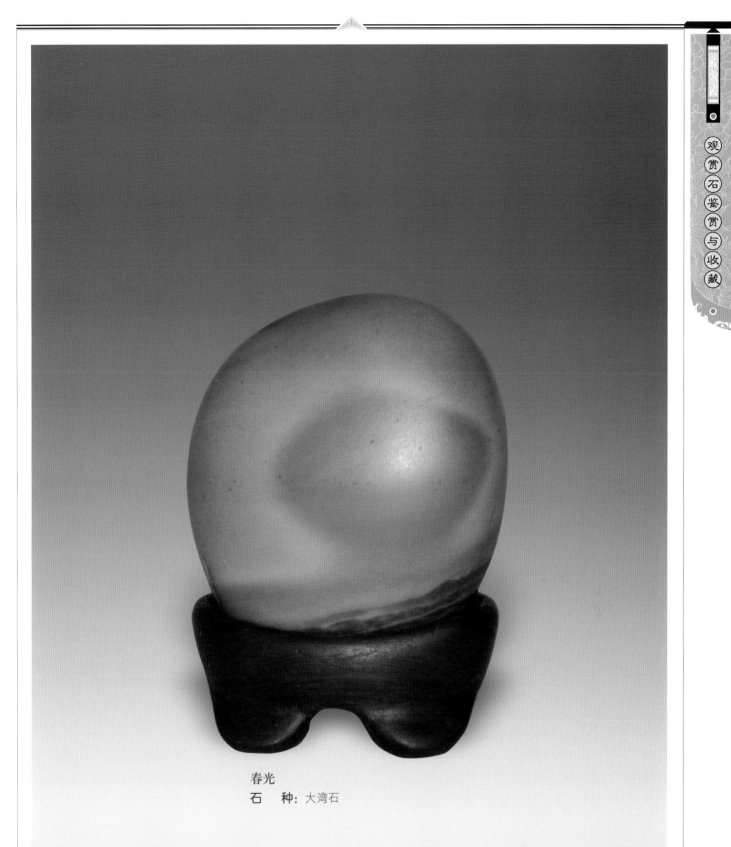

春光

石　种：大湾石

无题

石　种：木变石

开会

石　种：戈壁石

观赏石陈设与家居风格

山水大文化，浓缩于拳石之中，使家居与石玩的契合成为可能。明代石玩不但越趋小巧，而且注重摆放的平稳，横列底平的奇石受到追捧。由于几案奇石把玩的需要，对石玩质、色的要求也日益提高。休闲赏玩，成为石玩的重要功能。

家居与赏石陈设，是中国重要的文化传承。南唐后主李煜的"建业文房"，开创了中国"文房"的先河。两宋以降，文房清玩（包括石玩）得到长足的发展，成为文人居室不可或缺的雅玩。宋史浩《小轩》诗句："片石远山意，寸池沧海心。乃知一芥子，可纳须弥岑。"佛家《维摩经》释说："以须弥之高广，内芥子中，无所增减，须弥王本相如故。"芥子纳须弥，以小见大。正如晚明文震亨《长物志》中说："一峰则太华千寻，一勺则江湖万里。"

池

石　种：来宾石
尺　寸：长85厘米

笔者欧式家居客厅沙发区置石全景

小茶几置石

大茶几置石

方茶几置石

背几置石

酒柜置石

书房画室置石，两宋以来成风尚。《长物志》也说："画桌可置奇石，或时花盆景之属。"雅石也是灵感之源。当代石界认为，玩石是高雅的情趣。这与古代赏石文化也有共识。明清之际才子李渔在《闲情偶寄》中说："一卷特立，安置有情，时时坐卧其旁，即可慰泉石膏肓之癖。……王子猷劝人种竹，予复劝人立石，有此君不可无此丈。同一不急之务，而好为是谵，谵者，以人之一生，他病可有，俗不可有。得此二物，便可当医。"当窗对石，悠然忘世矣。

笔者客厅电视柜橱柜区置石全景

电视柜置石

音箱置石

电视柜置石

橱柜置石

橱柜置石

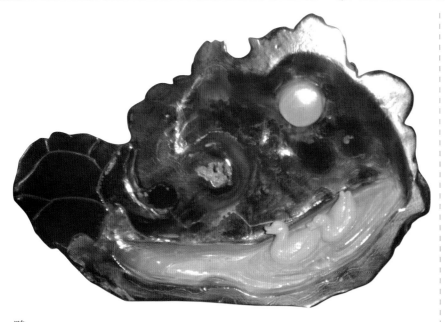

鸭

石　种：玛瑙石

古来石玩，自是置于中国古典几案之上。明清时期，中国古典家具出现流派，但仍然是传统的样式。民国建立，欧风渐进，广派、海派引进欧美风格家具，成为高档场所的陈设。改革开放以来，欧美古典家具以其优雅、舒适的特质，迅速走进国人的居室，与中国古典家具并驾齐驱，受到大众的喜爱。欧式橱柜，多为浅色系，一般三面玻璃，内有照明灯，显得更加明快、通透、光亮，陈列石玩，观赏效果更佳。沙发宽大舒适，配以样广

笔者书房置石全景

形阔的几案，给玩石的配置，留出更多的空间。欧式字台除宽　**字台置石**
大外，桌面多有皮木相间的工艺，柔软的皮革与坚硬的石玩是
刚柔相济的融合，也避免了桌面的擦伤。欧式转椅，脚部装有
万向轮，坐下有转动、升降装置，背部亦可随意仰合，在进退
自如中，观赏与抚摸石玩，更是方便与随意。遥远的国度，相
去甚远的文化理念，在这舒适的居室中，在东方赏石与欧式家
具的配置中，达到和谐相融，尽显闲适与情趣。

精致赏石的传承

观赏石鉴赏与收藏

赏 石文化，离不开中国古典园林的形成与发展。魏晋南北朝是"文学的自觉时代"，是中国独特美学思想的形成期。士人回归自然、注重意境和生命的体认，成为风尚。

庄子说："天地有大美而不言。"被称为山水诗创始人的谢灵运（385～433），在《山居赋》中说："敞南户以对远岭，辟东窗以瞩近田。"这标志着当时的园林追求自然与意境的自觉。谢灵运的山居在会稽山（今绍兴）中，包括南北两山之间的大片山水，修建了两处宽大的宅居。人居山中，意在境内，是当时士人的典型心态。

陶渊明（365～427）的田园在浔阳柴桑山栗里（今江西九江西南）。他在《归园田居》中说："少无适俗韵，性本爱丘山。"在《饮酒》诗中说："采菊东篱下，悠然见南山。"这也是晋人山岳情结与意境追求的写照，借景成为晋人园林的特色。宋人程师孟有诗："万仞峰前一水傍，晨光翠色助清凉。谁知片石多情甚，曾送渊明入醉乡。"清袁枚有《过柴桑乱峰中，蹑梯而上观陶公醉石》诗："先生容易醉，偶尔石上眠。谁知一拳石，艳传千百年。"醉石是古代石文化的组成部分，尚不具有赏石欣赏的美学特质。

娇脆欲滴
石　　种：松花石
尺　　寸：长26厘米

云台

石　　种：松花石

尺　　寸：高27厘米

唐代白居易（772～846）有《中隐诗》："大隐住朝市，小隐入丘樊。丘樊太冷落，朝市太嚣喧。不如作中隐，隐在留司官。"白居易在《池上篇·序》和《磬石铭》诗中记载：乐天在洛阳履道里的园林占地十七亩左右，园中有天竺石二、太湖石五、青石三、磬石一。酒酣琴罢，乐童合奏，"曲未竟，而乐天陶然石上矣"。"中隐"思想在中晚唐被普遍推崇，园林是实现理想的重要场所。有唐一代，在洛阳就有裴度的集贤里、牛僧孺的归仁里、李德裕的平泉山庄、白居易的履道里等著名园林。这些园林一改前朝借景手法，将山岳化为奇石，成为园中的景观。唐代的赏石以大中型为主，小巧奇石偶尔有之，不占主导地位。

剑舞

石　种：天峨石
尺　寸：高11厘米

通途

石　种：松花石

尺　寸：长26厘米

浮屠

石　　种：大湾石

尺　　寸：高9厘米

小景

石　种：戈壁石

宋代的园林发展日臻完善，园中不但有独立的奇石，叠石缀山也蔚然成风。大者如赵佶在汴梁的艮岳，小者如苏舜钦在姑苏的沧浪亭，都是意韵深隽的盛景。与此同时，南唐至两宋文房日趋精致完善，几案清玩也成为文人珍藏的必备之物，小型赏石显著兴盛起来。宋孔传《云林石谱·序》中说："虽擅一拳之多，而能蕴千岩之秀。大可列于园馆，小或置于几案。"南宋赵希鹄《洞天清录集》说："怪石山而成峰，……可登几案观玩，亦奇物也。"宋李弥逊《五石》序云："舟行宿泗间，有持小石售于市者，取而视之，其大可置掌握。"《宋稗类抄》记载：米芾守涟水，玩石成癖。时杨次公杰为察使往视，米氏左袖中连出三石，杨氏径取而去。石之小巧可爱以至如此。苏轼《文登蓬莱阁下》说："我持此石归，袖中有东海。"苏轼《怪石供》中说："得石二百九十有八枚，大者兼寸，小者如枣、栗、菱、芡。其一如虎豹，首有口鼻眼处，以群石之长。"此外，石质的研山、山子也日益增多，成为文房之中不可或缺的石玩。

赏石进入文房之内，几案之上，改变了以往园林赏石的从属地位。由宏大而趋小巧，赏石审美取向更加丰富，赏石趋向精致秀美。陆游《寄题李季章侍郎石林堂》说："侍郎筑堂聚众石，坐卧对之旰忘食。千金博取直易尔，要是尤物归精识。"两宋以降，精美的掌中奇石进入文房之内，占据了赏石的重要位置。

乌篷船

石　种：戈壁石

尺　寸：长22厘米

仙山
石　　种：叠层石
尺　　寸：高45厘米

层峦尽秀

石　　种：水石

尺　　寸：长55厘米

雄峙

石　种：松花石

尺　寸：高25厘米

晚明的政治黑暗和文人士大夫思想的个性解放，与魏晋风流颇有契合之处。晚明时期，江浙一带的城市商业经济空前发达，文化极度繁荣。同时，仕途的闭塞使士人不复他想，王阳明的心学使士人更加关注生命的体认。社会的世俗化使文人与能工巧匠融为一体，共同创造了晚明的精致生活和精致文化。

格心与成物构成晚明最精彩的景象。晚明生活的日渐精致和器物的小巧趋向，使各项艺术空前繁荣，大师巨匠层出不穷。文彭的印石，开一代印论之先河；供春的紫砂壶，被誉为陶壶鼻祖，大彬壶也成为旷世奇珍；子冈玉技艺空前绝后；朱松邻三代人的竹雕镂刻精妙；黄成的漆雕功力超凡，并有《髹饰录》传世；永乐、宣德的青花瓷和嘉靖、万历的五彩瓷都达到炉火纯青的境界；明式家具几成中国家具艺术的代名词。明张岱在《陶庵梦忆》中说："以竹与漆与铜与窑名家起家，而其人与缙绅列坐抗礼焉。"

计成的《园冶》，是中国古典造园思想的集大成者。文震亨的《长物志》，可称为文房清玩和众多雅物的百科全书。林有麟的《素园石谱》，将古往今来赏石文化熔为一炉。这些名士是赏石精致化的巨力推手，以至构成晚明赏石的辉煌。

清于敏中《日下旧闻考》记载："乐寿堂前有大石如屏，恭镌御题青芝岫三字。"该方巨石使明代米万钟（1570～1628）声名显著。其实，米氏向以收藏精致小巧奇石著称。现存故宫博物院的蓝英《拳石折技花卉》题："丁酉花朝画得米家藏石并写意折技计二十页。"由此得知，这众多数寸巧石，皆为米万钟珍藏。明闽人陈衍《米氏奇石记》说："米氏万钟，心清欲澹，独嗜奇石成癖。宦游四方，袍袖所积，惟石而已。其最奇者有五，因条而记之。"文中所记五枚奇石："两枚高四寸许、壹枚高八寸许、两枚大如拳，皆小品也。"

栈道

石　　种：松花石
尺　　寸：长45厘米

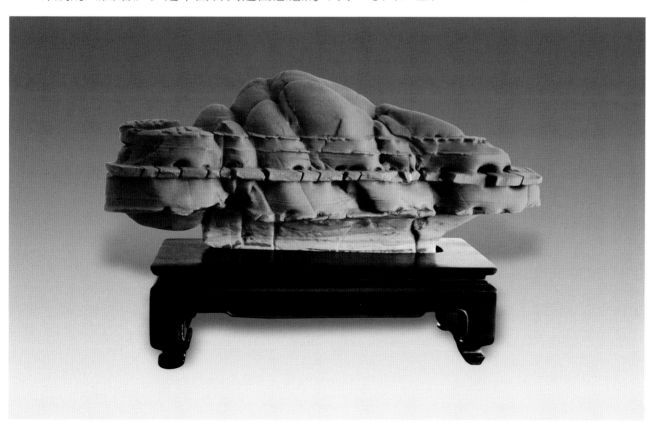

彩山

石　种：碧玉

景观

石　种：碧玉

光彩

石　种：红碧玉
尺　寸：高10厘米

明代的江南园林，变得更加小巧而不失内涵的志趣和写意的境界，追求"芥子纳须弥"式的园林空间美。明末清初《闲情偶记》的作者李渔的"芥子园"也取此意。晚明祁彪佳的寓山园中，有"袖海"、"瓶隐"两处景点，便有袖里乾坤、瓶中天地之意趣。计成《园冶·掇山》中说："多方景胜，咫尺山林……深意画图，余情丘壑。"亦为如是。

晚明文房清玩达至鼎盛，形制更加追求古朴典雅。明屠隆所著《考槃馀事》记载有45种古人常用的文房用具。明文震亨在《长物志》中列出49项精致的文房用具。精巧的奇石自然是案头不可或缺的清玩。因几案陈设需要精小平稳，明代平底横列的赏石和拳石则更多地出现，体量越趋小巧。晚明张应文《清秘藏》记载："灵璧石余向蓄一枚，大仅拳许，……乃米颠故物。复一枚长有三寸二分，高三寸六分，……为一好事客易去，令人念之耿耿。"晚明高濂《燕闲清赏笺》说："书室中香几，……用以阁蒲石或单玩美石，或置三二寸高，天生秀巧山石小盆，以供清玩，甚快心目。"

晚明精致赏石的繁荣，与江南士子的文化浸淫密不可分。明王士性《广志绎》说："姑苏人聪慧好古，又善操海内上及进退之权。其赏识品第本精，故莫能违。"精致赏石勃兴在晚明江南，弥漫及四海内外，绵延至后世今朝。清供于轩斋之中，珍藏于几案之上，摩挲于掌握之间。成为有序之传承、情操之寄托、理念之取向。

草屋

石　　种：来宾石胆石

尺　　寸：高18厘米

GUANSHANGSHI